职业岗位技能规划教材

大学生创新思维训练

主 编 肖 明
副主编 展 凯 何健峰

立信会计出版社
LIXIN ACCOUNTING PUBLISHING HOUSE

内 容 提 要

本书围绕创新思维训练这条主线，共分六个部分，主要内容包括培养创新思维意识、辨识创新思维障碍、训练创新思维方式、玩转创新发明技法、投身创新思维实践和认识新兴创业方向等内容。每个部分增加"训练目标""成功要诀""思维链接""思维延伸"和"思维训练营"等版块，贴近主题内容，激发学生学习兴趣，提升课堂教学效果。

本书适合高等院校各类专业开展创新教育使用，也可作为企业培养员工创新能力的培训教材，还可供创新发明者参考学习。

图书在版编目(CIP)数据

大学生创新思维训练 / 肖明主编. —上海：立信会计出版社，2017.6(2020.8 重印)

职业岗位技能规划教材

ISBN 978-7-5429-5528-9

Ⅰ.①大… Ⅱ.①肖… Ⅲ.①大学生—创造性思维—高等学校—教材 Ⅳ.①B804.4

中国版本图书馆 CIP 数据核字(2017)第 160179 号

策划编辑 陈 旻

责任编辑 陈 旻

大学生创新思维训练

Daxuesheng Chuangxin Siwei Xunlian

出版发行	立信会计出版社		
地　　址	上海市中山西路 2230 号	邮政编码	200235
电　　话	(021)64411389	传　　真	(021)64411325
网　　址	www.lixinaph.com	电子邮箱	lxaph@sh163.net
网上书店	www.shlx.net	电　　话	(021)64411071
经　　销	各地新华书店		

印　　刷	江苏凤凰数码印务有限公司	
开　　本	787 毫米×1092 毫米	1/16
印　　张	15.25	
字　　数	365 千字	
版　　次	2017 年 6 月第 1 版	
印　　次	2020 年 8 月第 2 次	
书　　号	ISBN 978-7-5429-5528-9/B	
定　　价	35.00 元	

前言

2015年，李克强总理在政府工作报告中提出，“大众创业，万众创新”。他提出，要在960万平方公里土地上掀起“大众创业”“草根创业”的新浪潮，形成“万众创新”“人人创新”的新势态。

高等院校学生创新素质的培养，是高等院校实施全面素质教育的核心内容，也是高等院校特色办学的关键。而创新意识和创新能力，是人的综合能力的外在表现，它是以深厚的文化底蕴、高度综合化的知识、个性化的思想和崇高的精神境界为基础的。创新意识和创新能力是大学生素质教育的核心。

创新意识和创新能力是大学生获取知识的关键。在知识经济时代，知识的增长率加快，知识的陈旧周期不断缩短，知识转化的速度猛增。在这种情形下，知识的接受变得并不重要，重要的是知识的选择、整合、转换和操作。学生最需要掌握的是那些包摄面广、迁移性强、概括程度高的“核心”知识，而这些知识并非是靠言语所能“传授”的，它只能通过学生主动地“构建”和“再创造”而获得，这就需要大学生的创新意识和创新能力在其中主动地发挥作用。

随着高等教育规模的不断扩大，高等教育职能正在由精英教育向素质教育转化，学习也正由阶段教育向终身教育转化，学习将成为个人生存、竞争、发展和完善的第一需要。在知识的无限膨胀、陈旧周期迅速缩短的情况下，大学生的社会职业将变得更加不稳定。在创新意识和创新能力的指引下，大学生有能力在毕业之后，利用各种有利条件，根据所从事的工作不断完善自身的知识和能力结构，更好地达到完善自我和适应社会的目的，从而为终身教育打下坚实的基础。

本书由肖明担任主编，由展凯、何健峰担任副主编。本书在编写过程中，借鉴、参考了国内外大量创新思维与发明创造教育研究方面的文献资料，以及一些专家教授的理论和观点，书中引用的案例与材料部分来自期刊和网络，在此一并表示感谢！

由于编者水平有限，书中难免存在疏漏和不妥之处，期待广大读者提出宝贵意见。

编　者

2017 年 6 月

目录

项目1 培养创新思维意识

训练目标

具备强烈的求知欲望；

对自己接触到的现象保持旺盛的好奇心；

质疑、提出多种解决问题的方案及最佳方法。

创新意识是指人们根据社会和个体生活发展的需要，引起创造前所未有的事物或观念的动机，并在创新活动中表现出的意向、愿望和设想。它是人类意识活动中的一种积极的、富有成果性的表现形式，是人们进行创新活动的出发点和内在动力，是创新思维和创造力的前提。创新意识是以思想活跃，不因循守旧，富于创造性和批判性，具有敢于标新立异、独树一帜的精神和追求为主要表现。只有具备强烈的创新意识，才敢想前人没想过的事，敢创前人不曾创成的业。

创新意识包括创新动机、创新兴趣、创新情感和创新意志。创新动机是创新活动的动力因素，它能推动和激励人们发动和维持进行创新性活动。创新兴趣能促进创新活动的成功，是促使人们积极探求新奇事物的心理倾向。创新情感是引起、推进乃至完成创新的心理因素，只有具有正确的创新情感才能使创新成功。创新意志是在创新中克服困难、冲破阻碍的心理因素，创新意志具有目的性、顽强性和自制性。

任务一 认识创新

思维热身

有一个死刑犯被关在一所监狱的单人牢房中。该房间的三面都是4米高的水泥墙，墙面平整光滑，无法攀爬。其中一面墙在3米高处，有一个小窗户，但要从地面爬上窗户是不可能的。房间的另一面是坚固无比的铁门，地面是石头地板，其中有一块略有松动，但要从这里挖地道逃出也是不可能的。该房间没有任何其他可用的工具，请你帮他想想办法，他该怎么逃出去?

“创新”可以说是近年来使用最频繁的词汇之一。在国内外传媒和有关书籍中，创新是一个模糊不清的概念，人们讨论得很多，但真正理解的人很少。有人认为，创新就是发明创造，也有人把创新与研究开发和科学发明画上等号，认为创新是个高大上的东西，非一般人所能为。

创新究竟是什么?

一、创新及其内涵

1912 年，美籍奥地利经济学家约瑟夫·阿罗斯·熊彼特在《经济发展理论》一书中，首次使用了创新(Innovation)一词。他提出，所谓创新就是一种生产函数的转移，或是一种生产要素与生产条件的重新组合，其目的在于获取潜在的超额利润。

一般认为，熊彼特的创新概念大致是：一项创新可看成是一项发明的应用，也可看成发明是最初的事件，而创新是最终的事件。

熊彼特还认为，创新是一个经济范畴，而非技术范畴；它不是科学技术上的发明创造，而是把已发明的科学技术引入企业之中，形成一种新的生产能力。具体来说，创新包括以下内容：①引入一种新产品；②采用一种新的生产方法；③开辟新的市场；④获取原材料新的供应来源；⑤采用一种新的组织形式。

许多研究者也对创新进行了定义，有代表性的定义有以下几种：

(1) 创新是开发一种新事物的过程，这一过程从发现潜在的需要开始，经历新事物的技术可行性研究阶段的检验，到新事物的广泛应用为止。创新之所以被描述为一个创造性过程，是因为它产生了某种新的事物。

(2) 创新是运用知识或相关信息创造和引进某种有用的新事物的过程。

(3) 创新是对一个组织或相关环境的新变化的接受。

(4) 创新是指新事物本身，具体说来，就是指被相关使用部门认定的任何一种新的思想、新的实践或新的制造物。

(5) 当代国际知识管理专家艾米顿对创新的定义是：新思想到行动。

(6) 现代管理大师杜拉克认为，创新是“使人力和物质资源拥有新的更大的物质生产能力的活动”“任何改变现存物质财富，创造潜力的方式都可以称为创新；创新是创造一种资源”。

由此可见，创新概念的内涵很广，可以说，各种能提高资源配置效率的新活动都是创新。目前，我国不少学者也在探讨创新问题，较为统一的看法认为，创新是一个经济学概念。对于创新概念的理解一般有狭义理解和广义理解两个层次。

狭义理解的创新概念，立足于把技术和经济结合起来，即创新是一个从新思想的产生到产品设计、试制、生产、营销和市场化的一系列行动。

广义理解的创新概念，力求将科学、技术、教育以及政治等与经济融汇起来，即创新表现为不同参与者和机构（包括企业、政府、大学、科研机构等）之间交互作用的网络。在这个网络中，任何一个结点都可能成为创新行为实现的特定空间。创新行为因而可以表现在技术、制度或知识等不同的侧面。

思维链接

一个男护士的创新

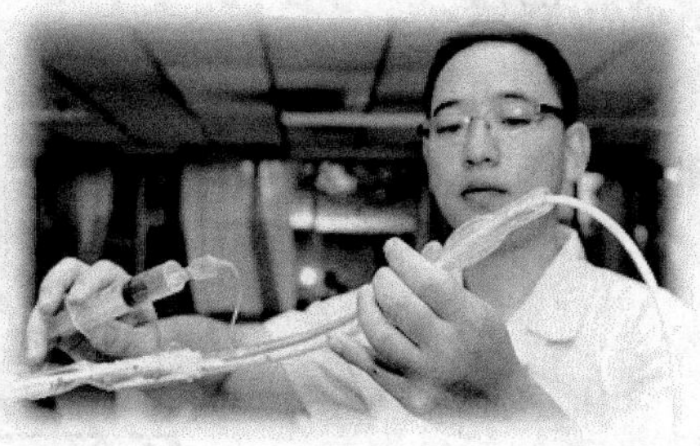

某医院重症监护室护士安俊霖和同事已共同拥有5项专利发明。从事护理工作5年多，他和同事已共同拥有5项专利发明，灵感都来自临床护理中。他凭借一些专利已与企业签约，并投入生产。

“原始的肛管多次插入，往往给病人造成很大痛苦。此肛管在体内最多可保存1周，省去反复置入、取出的过程，可以为病人减少痛苦。”安俊霖拿出自己改良后的肛管，这是他几百次实验的成果。

一个人无论是在多么平凡的岗位上，都能创造出非凡的成绩！

二、对创新认识的误区

对于个人而言，创新逐渐成为一种生活和工作方式；对于企业而言，创新已经成为一种生存和发展方式。然而，很多人对创新的认识还存在误区，主要体现在三个方面。

1. 把创新等同于科技创新

一提到创新，人们下意识地会在前面加上“科技”两字，认为创新往往都是“高大上”的。社会已经形成了只有高科技行业才有创新的认识误区，而政府政策也更多地倾向于科技领域。事实上，创新成果不仅仅是技术成果，还可以是创意、品牌、产品、商业模式等。

2. 创新一定是高学历者的专利

高学历创新创业者更容易受到政府、媒体和社会的关注，而那些草根创业者多是默默无闻的。很多地方政府对高学历创新创业者的追逐，已经到了接近疯狂的地步，而本土草根创业者往往受到了冷落。殊不知对中国庞大国内市场的感同身受者，还应该是本土的创新创业者，而且多数是闷头苦干的草根创业者。

3. 创新必须颠覆

创新创业者常常把“颠覆式创新”挂在嘴边。然而，创新成功与否，最终要看是否赢得市场或社会的认可，进而生成更大的持续的财富创造效应。例如，当年 IBM 创造性地模仿苹果公司的个人电脑业务，后来居上夺走了苹果公司个人电脑领域的主导地位；日本索尼公司前瞻性地收购了美国人的晶体管制造权，替代电子管制造出了新型收音机，一举占据了全球收音机市场。事实上，任何创新均是实验性、探索性和循序渐进的，只有前进一步才能看清下一步要走向何方。模仿式创新、迭代式创新等创新方式与颠覆式创新一样，值得我们鼓掌和喝彩。

总而言之，当前中国现代化建设正处于关键时期，将坚定不移地走创新驱动发展之路，使人人皆可创新、创新惠及人人。

成功要诀

创新是以新思维、新发明和新描述为特征的一种概念化过程。其原意有三层含义：第一，更新；第二，创造新的东西；第三，改变。

人人皆可创新，创新惠及人人。

任务二　认识创新思维

思维热身

现代人生活水平逐渐提高，而压力也越来越大。很多人下班后都喜欢在家泡个澡，可以彻底地放松身心，故而家里都装有浴缸。但浴缸实在太费水了，很多人家里的浴缸，到最后往往都会沦为摆设，这该怎么办呢？

一、大脑的两种思考模式

大脑重约 1 400 克(1 磅＝0.4536 千克)，但却是宇宙中最复杂的器官。大脑里面存储信息的地方叫作神经元(Neuron)，又称神经原或神经细胞，是构成神经系统结构和功能的基本单位。神经元还有接受、整合和传递信息的功能。它接受从其他神经元传来的信息，并进行整合，然后通过轴突(Axon)将信息传递给另一些神经元。

人的大脑里面有很多神经元。新生儿出生后，大脑里面的神经元是独立存在的，并没有形成相互的连接，更没有形成网络。而神经元若没有相互的连接，是没有办法解决问题的，只有神经元之间产生轴突的连接，相互交错形成神经网络，才能解决各种问题。

也就是说，儿童的大脑虽然有不少神经元，但轴突连接不发达，所以在思考问题、处理问题时较为欠缺。

有的人学习了大量的知识，但这仅仅能说明在他的大脑神经元里存储的信息很多，仅此而已。而只有信息是远远不够的，要在不断地思考和处理解决问题的过程中，加强神经元之间的连接。有那样一些人，在遇到问题时，其大脑有更多的思考角度，能想出更多的解决方法，这样的人我们往往定义其思维能力较强。

成功要诀

世上所有你认为难的事情都不是事情本身难，而是没有找到正确的解决方法。弱者一开始就会“自我设限”，说：“这太难了，没法解决。”而强者会“自我暗示”说：“没什么能难倒我的。只要敢想敢做，没什么大不了。”

当你有这种想法时，你才会主动去思考、去实践，并最终成为强者。

研究发现，我们有两种完全不同的思考模式：专注模式和发散模式。当你专心致志地试着学习或理解某些东西时，你就是在用专注模式，这是我们所熟知的。

而发散模式，我们并不熟悉。当我们思考一个问题时，大脑会按照原先在我们各自头脑里形成的思维路径来思考，而很多问题往往能得以顺利解决。但如果碰到一个新的无法解决的问题后，那就需要形成一套新的思维路径。问题是，我们不仅仅不知道新的思维路径在哪里？长什么样子？而且旧的思维路径，甚至会成为阻碍你形成新思维路径的拦路虎。

所以，要开启一个新的思维模式，我们需要一个不同的思路，即发散模式。这是一种完全不同的全景视角，我们可以更概括地看事物。随着想法在新通道里穿梭，我们便可以建立起新的神经连接。我们不能像以前那样专注于落实某个问题的解决方法，或理解某个概念中最细微的方面，但我们可以找到解决这个新问题的出发点。

就目前的研究看来，这两种模式是不能同时使用的。这就像一枚硬币，你只能看到其中一面而不能同时看到两面。

当碰到一个新的无法解决的问题时，爱迪生的做法是：躺在椅子上放松，手上抓几个滚珠轴承，放松自己的身体和意识，以放松的方式漫无目的地回想自己之前的工作。持续地放松之后，他会在躺椅上睡着，而这时轴承就会掉在地上将他惊醒。这样，他就能把刚刚在脑海中得到的联想和想法及时收集起来，然后带着这些想法回到专注模式中。

所以，当我们面临一个问题百思不得其解时，不妨找到让自己放松、逃离专注的方式，可以是冲凉的时候，也可以是乘公交或外出散步的时候，等等，也许在不经意中，一个好的问题解决的方案就来到了你身边。

二、思维

“思维(thinking)”一词与“思考”“思索”是同义词或近义词。《词源》中说:“思维就是思索、思考的意思。”

思维科学认为,思维是人接受信息、存储信息、加工信息以及输出信息的活动过程,而且是概括地反映客观现实的过程。在自然界优胜劣汰的竞争中,人类之所以能够成为这个世界的主宰,就是因为人有着任何其他动物都无法比拟的思维能力,人靠着思维所显示的无限智慧,不断探索利用自然和征服其他动物,繁衍生存下来,并主宰着这个世界。

从思维的本质来说,思维是具有意识的人脑对客观现实的本质属性、内部规律的自觉的、间接的和概括的反映,它是人类所具有的高级认识活动。从字面来理解,思维就是思考的维度,包括思考的时间、空间、广度、深度、角度、方向和内涵等。

思维能力强不是生来具有的,而是后天认真思考、培养锻炼出来的。

(一) 思维的过程

我们研究思维特别是创新思维的主要目的,就是为了发现问题并解决问题。解决问题是一个非常复杂的心理过程,包括整个认知过程、情绪和意志过程,其中,思维活动是关键性的。解决问题的思维过程大致要经历四个阶段:觉察问题、分析问题、提出假设和检验假设。

1. 觉察问题

(1) 解决问题的思维过程从觉察问题开始。问题就是矛盾,矛盾到处都是、时时都有。但是,人不一定都能觉察到。或者有的时候,即使觉察到了某些问题,人也许对它们不大关心。

(2) 觉察问题主要取决于人的态度和需要。人对活动的态度越积极,就越容易发现活动中存在的问题,并把它转化为自己需要考虑的问题。有求知欲的人,不满足于对事物的通常解释,进一步追求现象内部的原因和结果,便能在一些别人看不出问题的地方,在一些熟知的、已有公认解释的事实中觉察出问题。

(3) 觉察问题也取决于知识经验。缺乏某方面的知识经验,就不容易看出这方面事物的复杂性,也就难以觉察其中的问题。然而,缺乏知识经验也会刺激人们提出他所不了解的问题,激励他去求知、去思考。

2. 分析问题

如果说,觉察问题是发现矛盾的过程,那么分析问题就是暴露矛盾、找出主要矛盾的过程。分析问题首先要弄清楚问题的要求是什么?哪些是已知条件?已知条件和问题的要求之间有什么联系?进而明确问题的关键所在,即区分出问题中的主要矛盾。

3. 提出假设

提出假设是解决问题的关键。这一阶段包括形成解决问题的方案方法和找出解决问题的具体步骤。问题可以用四种典型方式中的一种或几种加以解决。

(1) 尝试错误。即经过尝试、犯了错误、再尝试、有所进展直到最后成功,解决了问题。司机找出汽车发生故障的原因、学生解一道数学难题等,一般都是以这种方式来解决问题。

(2) 机械的方式。即以记忆的方式解决问题。解决问题的方法、步骤储存在记忆库中,重新遇到这种问题时,立即提取信息加以解决。比如在以前,粮店的售货员在工作中,把粮和钱换算表背熟了,当顾客买粮时即可不假思索地说出价钱。

(3) 推理。即用逻辑推理来解决问题。这是一种根据事实、严格遵循逻辑规律解决问题的方式。

(4) 顿悟。即以突然领悟来解决问题。以这种方式解决问题时,人们通常觉察不到解决问题的方法和步骤。

4. 检验假设

检验假设是解决问题的最后一步。有两种检验假设的方法:一是实践的检验,即根据假设去具体地解决问题。如果实践成功,问题得到解决,就证明了方案方法和步骤都是正确的,这样既检验了假设又解决了问题。如果实践失败,就证明方案方法或步骤有错误。二是头脑中的检验,即进行推论。例如,高明的棋手在下一个棋子之前,都是在头脑中进行推论了的。推论是否正确最终还得靠实践来检验。

通过检验,如果假设被证明是正确的,那么问题就得到解决。如果假设被证明是错误的,那么就要寻找新的解决问题的方法和步骤,重新提出假设。正确的新假设的提出,在很大程度上取决于对失败的原因是否有充分的了解。

以上是从阶段性上,对解决问题的思维过程所作的描述性分析。如果从这个过程的总趋向来看,则可以把它视为逐步逼近问题解决的过程。

(二) 思维的分类

1. 根据要解决问题的内容

根据思维所要解决问题的内容,可把思维分为动作思维、形象思维和抽象思维。

(1) 动作思维的特点是以实际操作来解决直观的、具体的问题。例如,半导体收音机不响了,检修人员打开它的匣子,用电表检查,看看电池是否还有电,再检查线路是否接触不良、晶体管是否出毛病了等,最后找出了收音机不响的原因。

(2) 所谓形象思维,是通过形象进行思考的方法,是人们在认识过程中对表象进行取舍时所形成的,以反映客观事物形象特征、以直观形象来解决问题的一种思维形式。

思维链接

一封家书

有个商人在外做生意。他的同乡要回家，于是他就托同乡带100两银子和一封家书给妻子。

同乡在路上打开信一看，原来只是一幅画，上面画着一棵大树，树上画着8只八哥、4只斑鸠。同乡大喜：这信上没写多少银子呀！我昧下50两，她也不知。

同乡将书信和银子交给商人妻子后，说："你丈夫捎给你50两银子和一封家书，你收下吧！"商人妻子拆信看毕后说："我丈夫让你捎带100两银子，怎么成了50两呢？"那同乡见计谋被识破，急忙说："我是想试试弟媳聪明不聪明。"并把那50两银子递给了商人的妻子。

商人妻子怎么知道是100两银子呢？原来那幅画上画的意思是，8只八哥是八八六十四两，4只斑鸠是四九三十六两，合起来就是100两。商人写信不用文字而用图画，商人妻子读信不是认字而是解画，他们夫妻使用的思维方法就是形象思维法。

(3) 抽象思维是用抽象的概念和理论知识来解决问题的思维。例如，当我们思考"什么是道德""什么是文明"等理论问题时，用的是抽象思维。抽象思维又称逻辑思维，哲学家、数学家经常运用抽象思维来解决问题。

在正常的成年人身上，上述三种思维往往是互相联系、互相渗透的。一个人不可能单独地使用一种思维来解决问题。

2. 根据思维的主动性和独创性

根据思维的主动性和独创性，可把思维区分为习惯思维和创新思维。

习惯思维又称模仿思维，是用惯常的方法来解决问题的思维，这种思维缺乏主动性和独创性。一般来讲，这种常规思维方式，比较适合已知的世界。在这个世界，人们的思维活动通常是在模仿以前的成熟经验或他人的成功方法，这种"复制成功"的做法可以帮助人们节省思考、摸索的时间和精力，少走弯路，从提高思维效率的角度来讲无可厚非，是完全正确的。

习惯思维对一些日常需要解决的问题尤其有效。比如，你每天早上起来后做的第一件事是什么？你是洗脸前刷牙还是洗脸后刷牙？你是先系左脚的鞋带还是先系右脚的鞋带？我们每天作出的大部分选择似乎都是精心考虑的结果，其实不然，人每天大约有40%的行为都是出于习惯。

科学家说习惯之所以出现，是因为大脑一直在寻找可以省力的方式。如果让大脑自由发挥，那大脑就会让几乎所有的惯常行为活动变成习惯，因为习惯能让大脑得到更多的休息。这种省力的本能是一大优势，这样的大脑能让我们不再思考基本的行为，如走路以及选择吃什么，所以人就有更多的脑力来进行创新。

习惯思维往往会成为创新的障碍。这种思维方式一旦进入未知的世界，由于人们没有可参照的模仿对象，它就不再适用，这时候人们就需要启动一种新的思维方式来适应陌生的环境，这种思维方式就是创新思维。在解决问题时，创新思维具有主动性和独创性。科学家的发明创造、文学家的创作、理论家的创见等，都是通过创新思维实现的。

三、创新思维

创新思维是指以新颖独创的方法解决问题的思维过程。人们通过这种思维，能突破常规思维的界限，以超常规甚至反常规的方法、视角去思考问题，提出与众不同的解决方案，从而产生新颖的、独到的、有社会意义的思维成果。

创新思维不但能够揭示客观事物的本质特征及各种事物的内在联系，而且可以产生新颖、独特的见解和想法，至少也能提出创造性的见解。所以，创新思维是比一般思维更高级的形式。它是一种主动地、独创地发现新问题、提出新问题、解决新问题的创造性思维过程。它包括七个方面思维能力的综合过程，诸如质疑思维、横向思维、逆向思维、想象（联想）思维、发散思维、收敛思维，此外还有直觉与灵感思维等。

当人们面对的情境越陌生，面对的问题越深奥，习惯思维所能起的作用就越小。可以说，越是在高层次的智力活动中，人们越需要创造力，对创新思维的需求就越大。

众所周知，超强的记忆力可以造就一个学习天才，但一旦进入应用领域，初级智能记忆力所能起的作用就非常有限了。不论是观察、分析，还是设计、决策，最需要的是高级智能创造力。许多在学校成绩出众的优等生，到了社会上却变得平庸无奇，关键就是他们在高级智能方面缺乏培养。

所以，众多的专家学者都认为，创新思维是人类思维活动中最积极、最活跃和最富有成果的一种思维形式。创新思维比习惯思维更能体现人的主观能动性。

假如人类不懂得创新思维，也许今天仍生活在茹毛饮血、刀耕火种的蒙昧时代。从钻燧取火到大规模使用火柴，从驾驭牲畜到驱使机械汽车，从农业经济社会到创意经济社会，从知识短缺时代到信息爆炸时代，人类能够一步步走到今天，超越万物，主宰世界，靠的就是创新、创新、不断地创新！

思维链接

创新思维之父

爱德华·德博诺（Edward de Bono），1933年出生于马耳他，先后就读于马耳他圣爱德华皇家学院、马耳他大学、牛津大学基督学院，并获得心理学和生理学博士学位。此外，他还获得剑桥大学哲学博士、马耳他大学医学博士学位，曾在牛津大学、伦敦大学、剑桥大学和哈佛大学任教并担当管理职位，被誉为国际最知名的思想家和创新思维之父。

出于对人类自身价值的认识，爱德华·德博诺创建了世界上最庞大、最系统的思维训练课程，其中包括柯尔特、水平思考、六顶思考帽、感知的力量、简化等。

自1967年以来，他创建的这些思考工具和方法引起了社会各界的广泛关注。德博诺的思维方法，作为一种“激发组织成员智力潜能的思维管理工具”，在全球的企业、政府组织和社会团体中得到广泛的肯定和推广，如IBM、杜邦、雀巢、爱立信、施乐、麦当劳、道格拉斯、英国航空公司、日本电报电话公司、世界经济法庭、美国律师工会、美国情报调查委员会等。

德博诺思维系统在美、日、英、澳等50多个国家和地区的上万所大中小学校教育中被广泛采用，并成为必修课。由于其设计的创新思考工具简单、非常实用、力量强大，为人类的思维教育作出了卓越的贡献而备受赞誉。对于成千上万的人来说，德博诺的名字早已成为“创造力”和“新思维”的象征。

任务三　创新或被淘汰

思维链接

不创新，就只有被淘汰

1994年诞生的雅虎，英文名“YAHOO!”一度在搜索引擎、电子邮箱、社交以及新闻聚合等领域扮演着“领路人”的角色。如今，曾经的互联网巨头已走向尽头。2016年7月25日，美国雅虎公司宣布以48.3亿美元，向美国电信运营商Verizon（威瑞森）公司出售核心业务。至此，创建21年、影响一代人的雅虎传奇告一段落。

20多年前，正值互联网时代初期，中国人杨致远创立了雅虎公司。凭着初创企业的那股冲劲，雅虎相继推出搜索引擎、电子邮件、即时通信、网页广告等业务，无不走在技术创新的前沿。1996年，诞生1年多后的雅虎成功上市，成为信息技术行业的传奇，也成就了硅谷创业造富的“英雄”。1999年至2000年间，雅虎企业市值曾超过1 200亿美元。那一时期，雅虎风光一时无两，几乎再没有对手可以匹敌。

然而，作为门户网站时代的先驱者，雅虎似乎在“前沿”处莫名其妙地停止了脚步，沦为“看客”，在互联网行业的巨变中逐渐掉了队。从网站到社交媒体、从有线互联网进阶到无线网，以及从 PC 端转向移动终端的趋势上，雅虎总比别人慢一步。随着各项业务增长乏力，《华尔街日报》《纽约时报》等喜欢用“老爷车”“生锈的铜管”来形容雅虎，甚至有脱口秀主持人称之为“互联网行业的泰坦尼克号”。

面对曾经的互联网巨头以这样的方式黯然告别，不少人回想起，早在 2008 年微软开出近 450 亿美元的价格拟收购雅虎，却遭到拒绝，可如今“贱卖”价格还不如当年开出价码的零头，不免令人感叹。

不管是曾经对企业自身定位的偏差，还是与大好发展机遇失之交臂，在专家看来，雅虎衰落的根本原因其实在于：资本面前，是职业经理人而不是创始人主导公司的发展，使得雅虎在一波接一波的变革和创新大潮中逐渐落伍。无论是国内的百度、阿里巴巴、腾讯，还是美国的谷歌、脸书、亚马逊，基本都是创始人主导，使公司创新的价值观能够一以贯之，在快速变化的浪潮中不断自我革命。

不创新，只有被淘汰。这恐怕是雅虎时代落幕带来的最大警示。

“创新”，这两个字写下容易，但做起来却难上加难。首先创新是一个持续不断的过程，而不是一个时点事件。如果取得一点点成绩就故步自封、止步不前，那就很有可能死在发展的半山腰。

除了上面提到的雅虎，还有柯达、摩托罗拉、诺基亚等，太多曾经的行业巨头在时代的创新大潮前止步不前，成了“曾经”。面对这个世界，除了持续地创新，我们还有其他的选择吗？

很多人心中都有这样的困惑，创新自古以来好像都是少数伟人天才的事情，为什么今天普通人也需要学习创新思维呢？任何人都可以创新吗？

回答当然是肯定的。但是可笑的是，在过去许多年中，人们对这个问题的回答，却常常是“不是”。

例如，在古希腊，创新被认为是一种神赐的天赋。假如你想要创新，你不但需要好运气，而且还得耐心等待，等着自己的缪斯降临并给予你启示才行。

在接下来的数百年后，19 世纪，一些浪漫派诗人如拜伦和雪莱，才有了不同的看法。在他们看来，与其说创造力是神赐天赋，还不如说是一种内在的天分。假如你想要具有创造力，只需做到“独特”就行了。换句话说，就是要像他们及其同道那样，而不是与其他乌合之众一样。

然而如今，人们已经将创造力看作一种能够习得、传授并加以改造的认知技能了。说得更确切一点，就是这种技能可以重新学会。因为在我们小时候，在我们因为上学过程中所受到的批评和从众行为的影响，从而放弃这种天生的能力之前，每个人都是具有创造力的。

虽然，这并不是说，我们每个人都具有让自己变成第二个莫扎特或达芬·奇的那种创造力。但是，创造力有如身高和体重，虽说我们的身高和体重各不相同，但都有一定的身高和体重。

所以说，在过去，人们习惯把艰难的思考任务交给伟人或天才们，用他们的思考来替代自己的思考，用他们的知识成果来塞满自己的头脑，平常人只扮演一个思想追随者的角色。但在今天，创新思维由金字塔的精英顶端普及到大众基层，并进而渗透到我们生活的各个领域，即使是一个普通人也意识到自己必须创新，必须具备创造力。

那么，是什么原因导致了传统观念发生了革命性的巨变呢？主要是以下三个原因：

首先，教育的普及化使民智开化。今天一个普通初中生所掌握的知识，都要远远超过古代贤哲智者们皓首穷经一生的研究。这种知识高度，使得平常人拥有足够的知识基础，来完成一般的创新活动。

其次，竞争的普及化，让人们面临前所未有的生存压力和发展压力，今天的人们再也无法像过去那样偏安一隅，与世无争，过着田园牧歌式的生活了。经济全球化的浪潮将世界变成一个地球村，人们不仅要面临来自周围熟悉的环境的竞争，还要面对来自不熟悉的地球另一端的竞争压力。快节奏、错综复杂、动态变化的大环境，构成了今天这个时代的主旋律，与之相应，人们的思维方式也势必要转变成跳跃性、发散性、独创性的创新思维，才能跟上时代超速发展的步伐。这就像周围的人都开始由慢走变成奔跑了，而你要不想被淘汰，不想落伍，就必须也要调整自己的状态学会奔跑，奋起直追。

今天，社会结构变得更加复杂、企业经营变得更加复杂、产业专业变得更加复杂、工作方式变得更加复杂、职业技能变得更加复杂、人才标准变得更加复杂、新出现的问题变得更加复杂……复杂的普及化使普通人的思维方式也需要变得越来越复杂，不能再满足简单初级的模仿思维方式。简单的思维模式无法理解复杂事物，因此，人们必须要学会更加高级的创新思维方式，否则就很难适应今天的复杂世界。

此外，有无创新思维能力，将决定一个人的发展前途。由于创新思维能力上的差异，会导致不同的结果或结局，踏实肯干固然重要，但从某种意义说来，有无创新思维能力则更为关键。

创新思维能力的大与小，将决定一个人的事业天地。古今中外，但凡在事业上有所建树、有所作为的人，可以说都是创新思维能力很强的人。他们靠智慧、靠特色、靠创新、靠点子，开拓出了事业上的一片广阔天地，为人们所赞颂、所称道。

创新思维能力超高、超众，就敢于说别人没有说过的话，敢于做别人没有做过的事，敢于思考别人没有思考过的问题。创新思维能力的超与凡，将决定一个人的勇气、胆识的大小，谋略水平的高低。

所以，创新思维在人们的日常生活、学习和工作中的应用领域越来越广，这使普通人对创新思维的需求也越来越大，今天的现代人如果不懂得创新思维，不懂得如何运用创造力去开辟自己的生存与发展空间，那他们将无法在激烈的竞争中立足，势必会被社会淘汰，沦落为弱势阶层。

思维训练营

1. 你能用6根木棒，摆出4个彼此相连且大小相等的等边三角形吗？

2. 你用什么方法可以测量出央视大厦的高度？（不询问他人）

3. 假设有一个水缸，里面有很多的水。现有2个空水桶，容积分别为5升和6升。问题是如何只用这2个水桶从水缸里取得3升水。

4. 有三个男人同时爱上了同一个姑娘。为了决定他们谁能娶这个姑娘，他们决定用手枪进行一次决斗。张三的命中率是30%，李四比他好些，命中率是50%，最出色的枪手是王五，他从不失误，命中率是100%。由于这个显而易见的事实，为公平起见，他们决定按这样的顺序：张三先开枪，李四第二，王五最后。然后这样循环，直到他们只剩下一个人。那么这三个人中谁活下来的机会最大呢？他们都应该采取什么样的策略？

5. 有一个球和一把长度大约是球的直径2/3长度的直尺，如何测出球的半径？

6. 一个人花8块钱买了一只鸡，9块钱卖掉了。然后他觉得不划算，花10块钱又买了回来，11块卖给另外一个人。问他总共赚了多少钱？

7. 一楼到十楼的每层电梯门口都放着一颗钻石，钻石大小不一。你乘坐电梯从一楼到十楼，每层楼电梯门都会打开一次，只能拿一次钻石，问怎样才能拿到最大的一颗？

8. 一天，小燕的店里来了一位顾客，挑了25元的货。顾客拿出100元，小燕没零钱找不开，就到隔壁小霞的店里把这100元换成零钱，回来给顾客找了75元零钱。过一会，小霞来找小燕，说刚才的是假钱，小燕马上给小霞换了张真钱，问小燕总共赔了多少钱？

9. 一逻辑学家误入某部落，被囚于牢狱。酋长欲意放行，他对逻辑学家说：今有两门，一为自由，一为死亡，你可任意开启一门。现从两个战士中选择一人，负责解答你所提的任何一个问题（是/不是），其中一人天性诚实，一人说谎成性，今后生死任你选择。逻辑学家沉思片刻，即向一战士发问，然后开门从容离去。逻辑学家应如何发问？

10. 地主让长工为他工作一周，给长工的回报是一根金条。地主必须在每天结束时，给他发一段金条。如果只允许地主两次把金条弄断，他该如何给长工付费？

项目 2

辨识创新思维障碍

训练目标

认识创新思维障碍的表现形式；

掌握打破创新思维障碍的方法；

学会拓展创新思维视角。

任务一　认识创新思维障碍

思维热身

分组游戏，每组完成相应的任务，在最短的时间内符合要求者获胜。

道具：20 厘米长、直径约 0.5 厘米的圆形木棒若干根。

第一轮：每组发 6 根木棒，不借助其他任何工具，将此 6 根木棒做成某种结构，使得我们只接触其中的 1 根木棒，就能把所有 6 根木棒全部都提起来。

第二轮：每组发 9 根木棒，不借助其他任何工具，将此 6 根木棒做成某种结构，使得我们只接触其中的 2 根木棒，就能把所有 9 根木棒全部都提起来。

人的大脑思维有一个特点，就是一旦沿着一定方向、按照一定次序思考，久而久之，就形成了一种惯性。遇到类似的问题或表面上看起来相同的问题，总是不由自主地还沿着上次思考的方向或次序去解决，这叫思维惯性。

多次以这种惯性思维来对待客观事物，就形成了非常固定的思维模式，我们就叫作“思维定势”。思维定势对人们思考惯常问题有一定的帮助，它能省去许多思考步骤，节省大量的时间，有助于我们举一反三、触类旁通。据统计，定势思维可以帮助人们解决每天所碰到的 90%以上的问题。但在面临新情况、新问题，需要开拓创新时，它就会变成枷锁极大地影响创造性思考，使人难以跳出思维定势的框框，好像进入了封闭的轨道。

思维惯性和思维定势合起来，称为“思维障碍”。

显然，思维障碍阻碍了我们创造性地解决问题，对于创新是非常不利的。我们要进行创新思维，首先必须认识并打破那些思维障碍。

常见的创新思维的障碍主要有以下几种，需要我们一一加以辨识，并在今后的创新实践中，尽量消除它们的影响。

一、习惯性思维障碍

人们总是习惯基于过去经验的重复性思考。一旦有了自认为可行的想法，很难再考虑其他可选择的想法。这种习惯性思维往往是人们不由自主的选择，无论是古人还是现代人都不可避免。

思维链接

“跳蚤变爬虫”

跳蚤是跳高能手。如果把跳蚤放在桌子上，用手一拍，它所跳的高度是自己身高的百倍以上。曾经有科学家将跳蚤放在实验室里进行了一系列试验，这些跳高能手居然再也不会跳跃了。

原来，实验者先用玻璃罩罩住跳蚤，然后迫使跳蚤跳跃。跳蚤第一次跳就碰到玻璃罩，反复连续多次后，跳蚤逐渐改变了跳起的高度，每次跳起的高度总保持在罩顶以下。实验者开始逐渐降低玻璃罩的高度，跳蚤经过数次碰壁之后也主动改变跳跃的高度。最后，玻璃罩接近桌面，跳蚤无法再跳跃了，就开始在桌子上爬行。经过一段时间，实验者拿走玻璃罩，再拍桌子时，跳蚤再也不跳了，“跳蚤”变成了“爬虫”。

最后跳蚤还有没有跳跃能力？

为什么跳蚤不能跳跃，而变成一个爬虫了呢？

这个例子对我们有什么启示？

一个年轻的摄影记者带着家人一起到海边度假。因为职业的习惯，他总是留心观察那些有意义的生活画面。年轻的摄影记者连续几天在海边散步时都发现，有一位老渔夫总是会在这个时候打上一网鱼。这里的鱼种类繁多，而且能够看得出老渔夫的捕鱼本领也很高，所以每次年轻的摄影记者和他的家人都会看到老渔夫能够打捞上满满一网鱼。

不过，年轻的摄影记者却发现一个十分奇怪的现象，当这位老渔夫费力地将一网还活蹦乱跳的鱼拖到岸上之后，他总是将网里面的大鱼都重新扔到海里，而只留下一些很小的鱼带回去。年轻的摄影记者觉得很奇怪，经过好几天的观察，他发现老渔夫每天都是如此。心中怀着疑惑的摄影记者决定去问问老渔夫其中的原因。

这一天吃完晚饭之后，摄影记者没有像往常一样陪着家人散步，而是站在老渔夫每天靠岸的地方等待着老渔夫的出现。老渔夫仍像过去一样准时出现了，他这一次仍旧打了满满一网鱼，同样像往常一样用力将沉甸甸的渔网拉到岸边，然后又解开渔网将其中个头较大的鱼一条又一条地重新扔到海里。

年轻的摄影记者蹲下身问老渔夫："请问你为什么总是把费尽力气捕到的鱼扔回海里呢？如果是因为发善心，那你应该将小鱼放生呀！我实在想不明白你这样做的原因。"听到眼前这位年轻人的问题，老渔夫不以为然，平静地说："有什么好奇怪的，因为我家的锅太小了，大个的鱼根本没法下锅，所以我才把大鱼都扔回海里。"

摄影记者一直都认为老渔夫这样做必定有自己的理由，可是如今听到老渔夫的解释时，他更是感到不可思议。于是他说："那你们为什么不换一口大一点的锅呢？这样一家人不是每天都可以吃到美味的大鱼了吗？"

听到他的话，老渔夫脸上的表情似乎比他刚才更吃惊。只听老渔夫说："那怎么可以呢？我家的锅是和灶相配套的，灶只有那么大，锅太大了岂不是没法烧火做饭？"听到老渔夫的话，年轻的摄影记者仿佛找到了事情的根源，于是他大声对老渔夫说："这还不好办，重新垒一个灶，然后再换一口大一点的锅，这样一来，问题不就全部解决了吗？这不是比每天都要花时间把好不容易捞上来的大鱼扔回海里强百倍吗？"说这话时，年轻的摄影记者一脸得意。

可是当听到老渔夫接下来的话时，他再也无法得意，而且实在不知道该说些什么好。老渔夫是这样说的："这灶和锅都是我爷爷留给我父亲的，然后我父亲又留给了我，我只知道如何靠这副锅灶来煮饭、吃饭，可是却从来不知道怎样垒一个新灶、换一口大锅，即使有人帮我换一个锅灶，我也不知道如何用新的锅灶做饭，因为父亲当年没告诉我。"

东西旧了，人们往往会感到不如新的好用；衣服旧了，即使干净、整齐，也必定失去了当年多彩的风姿；机器旧了，无论怎样修理也不会如新机器那样高效。不过所有的这一切，如果人们愿意，就可以换一个新的。可是当人的思维陈旧时，却不可能立刻换上一种新思维，人的头脑往往会被习惯性的思考方式给锁住，其结局往往是非常悲惨的。

大家都看到了苹果坠地，但为什么只有牛顿追问了为什么，因为大家都觉得这是习以为常的现象。而牛顿打破了常规，发现了万有引力。在企业经营中，尤其是市场营销中，有时最怕的就是惯性思维，只看到人家怎么干的、前人怎么做的、政策允许的、行业的游戏规则等，迷失在自己的惯用套路和行业人的惯性招数上。跟着人家的套路走可以成长，照搬人家的做法可以生存，但想快速成长和突破就得创新，必须打破惯性思维。

思维链接

女实验员的急智

一所化学实验室里，一位实验员正在向一个大玻璃水槽里灌水。水流很急，不一会儿就灌得差不多了。于是，那位实验员去关水龙头。可万万没有想到的是水龙头坏了，怎么也关不住。如果再过半分钟，水就会溢出水槽，流到工作台上。水如果浸到工作台上的仪器，便会立即引起爆裂，里面正在起着化学反应的药品，一遇到空气就会燃烧，几秒钟之内就能让整个实验室变成一片火海。

实验员们面对这一可怕情景，惊恐万分，他们知道谁也不可能从这个实验室里逃出去。那位实验员一边去堵住水嘴，一边绝望地大声叫喊起来。这时，实验室里一片沉寂，死神正一步一步地向他们靠近。

就在这时，只听"叭"的一声，大家只见在一旁工作的一位女实验员，将手中捣药用的瓷研杵猛地投进玻璃水槽里，将水槽底部砸开一个大洞，水直泻而下，实验室里一下转危为安。

在后来的表彰大会上，人们问她，在那千钧一发之际，怎么能够想到这样做呢？这位女实验员只是淡淡地一笑，说道："当我们在上小学的时候，就已经学过了这篇课文，我只不过是重复地做一遍罢了。"这个女实验员用了一个最简单的办法来避免了一场灾难。

欧洲篮球锦标赛上，保加利亚与捷克斯洛伐克队相遇，在最后8秒钟时，保加利亚以2分优势，按说已经稳赢了，但保加利亚队叫了暂停。因为比赛采用循环制，保加利亚必须赢球超过5分才能在整个比赛中取胜。重新开赛后，意想不到的事情发生了，保加利亚的队员运球到自己篮下，并投入篮筐，全场都凝固了，保加利亚队是否疯了。裁判宣布打平要加赛时，大家才恍然大悟，在加时赛中，保加利亚赢了6分，最终赢得了比赛。

《司马光砸缸》我们都学过，砸缸救人，关键在于舍缸，破缸求命。但多数人的思维都想得、想活，而不是先想到舍。殊不知，舍弃有时也是一种智慧。舍放前得放后，最终是小舍小得、大舍大得、不舍不得。其实这个"缸"就可以看作我们的惯性思维，很多时候我们对很多机会视而不见，只因我们被自己的惯性思维束缚住了。这个时候唯有打破，才能放飞我们的思维，进入一个新天地。

思维延伸

猴子实验——群体惯性

有科学家曾做过一个实验:将几只猴子关在一个笼子里,每天喂很少的食物,让猴子们饿得吱吱直叫。数天后,实验者在笼子上面放下一串香蕉,而香蕉的另一端连着一个机关,只要一碰到香蕉,笼子外面的高压水枪就向笼子里面喷水。

一只饿得头昏眼花的猴子,猛一抬头看到头顶上多了一串香蕉,本能地一个箭步冲向前,去拿香蕉。可是当它刚碰到香蕉还没摘下来时,就被预设机关所喷出的高压水冲得嗷嗷直叫,而在笼子里面的其他猴子也跟着遭殃,全被淋透了。当后面其他不甘心的猴子爬上去拿香蕉时,同样的情景再次出现,水又喷涌而来。于是猴子们只好望"蕉"兴叹,同时他们得出一个经验,就是不能碰香蕉,一碰到香蕉就要被水淋。

又过了几天,实验者将一只新猴子关入笼子,当新猴子肚子饿得也想尝试爬上去吃香蕉时,立刻被笼子里的老猴子给"扁"了一顿。试了几次,都是如此。于是新猴子得出一个结论,不能碰香蕉,一碰到香蕉就要挨打。

实验者再换一只新猴子进入,而当这只新猴子想要摘香蕉时,有趣的事情发生了,它同样遭到了一顿痛打,而以第一次换进来的新猴子打得最凶。

实验继续,当所有的老猴子都已换成新猴子之后,实验人员撤去了笼子外面的水枪。但此时,没有一只猴子敢去碰香蕉。机关虽然取消了,但被水淋的"群体惯性"束缚着进入笼子的每一只猴子,使它们对唾手可得的盘中美餐奉若神明,谁也不敢前去享用。

这就是群体惯性(也称为组织惯性)形成的过程。而我们发现,在很多组织内部存在这样的组织惯性。在变化莫测的市场环境中,我们要想赢得竞争优势,就必须学会随着时代的发展变化而迅速调整,否则只能像故事中的猴子那样,在昨天的教训上平白失掉明天的机会。

二、直线型思维障碍

当我们思考某个问题面临了障碍,特别是面临难以克服的巨大障碍时,很多人的选择是凭借其坚强的意志力,直线前进,尽力消除障碍,但这并非对一切障碍都适用。因为这样做,必须具备足够的力量和必要的条件。力量不足要先积蓄力量,条件不够要先创造条件;否则,贸然向障碍发起进攻,付出了巨大的努力和代价,却会落得个徒劳无功,甚至惨败而回。如果遇事不愿多想几种可能性,"一条道跑到黑",那么这就是典型的直线型思维。直线型思维,顾名思义,就是以直线方式来考虑问题,不知道世上很多事物是相互关联影响的。

直线型思维习惯，看起来是更有效率地解决问题的办法。因此很多人在面临问题时，首先考虑的就是如何直截了当地一击即中，却往往事与愿违。

有一位著名的女高音歌唱家名叫玛·迪梅普莱，她有一个在当地算得上是最出色的私人园林。每到周末都会有不少人来这里摘鲜花、拾蘑菇、捉蜗牛。有的甚至还会搭起帐篷，燃起篝火，在草地上野营野餐，常常弄得园林一片狼藉，肮脏不堪。负责管理园林的管家，根据迪梅普莱的指示，叫人在园林的四周围上篱笆，竖起“私人园林禁止入内”的木牌，并派了人在园林的大门看守，但都无济于事，许多人依然通过各种隐蔽的方式进入园内。

这个例子是最典型的直线型思维习惯方式，但是结果并没有达到预期的目的，反而更刺激了人们想进去一探究竟的心理。那么，最后的解决办法是什么呢？迪梅普莱叫人做了一些大大的木牌子立在各个路口，上面醒目地写明：“请注意！你如果在林中被毒蛇咬伤，最近的医院离此15千米，驾车半小时可到。”此后，胆敢再闯入她的园林的人便寥寥无几了。

对于有些简单的问题，我们可以直接去寻求答案，这样能更高效率地做事。可是对于复杂并且明显不可能一蹴而就的事情，我们就要耐心来寻找更可靠的办法，而不能直扑结果。其实条条大路通罗马，很多迂回的方式来解决问题，可能难度反而是最小的。

思维链接

图德拉是委内瑞拉经营海上石油运输的著名企业家。他本来是一位自学成才的工程师，谈不上有多少资产和积蓄，在石油界也没有什么可以提携、帮助他的人或老朋友，可是他却一心想做石油生意。怎么才能实现这一愿望呢？他知道，凭他目前的条件，是不可能直接达成这个愿望的，因为资金、渠道等都不成熟。那么，剩下的只有排除这些障碍走另一条路了。为了达到这个目的，他随时多方留心、打听，先后获得了不少重要的经济信息。经过对这些信息的精心过滤和组织编排，他很快便形成了一套行动方案。他筛选出来的与实现他的愿望密切相关的信息有：阿根廷需要购买2 000万美元的丁烷，同时这个国家有大量的牛肉过剩；西班牙需要牛肉，西班牙的船厂又正在为订货不足而发愁。

图德拉飞往西班牙，对那里造船厂的人说：“如果你们向我购买2 000万美元的牛肉，我就在你们厂订购一艘造价2 000万美元的超级油轮。”造船厂的人欣然同意。他把牛肉转卖给西班牙后，又去找了一家石油公司，以购买对方2 000万美元的丁烷为交换条件，使这家公司同意租用他在西班牙建造的超级油轮。

就这样，图德拉通过仔细分析他面临的问题的复杂性，制订切实可行的方案来达到他的目的，而没有仅凭一腔热情去硬闯他的石油运输之路。

所以，凡事试着从不同的方向去想想，是一个很好的习惯。

日本兵库县有一个小村子叫丹波村，是一个十分贫穷落后的地方。当日本全国普遍都已逐渐富裕起来的时候，这里依然很穷困，而且交通不便，既不通公路，也不通铁路。村子里的人看见其他地方都先后富起来了，大家都很不甘心，决心也要富起来。但这里什么特产也没有，怎么富呢？想来想去，谁也想不出办法。

后来他们派人去东京请来一位名叫井坂弘毅的专家。井坂弘毅了解了这个村子的情况后，也感到很棘手。要富起来，总得要出卖一些什么东西去同别人交换才行，只有卖得多，才可能赚得多。怎么可以什么都不卖而富起来呢？井坂弘毅按照这样的思路顺着想，却总是想不出一个办法来。后来他试着倒过来想，既然只有“贫穷落后”，那就出售它的“贫穷落后”；既然“一无所有”，那就出售它的“一无所有”。

井坂弘毅向村民们建议说，你们唯一的致富之路就是出售“贫穷落后”，出售“一无所有”。大家听了莫名其妙。接着井坂弘毅又进一步解释说：要出售贫穷落后，你们就还得要再贫穷些。从现在起，你们就不要再住在房子里了，要住到树上去；不要再穿布做的衣服了，要披树叶、兽皮，要像几千年前我们的老祖宗那样生活，这样城里的人就会来参观、旅游，你们就可以富起来了。

村民们照办后，消息传到各个城市，日本人惊奇地发现，国内竟然还有这样的原始人部落，于是很快就吸引来了大批的旅游者。这些旅游者住在大树上，披树叶，穿兽皮，吃野菜，喝泉水，在小溪边洗脸洗脚，晚上不但能听到风声、雨声，还能听到各种野兽的怪叫声。旅游者们感到太新奇了，太有趣了，来这里旅游的人越来越多。随着收入的不断增多，这个村子很快就富裕起来了。

这个例子中，坂井弘毅的思维很明显地体现出了前、后两个不同的思维阶段，在前一个阶段，他也是从固有的思维习惯出发，想从一般的商品买卖入手寻找出路，当他发现这个思路不通之后，就改从另一个方向入手，从完全不同的方向来思考问题，这也是克服直线思维的重要方法。

三、权威性思维障碍

权威性思维障碍是指人们对权威人士言行的一种不自觉的认同和盲从。人们在长期的学习、工作和生活中，逐渐形成了对权威的尊敬甚至崇拜。尊重权威固然没有什么错，但一切都按照权威的意见办事，不敢怀疑权威的理论或观点，不敢逾越权威半步，就成为创新思维的极大障碍了。

思维链接

杂交水稻之父

1953年，袁隆平从西南农学院毕业，被分配到湖南湘西雪峰山麓的湖南省安江农校教书。最初他主要研究红薯、西红柿的育种栽培。就是在这里，袁隆平看到有人饿死在路边，意识到只有水稻才是农民的救命粮。

1960年，天灾人祸带来了全国性的大饥荒，袁隆平和他的学生们也同样面临着饥饿的威胁。一天中午，走出校门，他远远地看到马路边围了一堆人，走近一看，路边横躺着两具骨瘦如柴的尸体，围观的人脸上都堆满了忧伤。袁隆平目睹了严酷的现实，感到了“饿殍”两个字的刺痛。他深切地体会到什么叫“民以食为天”，他觉得自己应该也必须要做点什么。

当时，米丘林、李森科的“无性杂交”学说——“无性杂交可以改良品种，创造新品种”的传统论断垄断着科学界。袁隆平继续做了许多试验，依然没有任何头绪。他开始怀疑“无性杂交”的一贯正确性，决定改变方向，沿着当时被批判的孟德尔、摩尔根遗传基因和染色体学说进行探索，研究水稻杂交。而在当时，作为自花授粉的水稻被认为根本没有杂交优势。“别人都讲我是‘鬼五十七’(长沙方言，意为不务正业)，我也不理。”从此，他义无反顾地选定了杂交水稻这道科研课题。

1960年7月，盛夏的一天，在安江农校实习农场早稻田中，袁隆平像往常一样下课后挽起裤腿到稻田查看。突然，他发现了一株植株高大、颗粒饱满的水稻“鹤立鸡群”。他如获至宝，马上用布条加以标记，反复观察，并采集花药进行镜检。

第二年，他把收获的种子种下去，结果长出的水稻高的高、矮的矮。当时他非常失望地坐在田埂上……突然灵感来了，水稻是自花授粉的，不会出现性状分离，所以这一定是个天然杂交种！

袁隆平马上想到，把雌雄同蕊的水稻雄花人工去除，授以另一个品种的花粉，就能得到有杂交优势的种子了。但单凭人力不可能大量生产这样的种子，如果专门培育一种雄花退化的水稻，将其和其他的品种混种在一起，用竹竿一赶花粉就落在雌花上了，就能大量生产杂交稻种了。

想到这里，袁隆平欣喜若狂，也更加充满信心。接下来几年的夏天，水稻扬花吐穗的时候，他都拿着放大镜，顶着烈日在田间苦苦寻觅。1964年7月5日，他在安江农校实习农场的洞庭早籼稻田中，找到一株奇异的“天然雄性不育株”，这是国内首次发现。经人工授粉，结出了数百粒第一代雄性不育植株的种子。

1965年7月，袁隆平又在安江农校附近稻田的南特号、早粳4号、胜利籼等品种中，逐穗检查14 000多个稻穗，连同上年发现的不育株，共计找到6株。经过连续2年春播与翻秋，共有4株繁殖了1～2代。

1966年2月28日，袁隆平发表第一篇论文《水稻的雄性不孕性》，刊登在中国科学院主编的《科学通报》半月刊第17卷第4期上。这是他关于杂交水稻的第一篇论文，直击禁区。

今天回想起那一切，袁隆平深有感触地说：“在研究杂交水稻的实践中，我深深地体会到，作为一名科技工作者，要尊重权威但不迷信权威，要多读书但不能迷信书本，也不能害怕冷嘲热讽，害怕标新立异。如果老是迷信这个迷信那个，害怕这个害怕那个，那永远也创不了新，永远只能跟在别人后面。科技创新既需要仁者的胸怀、智者的头脑，更需要勇者的胆识、志者的坚忍。我们就是要敢想敢做敢坚持，相信自己能够依靠科技的力量和自己的本事自主创新，做科技创新的领跑人，这样才会取得成功。”

泰戈尔曾经说过：“除非心灵从偏见的奴役下解脱出来，否则心灵就不能从正确的观点来看生活，或真正了解人性。”而一个人最致命的偏见，莫过于认为权威们无论何时何地都是正确的。

其实这是不正确的，权威只是经常对，而不是永远对，盲目迷信权威只会禁锢你的思想。俄国作家契诃夫说得好：“有大狗，也有小狗，小狗不该因为大狗的存在而心慌意乱。所有的狗都应当叫，就让它们各自用自己的声音叫好了。”

在火车并不普及时，一位权威人士以不可辩驳的口吻声称，如果美国要引进铁路的话，就一定要建立更多的精神病院，原因是如果人们看见火车头在自己的面前咆哮而过，会被吓破胆的。

在德国，一群专家曾出面证明说，火车的时速不可以超过15英里，如果超过了这一惊人的速度，那么鲜血就会从乘客的鼻腔里喷射出来，而且在通过隧道时，乘客会因窒息而死。

试想，如果当时的人们相信了这些所谓的权威、专家的话，那也许世界上就没有火车了。由此可见，权威们的话也会出现有失偏颇的时候。

思维链接

亨利·福特的八缸引擎

亨利·福特没有受过正规的教育，在建立了他的事业王国之后，他把目光转向了制造八缸引擎。他把设计人员召集到一起说：“先生们，我需要你们造出一个八缸引擎。”

这些聪明的、受过良好教育的工程师们深谙数学、物理、工程学，知道什么是可做的、什么是行不通的。他们以一种宽容的态度看着福特，好像在说：“让我们迁就一下这位老人吧，怎么说他都是老板嘛。”他们非常耐心地向福特解释说八缸引擎从经济方面考虑是多么不合适，并解释了为什么不合适。

福特并不听取工程师们的意见，只是一味强调：“先生们，我必须拥有八缸引擎，请你们造一个。”

工程师们心不在焉地干了一段时间后向福特汇报：“我们越来越觉得造八缸引擎是不可能的事。”然而，福特先生可不是能轻易被说服的人。他坚持说：“先生们，我必须有一个八缸引擎，让我们加快速度去做吧。”

于是，工程师们再次行动了。这次，他们比以前工作得努力一些了，时间花得更多了，也投入了更多的资金。但他们对福特的汇报与上次一样：“先生，八缸引擎的制造完全不可能。”

然而对于福特，在这个第一个使用装配线、每天发5美元薪水、对T型与A型车进行改良的人的眼里，根本不存在“不可能”的事。亨利·福特炯炯有神地注视着大家说：“先生们，你们不了解，必须有八缸引擎。你们要为我做一个，现在就做吧。”猜猜接下来如何？他们制造出了八缸引擎。

在常人的习惯中，专家就是权威，专家说的话都是正确的。可是，一个人要想在人生和事业上取得突破，还真得像亨利·福特那样勇于向专家说“不”。

当别人向你建议不能做这个、不能做那个时，你不要管他们。切不可看了巨著《红楼梦》，就停止了在文坛上的耕耘；也不可看了马拉多纳踢球，便放弃在绿茵场上的梦想；更不可在听过帕瓦罗蒂的歌声，便扼杀自己的音乐天分。如果总是活在权威的阴影下，对权威总持完全肯定的态度，那么世界上也就不会出现曹雪芹、帕瓦罗蒂、马拉多纳这样的人物了。

如果你坚信自己的梦想，并不断追求，你就会取得成功！

四、从众型思维障碍

思维链接

毛毛虫实验

法国心理学家约翰·法伯曾经做过一个著名的实验，称之为“毛毛虫实验”，即把许多毛毛虫放在一个花盆的边缘上，使其首尾相接，围成一圈，在花盆周围不远的地方，撒了一些毛毛虫喜欢吃的松叶。

毛毛虫开始一条跟着一条，绕着花盆的边缘一圈一圈地走，一小时过去了，一天过去了，又一天过去了，这些毛毛虫还是夜以继日地绕着花盆的边缘在转圈，一连走了七天七夜，它们最终因为饥饿和精疲力竭而相继死去。

约翰·法伯在做这个实验之前曾经设想：毛毛虫会很快厌倦这种毫无意义的绕圈，而转向它们比较爱吃的食物。但遗憾的是毛毛虫并没有这样做。导致这种悲剧的原因就在于毛毛虫的盲从。

从众型思维障碍，是指人们因为懒于独立思考，或不敢标新立异、为天下先，而盲目从众，一切随大流，抑制了创新的敏感和勇气。从众心理，就是不带头、不冒尖，一切都随大流，没有独立性的心理状态。从众有时是必要的，但过于从众会失去独立思考，牺牲人的个性，阻碍人的创新精神。

从众是由于群体而产生群体成员行为或信念上的改变。这种改变是真实的或想象的群体压力的结果。也就是说，当个体受到群体的引导或影响时，会跟从群体行为，怀疑并改变自己的观点和做法，朝着与群体和大多数人一致的方向变化。这种变化带来的结果无非是积极或者是消极影响。

首先，从积极影响来说，从众可以使群体保持一致性，扩大群体规模。一般来说，群体的规模越大，持一致意见或采取一致行为的人越多，则个体受到的压力就越大，就越容易从众。

例如，当一场音乐会结束后，前排的观众站起来开始鼓掌，紧跟着后面的具有同样感受的人也起来鼓掌。现在，起立鼓掌的浪潮波及未受鼓励的人，他们也从舒适的椅子上站起来，给予礼节性的喝彩。在这个时候，椅子上坐着的你还会坐得住吗？

又如，你在看一场足球赛或者是篮球赛，当有一个人按捺不住激动开始给场上的人加油了，你还能克制内心的澎湃，静静地坐在那里看比赛吗？当这种从众行为蔓延到全场的时候，场下观众的热烈反应对球员来说不正是一种正面鼓励吗？

从众使得群体的凝聚力变得十分强大。比如，在团队合作当中，小组成员更倾向于有意识、自觉地达成一致意见，形成统一的目标。这种强大的凝聚力使得成员的办事效率有所提高，又因为他们的目的一致而明确，那他们与其他团队竞争成功的可能性也就越大。

接着，让我们将目光转向从众行为的消极一面。一味地从众等于盲从。盲从，让聪明的人变得愚蠢、让勤快的人变得懒惰、让积极的人变得消极、让智慧的人变得平庸。

思维链接

福尔顿的遗憾

有一位名叫福尔顿的物理学家，由于研究工作需要他测量出固体氦的热传导度。他运用的是新的测量方法，测出的结果比按传统理论计算的数字高出500倍。福尔顿感到这个差距太大了，如果公布，难免会被人视为故意标新立异、哗众取宠。所以他就没有声张。

没过多久，美国的一位年轻科学家，在实验过程中也测出了固体氦的热传导度，测出的结果同福尔顿测出的完全一样。这位年轻科学家公布了自己的测量结果以后，很快在科技界引起了广泛关注。福尔顿听说后追悔莫及。

我们该为他感到叹息吗？他就因为盲从而错失了一个名扬世界的机会。他是一个如此聪明的人，而现在却只有让人扼腕叹息的份。

另外，从众容易扼杀群体成员的创造性。在一个群体中，必定会有一部分具有创造性、创新性的人。但是，群体强大的压力要求他放弃自己的创新，跟从大部队的思路。因为，一旦他提出了自己的想法，他就变成了那个独立鸡群的鹤。他害怕被群体孤立，于是，好的创意就这么被扼杀了。

除此之外，传统中的某些消极意义的东西、社会不正之风也会产生压力，使人们产生从众心理，甚至改变正确的观念和态度，与某些错误的思想和行为保持一致。这种从众是消极的，会助长不良传统的巩固和歪风邪气的蔓延。

一个向来遵守交通规则的人，遇到红灯时肯定会停下来，过马路时肯定要走斑马线。但是很多次，当他过马路的时候，看到大家都不走斑马线，而且闯红灯的人越来越多，于是，他也就跟着大家一起走，而不遵守交通规则了。

还有个人到某商场购物，本来他看好了自己喜欢的某个物品，但在刚打算购买的时候，却发现相邻的另一品牌柜台前集聚了好多的顾客。于是，他就会情不自禁地怀疑起自己的选择。当听到顾客们说另一品牌的物品好时，他会不由自主地改变当初的主意，跟大家一起拥向另一品牌，而放弃他刚开始的选择。

更有个可笑的故事，说上海世博会期间参观的人数很多，每个馆前都排了很长的队伍。有个人看到队伍就排，排了很长时间终于排到自己了，才发现人们是在排队上厕所。

从众到底是好是坏，还需要我们自己判断。当从众的利大于弊时就应该从众，而当弊大于利时，我们就该保持自己独有的性格，坚持自己的观点。

五、书本型思维障碍

很多人认为，一个人的书本知识多了，如上了大学，读了硕士、博士，就必然有很强的创新能力。还有的人认为，书本上写了的，就都是正确的，遇到难题先查书，如果自己发现的情况与书本上不一样那就是自己错了。

在这种认识的指导下，书上没有说的不敢做，书上说不能做的更不敢做。读书比自己多的人说的话百分之一百地相信，一点也不敢怀疑。这种对于书本的迷信阻碍了人们去纠正前人的失误，探索新的领域。

我们把这种由于迷信书本上的理论，不敢提出质疑，不能纠正前人的失误，探索新的领域的思维障碍，就叫作书本型思维障碍。

(一) 正确认识书本知识

书本是一种知识载体，是千百年来人类经验和体悟的结晶，是人类文明的标志。有了书本，前一代人能够很方便地把自己的观念、知识、所思考的问题和价值体系传递给下一代人，使得下一代人能够从一开始就站在前人的肩膀上，而不必每件事情都从零开始。

这是人类社会的进化得以加速度进行的原因所在，是人类优越于其他动物的主要特点。动物们没书本，父辈动物们一生积累的知识和技能随着个体的死亡而完全消逝，子孙辈们是从父辈们的身传言教中和实践中得到知识与经验的，这些传授是有限的。假设动物也有书，野狼们轻易地掌握了它的前辈们对付猎人的所有手段，那么到底是猎人打狼还是狼打猎人，就很难说了。

凡事有利必有弊。书本知识给我们带来了好处，但同时也会给我们带来一些麻烦。究其原因有很多，其中之一便是书本知识与客观现实之间存在着一些距离，两者不完全吻合。

1. 书本知识与现实的距离

书本知识是什么？是经过头脑的思维加工（选取、抽象、截取等）之后所形成的一般性的东西，它不可能把所考虑的问题、所发生的事统统写出来。所以，它表示的是一种理性的状态而不是直观的状态，于是就出现了理想状况与实际状况的差异。

比如说，几何学告诉我们，“点无大小”“线无粗细”“面无厚薄”，这些都是理想化了的“点”“线”“面”，仅仅存在于理解了几何学的那些人们的头脑中。但在现实世界中，哪个“点”没有大小？哪条“线”没有粗细？哪个“面”没有厚薄？

此外，书中的知识在不断老化，离现实越来越远。而现实世界则是另外一回事，它由无数个别事物所构成，其中每个事物都具有无数属性，每个事物和每种属性又不停地在发生着无数的变化。

我们生活在现实世界之中，尽管我们的头脑里有一个“理想化”的知识世界，我们却无法生活于其中。正如英国哲学家贝克莱所说，人们不能吃观念，不能喝思想，只能依靠物质性的东西而存活。所以，把握这两个世界的不同，乃是人生的第一要素。

思维链接

书本和现实的距离

甲、乙两地相距10千米，我从甲地到乙地，是乘汽车快呢？还是骑自行车快？一般而言，汽车的速度远远超过自行车，这是众所周知的常知。但是，这个“常识”也有不灵验的时候。大多数情况下，在拥挤的城市早晨，骑自行车要比坐公交车快，因为上班高峰时的交通，公交车总是在车流长龙的中像蜗牛一样爬行。

所以，“汽车的速度比自行车的速度快”，这只是理想状态的知识，是排除了具体条件之后所得出来的结论。但是我们无法在理想状态下乘汽车或者骑自行车，我们总是在一个具体的环境中乘车或骑车，届时究竟是汽车速度快还是自行车速度快，则是一个很难说的问题。这就是书本世界与现实世界的差距。

2. 知识的正确运用才是力量

知识就是力量，是人们常用的一句格言。其实，这句话实际上说得并不确切。确切地说，知识的运用才是力量。我满脑子都是知识，但是这些知识一直藏在我的脑子里，从来都没有把它运用出来，或者不知道怎样运用，这样的知识有什么作用？对社会能产生什么好处？如果我获得了一些知识，哪怕是少得可怜的一些知识，但我把这些知识正确地运用到社会当中，这样知识才会产生力量，才会对社会和他人产生影响。

换句话说，能对你的行为产生影响的，才能称得上是真正的知识；否则，只能称其为信息或数据。

在知识经济的发展过程中，这一点显得尤其重要。在知识经济下的所谓知识，主要不是指知识的储存，而是指知识的运用。那些知识经济下的英雄，并不是说他们的知识比别人多，而是他们能够把自己已有的知识，正确地运用到现实生活中去。

所以，我们对待各种知识尤其是书本知识，应该从实用的角度来观察它、理解它。这是知识高速产生时代的一个突出的特点。

思维链接

点评诗稿

清初，有位诗赋名家叫周宛云，当时闻其名而拿诗向他请教的人络绎不绝，都以能见他一面、聆听他的教诲而深以为幸。

刚开始，周宛云见别人千里迢迢向他求教，他也就格外尽心，是非曲直，好坏褒贬，一点也不隐瞒。他心中以为只有这样，那些求教于他的人才会有收获。谁知道这些人拿着诗稿都是兴冲冲而来，经他批评一番之后，一个个垂头丧气而去。时间一长，外间议论宛云老先生的话多了起来：有人说他狂傲、有人说他自以为是、有人说他浪得虚名、有人说他黑白不分等等不一而足。

宛云老先生十分后悔，对朋友们诉苦说："我既不想招来别人的怨恨，更不想把他们狗屁不通的诗说成是天下绝作，这样该如何是好？"朋友淡然一笑，抚慰他说："你呀！你既不说他们诗好，又不说不好，只说一句真不容易不就行了？"宛云老先生豁然开朗，对朋友的这一妙招点头称赞。

这一天，又有一老头骑着毛驴带着上百卷诗稿前来向他请教。宛云老先生翻了一翻，诗稿一无是处，水平太低，但他改变以往的做法，和颜悦色地问老头："您作诗到如今多少年头了？"老头颇为自豪感慨地说："快四十年了啦！"宛云老先生用手拍拍诗稿："在四十年里竟能作出一百多卷诗来，真是不容易啊！"老头连说："哪里哪里！"心满意足而去。

一会儿又来了个小孩，拿出三首诗向他求教，他一看全是些"远看一堆灰，近看灰一堆”之类的诗句。宛云老先生笑了笑，站起来。用手摸着小孩的脑袋说：“这么小的年纪，作诗就有章法，真是不容易啊！”小孩一听，欢天喜地拿着诗稿往家中奔去了。

小孩刚走，又来了一位生员，拿出准备投考的诗文请宛云老先生指点。老先生点点头，微笑着说：“先生你已取得功名，还如此虚怀若谷，好学不厌，真是不容易啊！”生员乐歪了嘴，向宛云老先生作揖而去。

世上的人都喜欢听好话，宛云老先生刚开始就不懂得这一点，也不知道用鼓励的话能激发他人求学的兴趣，并激发人们对他的好感。宛云先生朋友的“真不容易”有许多层含义，可以理解为写得好不容易，也可以理解为你的水平能写出这种诗也就很不容易了，还可以说能把诗写得如此糟糕很不容易。但那些自我感觉良好的人当然会把它往好处想，以此激励自己，提高自信心。

而宛云老先生也由此得到好名声，只过了一个多月，朋友就跑来向周宛云说：“你现在已是英名远扬，有口皆碑啦。外面人人都说：此生不进翰林院，只慕一识周宛云。”

联系到当前的教育改革，美国启发式教育中教师为什么不用“不对！错了！”等用语，而改用“你离正确答案接近了”“你的回答很有想象力”等激励式语言，想必国内的教育工作者可从中得到启发。

3. 书本知识要与实践相结合

岳飞曾经说过，兵法当然是要读的，然而更关键的是“运用之妙，存乎一心”。《兵法大全》我们都读过，但是这绝不意味着我们具有同样的指挥能力。在每次具体的战斗中，应该采用兵法中的哪一种呢？是应该“穷寇勿追”呢，还是应该“除恶务尽”呢？兵法能告诉我们吗？不能！

兵法能够告诉我们许多战术，但是，任何兵法都不能告诉我们，在目前这次具体的战役中，究竟应该采用哪一种战术。或者反过来说，在这次具体的战斗中，我们采用任何一种战术，是否都要从兵法上找出根据来才可行呢。

纸上谈兵的故事大家都听过。成语“纸上谈兵”说的就是赵括。白纸黑字的兵书，与刀光剑影的战场并不是同一回事。任凭你“读书破万卷”，不见得“做事若有神”，弄得不好，读书越多反而创新能力越差。

这也就是理论与实践相结合的问题。在马克思主义的发展史上，列宁与第二国际发生过论战，毛泽东与王明等人发生过论战。论战的双方都能够从马恩的著作中找出对自己有利的根据，单纯从理论上分析也许难分对错，但是一进入具体的实践领域，便显出了双方的是非曲直。这就是“马克思主义的普遍真理与中国革命的具体实践相结合”的道理。

在人们的价值观念上，书本总是服从于现实的。一旦两者发生冲突的时候，人们总是修正或更换书本知识以适应新的现实。如果你既不愿意修正，也不愿意更换，那就是故步自封、停止不前了。你不去修改,别人会去修改书本知识,历史的车轮是挡不住的,你就落后了。

(二) 专业知识的利与弊

综观人类知识的发展史,随着知识量的增加,其专业的划分越来越细。远古的时候,知识不系统,也没有划分严格的专业。就是到了古希腊时代,所谓的"哲学"仍然是指包罗万象的学问,而"哲人"则是天文地理无所不通的学者。

专业的划分使得知识能够深入下去,这就是"术业有专攻"的好处。但是,专业知识也会造成一些弊端,其中最主要的就是它的局限性。由于个人的精力有限,仅了解某个专业之内的知识,眼界过于狭隘,束缚了创新思维的发挥。

所以,我们常常能够遇到这种情况:某些专业领域的创新,并不是资深的专业人员作出的,而是初涉专业的新手,或者是那些从别的专业转换过来的人士。科学史上有不少这样的事例,许多人直到中年才转换方向,却依然能够在新领域取得突出的成就。

比如,物理学家里克尔在34岁的时候转攻分子生物学,不久发现了DNA的内部结构;奥斯瓦尔德在获得诺贝尔化学奖之后转而研究数学,在59岁的时候创立了第一个关于颜色的数学定理。这应该归功于交叉学科的优势。对于知识交叉、技术交叉而言,由于交叉之处往往是别人没有研究过的,是容易突破的地方;也可能是由于运用另一学科的知识来解决该学科的问题,新思想、新方法容易产生、容易见效。从这一点讲,专业知识也会阻碍思维的展开。

在技术性领域里,同样存在着类似的情况。国外医学界曾经报道过这样一件事:有一位青年人在一个偶然场合遇到一位心跳骤停的病人。为了恢复病人的心跳,那位青年人用水果刀切开病人腹部,拗断两根肋骨,直接用手握住心脏挤压,终于把病人救活了。

医学权威们在评论这件事的时候一致认为,幸好那位青年人不是医生,否则他不可能把病人救活。因为任何一位受过正规训练的医生,都决不会想到用水果刀给病人开刀——医生首先担心的是,水果刀消毒没有?感染了怎么办?医生也不会用手直接拗断肋骨。但是那位青年人的办法是当时情况下,抢救这种病人最好的办法。

由于人的大脑不可能塞进太多的东西,所以在某些时候,为了接受新观念,或者为了激发新创意,还需要我们把某些书本知识强行忘掉,努力摆脱已有知识的束缚,跳到"无知"的另一面。

思维链接

用电话号码找网站

成都一青年发明了电话号码找网站的搜索,即W114数码搜索引擎。在百度等众多著名搜索网站一统天下之时,他为什么会想到要发明一个新的搜索方法呢?

据他称，他回老家重庆过春节时，看到隔壁一个70多岁的老大娘对互联网挺感兴趣，但就是记不住稀奇古怪的英文域名。然而，她对一些电话号码却记得清清楚楚。当时，他就产生了要发明个新搜索法的想法。

他发明的W114还将雅虎、EXCITE、新浪、搜狐等著名搜索引擎所链接的网站装入社区数据库。用户只要用W114数码搜索引擎就能找到世界上已存在的绝大多数网站。因此，它的功能实际上已超过了雅虎的搜索引擎。

一位不懂外语的老太太怎么寻找众多的网站所提出来的问题是专业人员想不到的。跳出专业知识之圈，也许有一种更新更好的方法等你去发掘。据说，日本塑料制造业定期向不懂塑料制造的家庭妇女征求意见，了解家用塑料制品存在问题及潜在市场趋向，其用意是很明显的。

(三) 要读书但不能迷信书

虽然目前是信息时代，我们可以从各种媒体上获取信息和知识，但是读书仍然是获得知识的最佳方法。怎么读书？为何读书？这就是读者应思考的问题。

在改革开放三十多年里，我们看到一种人，他们并没有受过高深的正规教育，也没读过多少书，但是却思维敏捷、不断学习、不断进取，学的虽少，但却能活学活用，因此创新不断，成为叱咤风云的人物。最典型的就是很多企业家，为什么低学历比例占大多数的个体企业家能够成功，也许能够说明“学以致用”的观点。当然，知识经济时代到来后，那些低学历的企业家们能否再继续走在大众的前头就很难说了，这里有一个是否继续学习以适应社会发展需要的问题。

在现实生活中，我们肯定见过不少“饱学之士”，他们天文地理、三教九流，无所不知，是部活的“百科全书”。但是，他们不能动手、不会处世、想不出点子、解决不了问题，除了书上讲的他们一无所知。

很明显，这些“书呆子”已成为书的奴隶，淹没在书本的海洋里面浮不上来了。若读书读成这样的人才，还不如不读书的好。用孟轲老夫子的话来说，就是“尽信书不如无书”。

1. 举一反三

陶渊明曾说过，读书不求甚解。意思是说，读书不能死扣其中的字句，而应该通过书中的描述，认识被书中字句所描绘出来的更高的道理。

书中所描述的知识、理论或事件，是书本作者对某个问题的一种表达，我们可以从这一表达中联想到自己的经历、实践和经验，从而得到举一反三的启发。任何文字性的东西都是对于事物的一种抽象化的表述，或者说是对于事物理想状态的一种描述。书中所提供的理论和观点只是一人之见或几人之见，它总是有不完善、不科学，可以再改进的地方，它也不可能与实际情况完全吻合。这就是要求我们在读书的时候，不能拘泥于书本。

只知其然、不知其所以然，这是一种只求字表理解、不探字义深渊的不正确的读书方法。读书必须同时在思考，当书上说一说二的时候，我们应该从中看到没有说出来的三四五，也就是说会举一反三，这样才算真正把书本知识融会贯通了。

怎样才能看到书上没说的三四五呢？这就要求我们必须从多方面的、不同的角度来观察和思考书中的理论与事件。把这本书说的道理与另一本书上说的道理加以比较；把书上说的事与我们以前亲身经历的事加以比较。这样，我们就能发现每本书上所特有的局限性，这样就能开阔我们的视野，不会被书上所说的理论与事物所束缚。

2. 如何读书

思维链接

腾空脑袋

有位年轻人想学禅，找到一位著名的禅师。禅师教导他很长时间，年轻人还是领会不了禅学的真谛。有一天，禅师端起茶壶，朝年轻人面前的碗里倒茶。茶碗已经满，禅师还在不停地倒。年轻人终于忍不住了说："师父，别倒了！茶碗已经装不下了。"

禅师这才停住手，慢悠悠地说："是啊，装不下了。你也是这样，要想学到禅的奥妙，就必须把头脑腾出空来，把充塞其中的幻象和杂念清除出去。"

遇此事、听此言，年轻人当下大彻大悟。

从个人的读书经历来说，大约总要经过几个阶段才能悟出其中的道理。初读书时，觉得手中的书很厚，也容易"尽信书"，对书本敬佩得五体投地；后来多读几遍，觉得手中的书薄起来了，好像没有什么新意，再读其他的书，作些比较，发现书与书之间、书与现实之间存在着不吻合，便会感到"近来始觉古人书，信着全无是处"。最后才有可能达到"读书而不为书所累"的境界，彻底破除书本型思维定势。

思维延伸

RIA 读书法

现代人有两个普遍的症状：一是买书如山倒，读书如抽丝！二是翻开书就看，合上书就忘。你是这样的吗？

为了让自己的阅读变得更有价值和意义，赵周老师创办了拆书帮，发明了如何有效读书的 RIA 读书法。

RIA 三环节：

- R＝Read，阅读原文片段
- I＝Interpretation 引导促进
- A＝Appropriation 拆为己用

RIA 具体做法：

将阅读分为：R（阅读片段）、I（用自己的话重述知识）、A1（描述自己的相关经验）和A2（以后我怎么应用）

- R：在读书时，遇到某一个心动片段，停下来，作标记。
- I：用自己的话复述原文知识，达到理解知识本身是什么的程度。
- A1：写和这个知识有关的自己的经验，通过反思自己的相关经验，让这个知识真的和自己有关。
- A2：写下针对这个知识自己可以如何进行下一步行动，让知识真的应用在自己的生命里，我们才能因为它变得更好。

3. 说教不如行动

政治思想工作，正面的学习与引导是不可缺少的，但也不是万能的。为什么奥运会比赛前夜，轻松的漫谈与散步比严肃的政治动员的效果要好？为什么中小学几十年来的思想品德教育，当学生走上社会后却感到差异很大，导致许多学生无所适从而迷失方向？为什么当一个人愁眉之时，你拿着教科书中开导的方法并不能说服他？可见书本的作用是有限的，而活学活用、用身心去感受才是上乘之举。

思维链接

石头的价值

一个生活在孤儿院的男孩，常常悲观地问院长："像我这样没人要的孩子，以后社会还会接纳我吗？我活着有什么价值呢？"

院长开导了几次后见没有效果，就交给孩子一块普通的石头，说："明天早上你拿着这块石头到市场去卖，但不是真卖。记住，无论别人出多少钱都不卖，我要你把石头带回来。"男孩一脸迷惑，第二天去市场，蹲在一个角落里叫卖石头。出人意料，竟有人要买，慢慢地围上来的人越来越多，出价一个比一个高。男孩兴奋地向院长报告，院长笑着要他明天拿着这块石头去黄金市场叫卖。在黄金市场，竟然有人出价比昨天高 10 倍。最后院长要男孩拿这块普通石头去宝石市场上展示，结果石头的身价又比昨天涨 10 倍，由于男孩怎么都不卖，这块石头被人传扬成"稀世珍宝"，参观者纷至沓来。

男孩兴冲冲地捧着石头回到孤儿院，他眉开眼笑地将这发生的一切情景禀报给院长。院长摸着男孩的头问："孩子你懂了吗？"男孩点点头说："生命的价值就像这块石头，在不同的环境下会有不同的意义，只要看重自己、珍惜自己，生命就有意义。”

六、自我中心型障碍

世界上没有两片完全相同的树叶。同样，世界上也没有两个完全相同的人。每一个人都有自己独特的经历、独特的经验、独特的个性，以及许许多多独特的价值观念。过去传统文化重点强调的是人的普遍性和共性，现在我们应该强调人与人之间的不同点，即人的个性。

在日常思维活动中，人们会自觉或不自觉地按照自己的观念去看待别人的行动，站在自己的立场上、用自己的目光去关注世界、理解世界，由此产生了自我中心型的思维障碍。

(一) 以人类为中心

在这种思维障碍的束缚下，个人的思考以自己为中心，一个团体的思考习惯性地以本团体为中心，一个地区的人在思考时习惯以本地区为中心，一个国家或民族的人则习惯以本国本民族为中心，而整个人类同样也跳不出“人类中心主义”的小圈子。

自然科学家们在研究宇宙事物的时候，科幻作家在对未来构思时，也经常习惯用人类的见识来作类比，请读下面的电影报告，你是否感觉到也存在着“人类中心主义”的气息？

思维链接

不同的世界，相同的感情

小熊巴特和妈妈生活在风景秀丽的山区。妈妈为了给小熊找到可口的蜂蜜而葬身巨石之下，小熊巴特还没明白事情的原委，就失去了妈妈。黑漆漆的夜笼罩着一切，猎人借着微弱的火光剥下了巴特妈妈的皮。后来巴特认识了大灰熊尤克，可不久后，猎人发现了尤克的踪迹，年轻的猎人汤姆情急之下打伤了尤克。尤克在逃亡时打伤了猎人的马。老猎人发誓要打死这头聪明的大灰熊。老猎人去找更多的同伴和猎犬，汤姆则留在林子里养伤。

巴特帮尤克清洗伤口，两头熊开始它们的忘年之交，巴特很开心。尤克嗅出了空气中不安的气息，为了掩护巴特，它把猎犬引开了。但是巴特还是暴露了身形，被猎人活捉。当猎犬咆哮着回到营地时，巴特又偷偷地爬上了树，它实在打不过这群家伙。待到夜深人静，它爬下树来，却发现妈妈的皮放在杂物堆上。猎人们一觉醒来发现巴特不见了，再一看，原来它趴在妈妈的皮毛上睡着了，一边睡还一边打着呼噜。

猎人们设下了埋伏，等待尤克。汤姆发现尤克在跟踪他，大灰熊警告完汤姆，镇定自若地离开。汤姆抓起了猎枪，当他瞄准不远处的大灰熊时，突然心有所动，不再想杀害这些有灵性的生物，示意大灰熊赶紧离开，不要被其他猎人猎杀。

重新得到自由的巴特非常惬意地在草地上玩耍，危险再次降临。一头猎豹虎视眈眈地盯着它，步步紧逼，向它的猎物冲刺。被抓伤的小熊奋起反击，向猎豹怒吼。猎豹逃跑了，小熊向身后望去，原来大灰熊是它坚实的后盾。再度的相逢使它们非常珍惜今后的日子。冬天来了，它们相依相偎，开始了漫长而甜美的冬眠。

这是一部以熊为主角，表现失去母亲的小熊的生活片段的影片。这部电影什么地方最成功？是感情，是人与动物之间、动物与动物之间的感情。电影还跳出了人类主宰一切、是世界上唯一主人的“人类中心主义”的观念。

从影片中（与我们所处在同一世界里）的动物的身上可以看到与人类相同的感情。在我们认为我们是与其他动物截然不同的，它们只是我们生活的陪衬，是我们无聊时的宠物和发泄时的对象的时候；在我们常用各种动物名来骂人、贬低别人，骂它们没有感觉没有感情的时候；当动物开始报复我们对环境的破坏的时候；作者和导演巧妙地利用了人们的这种思维，出乎意料地用极为细腻感人的手笔来描写动物的真情实感，打动了成千上万的观众。在这里作者运用了类人的手法，利用动物世界内部的生活与感情传达世界应该共容共存的道理，用纯情的手法来打动观众，实在是一项成功的创新。

（二）走出自我

1. 战胜自我

人要成为生活的强者就必须不断地战胜自我，即战胜自我的自私心理、战胜自我思维的混乱性、战胜自我的自卑情绪、战胜自我非理性的冲动和本能、战胜自我实践上的盲目性和随意性、战胜自我认识的狭隘性和片面性、战胜自我的惰性和守旧性。

一个人最了解的是自己，最不了解的也是自己。看到自己的优点多，容易自傲，可能发展到狂妄；看到自己的缺点多，又会自卑，直至变成懦夫。战胜自我需要不断地磨炼和雕刻，要把自己炼成铁、炼成钢，打成钢刀，最后把自己雕塑成宝刀式的艺术品。下例中的大象，就是缺少自知之明的代表。

思维链接

小老鼠斗大象

在一片森林中，有一头大象从河水里看到自己肥大粗壮的身体，便自以为是举世无双的英雄，它在草地上来回走动，准备把老鼠们过冬的草吃个精光。

“尊敬的大象先生，请您可怜可怜我们吧！和神勇无比的您相比，我们是些小动物，冬天快到了，没有草我们会饿死的啊！”老鼠哀求着。

“我是世界上最大的动物，我有权干一切事，我在我活动的场所吃草，谁也不能限制我！”大象甩动着长长的鼻子，摇着小小的尾巴，晃着大大的躯体，傲慢地说。

为了能生活下去，老鼠们聚在一起商量对策。有一只年纪较大的老鼠说：“我老了，反正也活不了几天了，为了你们，我豁出这条老命也要把大象干掉！”

第二天，这头自以为了不起的大象照旧到老鼠洞附近吃草，这时那只年老的老鼠趁大象不注意，顺着大象的鼻子一下子跳进了大象的嘴里，死死咬住它的喉管不放，其他老鼠也从四面八方跑过来咬它，渐渐地，这头依仗自己力气无比大的庞然大物，终于被小小的老鼠们咬死了。

2. 关注他人的观点

正因为每一个人都有自己的独特之处，所以，我们对自己所采用的标准与要求别人所采用的标准不可能完全一样。每一个人，应该用自己感到合适的标准来要求自己，而不应该用这种标准去要求别人。因为这种标准在你看来是合适的，是一种君子式的做法，但是在别人看来却并不一定如此。

你所喜欢的东西，别人不一定喜欢，你所讨厌的东西，别人却也不一定讨厌。如果我们总是习惯用自己的标准去衡量别人，那就会发生许许多多的误解、偏差、冲突和矛盾。比如，我不抽烟，我一嗅到香烟就很难受。但是，别人也许并不这么想，也许他感到抽烟很舒服。因此，我不应该用自己的标准去要求他；反过来，他也不应该用他的标准来要求我。这里就要求相互理解和宽容，才能造成一种和谐的气氛。只有要求自己更加严格，对别人更加宽松，才能使自己与别人相处得更融洽。

思维链接

孩子的观点

在一个阴雨天的周六，一位牧师准备布道讲稿，面对困难的议题，他久久不能下笔。在无聊中，他翻阅一本旧杂志，并从旧杂志上撕下一幅世界地图，把它撕成碎片丢在地上。

他7岁的儿子看见后说：“爸爸，我要把这幅地图重新拼起来。”

牧师说：“孩子，已撕得太碎了，你拼不起来的。”

“不，相信我，我会成功的。”儿子说。

“小约翰，如果你能在半天内拼好，我给你5角钱。”

没过10分钟，小约翰送来了已拼好的地图，牧师十分惊讶小小年纪的儿子动作如此快，对地图如此地了解。

“孩子，你怎么把这件事做得这样快？”牧师问道。

“这容易得很，在地图的后面有一个人的照片，我只要把这个人拼出来，地图也就不会错了。”小约翰说。

“你替我准备好了明天的讲稿。”牧师笑着说，给儿子5角钱。“不能把自己的观点强加在他人头上。”

3. 人际沟通的困难

如果每个人只站在自己的角度来理解周围的人，那么他将无法与别人取得有效的沟通，因为沟通应该是双向的。而单向的信息传达经常会出现各种各样的误解，那是由“自我中心障碍”引起的。

当两个人试图交流时，说话人可能会向对方送出以下信息：

说话人想说些什么；

说话人实际上说了些什么；

照对方理解，说话人说的是什么；

说话人想听到什么；

说话人实际上听到什么。

人们所说的每个句子或者每组句子都会有上述的可能性，因此，误解的可能性很大，原因就在于人们思考问题时总受到“自我中心型”的影响。

思维链接

军令在传递中

据说美军1910年的一次部队的命令传递是这样的：

营长对值班军官说：“明晚大约8点钟，哈雷彗星将可能在这个地区被看到，这种彗星每隔76年才能看见一次。命令所有士兵着野战服在操场上集合，我将向他们解释这一罕见的现象。如果下雨的话，就在礼堂集合，我为他们放一部有关彗星的影片。”

值班军官对连长说：“根据营长的命令，明晚8点哈雷彗星将在操场上空出现。如果下雨的话，就让士兵穿着野战服列队前往礼堂，这一罕见的现象将在那里出现。”

连长对排长说：“根据营长命令，明晚8点，非凡的哈雷彗星将身穿野战服在礼堂中出现。如果操场上下雨，营长将下达另一个命令，这种命令每隔76年才会出现一次。”

排长对班长说：“明晚8点，营长将带着哈雷彗星在礼堂中出现，这是每隔76年才有的事。如果下雨的话，营长将命令彗星穿上野战服到操场上去。”

班长对士兵说：“在明晚8点下雨的时候，著名的76岁哈雷将军在营长的陪同下身着野战服，开着他那‘彗星’牌汽车，经过操场前往礼堂。”

4. 倾听意见,理解他人

多听听别人的意见,多设身处地地为他人想一想,多一点关心,多一点理解,就能够少一点“自我中心”,从而能多一点了解除我之外的许多观念和事物。

就以倾听别人批评的情形来说,你需要以一种了解对方话中感情的态度,去倾听他人的意见。这包括必须去了解说话者的各种感觉,包括他对你的感觉。当你批评别人时,你必须以开放的心胸去了解对方的立场和想法。你还应去了解对方为什么会产生那样的感觉,而不是你硬要对方改变他们的想法。

思维链接

不要蔑视他人

东京某商人看到一个衣衫褴褛的铅笔推销员,心中顿时生起一股怜悯之情,他把100日元扔进卖铅笔人的盒中就走开了。

没走几步,商人忽然觉得无缘无故地给一个健康的推销员100日元似乎不妥,就回来从盒中拿起几支铅笔说:“对不起,我忘了取笔,请你不要介意。你我都是商人,盒上有明码标价,为什么不拿呢?对不起,请你原谅我刚才的冒失。”

几个月后,在一个社交场合,一位穿戴整齐的推销商迎了上来,他双手递上名片后自我介绍说:“您可能已忘记了我,我也不知道您的名字,但我永远忘不了您。您就是重新给我自尊的人。我一直觉得自己是个推销铅笔的乞丐,直到您的出现,并告诉我是一个商人为止。谢谢您。”

没想到东京商人简单的几句话,竟然促使一个处境窘迫的人茅塞顿开,重新树立自信,通过努力取得成功。向一个陷入困境的人伸出热情之手,给予他无私的帮助的确是重要的,但更为关键的是,我们还应让他意识到自尊的价值,只有相信自己才会有决心去摆脱困境。因此,不要以高大去轻视矮小,也不要以矮小去诽谤高大,要设身处地地去理解他人。对一个人来说,不要过分地相信自己而不信任别人,也不能没有自信与自尊,两个极端都是不可取的。一个拥有创新精神和创新素质的人,就要善于把握这种尺度和火候,才能熟练地驾驭创新的快车。

七、经验型思维障碍

经验可指经历、体验,也泛指由实践得来的知识或技能,有时也指由历史证明了的结论。在通常情况下,经验指感觉经验,即感性认识,是人们在实践过程中,通过自己的肉体感官直接接触客观外界而获得的,是对各种事物的表面现象的初步认识。

(一) 经验的局限性

我们的经验来自生活、来自工作。从幼儿到成年，我们所看到的、所听到的、所感受到的各种各样的现象和事件，都进入我们的头脑而构成了众多的经验。

在一般情况下，经验是我们处理日常问题的好帮手。只要具有某一方的经验，那么在应付这一方面的问题时就能得心应手。特别是一些技术和管理方面的工作，非要有丰富的经验不行。老司机比新司机能更好地应付各种路况；老会计比新会计能更熟练地处理复杂的账目。正因为如此，在有些企业的招聘广告上，会有"限3年以上实际工作经验"之类的话。

思维链接

经验的作用

在哥伦布率队横越大西洋的航程中，船上有许多经验丰富的老水手。一天傍晚，一位船员看见了一群鹦鹉朝东南方向飞去，便高兴地说，我们快到陆地了！因为鹦鹉是要飞到陆地上过夜的。于是，哥伦布指挥船队追踪鹦鹉飞的方向，终于很快发现了美洲大陆。

经验与创新思维之间的关系，是个比较复杂的问题。一方面，随着时间的推移，我们的经验具有不断增长、不断更新的特点，经过各种经验之间的比较而发现其局限性，进而开阔眼界，增强见识，使我们的创新思维能力得以提高。

但是，我们也要看到经验本身的另一个方面，即经验含有其稳定的一方面，因而可能导致人们对经验的过分依赖乃至崇拜，形成固定的思维模式，结果就会削弱头脑的想象力，造成创新思维能力的下降。这就是所谓的"经验思维障碍"。

从思维的角度来说，因为经验具有很强的狭隘性，所以会束缚了思维的广度。这种狭隘性主要表现在三个方面：一是时间与空间对经验有局限性，也就是说，此地的经验不一定适用于彼地，外国的经验也不一定适用于中国。二是主体对经验拥有量的有限性，也就是说，一个人的经历是有限的，他不可能成为百事通、千事通，也有他不了解的地方。三是经验也可能会遇到意外不灵的地方，事物总是在发展的，"老革命也会遇到新问题"，如果我们仍用以前的经验来处理，则不可避免地要产生偏差和失误。

思维链接

中国人为啥要用筷子?

自从马可波罗沿着古丝绸之路来到中国之后，华夏的灿烂文化和地大物博，吸引了许多外国商人瞄准了这一文明古国。

明朝的时候,有一个意大利商人来到了中国寻求发财的机会。当他看到都市繁荣昌盛,可人们却用两根细木棍吃饭时,想到这里的人们可能不会制作刀、叉,认为发财的机会来了。

他回去后,购进大量的刀、叉,运到了中国准备大赚一笔。没想到很长时间过去了,根本卖不出去,反而赔了不少银子。这是一个"此一地也,彼异地也"的例子。

你面前有一张足够大的正方形普通打字纸,你把它从正中折叠一次,纸的面积减小一半,而厚度则增加一倍。然后,再从中折叠第二次,纸的面积又减小了一半,而厚度又增加了一倍。如此连续地进行下去,一直折叠50次。请问,这张纸的厚度将达到多少?

如果你以前从来没有想过或计算过类似的问题,那么,你根本无法想象这张纸折叠50次之后所达到的令人吃惊的厚度。也许,你能够根据日常经验,随便估计一个厚度。比如,像一座摩天大楼那样高,或者向珠穆朗玛峰那样高等。但是你的"经验"估计肯定与真实的答案相距千里之遥。因为在你的生活经验中从来都不可能遇到这种情况。

懂数学的读者能够计算出,一张普通打字纸折叠50次以后,其厚度将增加"2的50次方"倍,也就是说,其厚度将达到5 000万千米左右,比从地球到太阳整个距离的一半还要多。所以,这张纸无论多么大、多么薄,你都不可能把它折叠50次。

(二)传统观念的影响

这种思维障碍主要是人们的思想长期受所在社会环境的熏陶,潜移默化,日积月累地形成的。这是一种最顽固的思维定势,通常,人们又很难清醒地意识到它的存在,可以说它在人的头脑中是根深蒂固的。这种障碍与人的年龄紧密相关,随着年龄的增长,其思维的障碍也会增长。所谓经验就是积累。其实,人们在不断积累经验的同时,也在不断地建立起扼杀创造性的思维障碍。如人们常说的"习惯成自然""熟能生巧"等,其实都是在不自觉地"规划"人们的思维,为思维的运动设立了一个个路标。

思维链接

木头可以做火箭的燃气舵吗?

在大型火箭发明初期,曾碰到这样一个难题,为了保证火箭发射时的平稳和定向,必须在火箭下端装上一个燃气舵。可当时就是找不到制造燃气舵的合适材料。因为火箭点燃后,燃气舵的温度很高,没有什么材料能耐住这样的高温。后来,有人提议用木头制造燃气舵!木头极易燃烧,这能行吗?其实,由于火箭加速很快,在木制舵烧掉之前就已经达到了气动舵不起作用的速度了,此时的木制舵烧掉也无所谓了。这里高温和木制舵这样一对矛盾,就给人们设置了一个思维障碍。因为,人们对木头极易燃烧这一概念简直是太熟悉了。从此例看出,这里的障碍就是来自人们的传统观念或主观经验。像这样一些经验和观念，在正常活动中都是非常有意义的，也极富实用价值，但是，在创造活动中，它就变成了消极的东西，严重阻碍人的创造性。

由此可见，传统观念的障碍还表现在一些权威和人们想当然的偏见对创造性思维的影响上，而这种影响往往都似乎是“正常”的，极易使人接受的。

(三) 个人经历的影响

这种影响主要是指人们由个人的生活经历和对往事的总结，所形成的固定认识或看法。它所表现出来的思维定势，每个人都有所不同，很大程度上取决于个人的生活经历。遇到一个新问题，有的人处理得好一些，有的人处理得差一些。所谓“见多识广”，就在于此。在多数情况下，人的这种生活经验在认识新事物时都具有积极的意义。人们常说“某人办事老练，处理问题得心应手”，这都是指个人的经验在起作用。但是，在某些情况下，人生的经验却又成了思维上的障碍，反不如没有经验的人。

例如，人人熟知的“司马光砸缸”这一典故。在一千多年后的今天来讨论此事，人们能总结些什么呢？除了勇敢机智、品德高尚，他的不同寻常的思维方式外，这个事例还给我们这样一个启示，没有“经验”的人，也就没有思维的框框。缺乏经验的人往往在面对一项新工作时，因自己是外行而有些自卑，其实是没有必要的。任何事物都有它的两面性，积极和消极的作用可以说是并存的。搞发明创造活动也一样，很多日常用品的实用新型专利发明，并不是职务上的发明，而是非职务发明，就是这样的道理。

个人经历的影响还表现在另一个方面，即把以往的一些经验，作为一种固定化模式经常性地加以应用，当作“以不变，应万变”的工具，也会形成一种思维定势。

思维链接

塔有多高?

一群游客来到欧洲一座历史悠久的古城，其中的3位游客(1位是科学家、1位是工程师，还有1位是艺术家)面对一幢古老教堂的高度，争执起来。

一个经营仪表的老板对此发生了兴趣，心想这也许是宣传产品的机会，他拿出来3只气压表，送给每人1只，并声言谁测得的高度最准确，他愿意付出一笔奖金。3人为此也都跃跃欲试。

科学家先在下面测了一下气压，又上到教堂楼顶测量了一下气压，下来后，利用这2个压差计算出教堂塔楼的高度。

工程师对此不屑一顾，拿着气压表也登上了塔顶，他把气压表平稳地从手中扔了下去，同时注意观看手表上的时间，下来后利用自由落体的运动时间，计算出塔楼的高度。

最后轮到了艺术家，人们只见他走进教堂，但很快就出来了。当各自报出所测出的教堂高度时，令人们惊奇的是，艺术家的数据最准确。人们大惑不解，在老板的询问下，艺术家告知：他把气压计送给了教堂守门人，请他告诉了塔楼的高度。

这个事例的真实与否不必管它，但它却生动地反映了现实中相类似的某些实际情况。这说明了当人们面对遇到的事情时，总是从职业的角度或熟知的经验中去寻找办法，而外行人就不得不另辟蹊径，从全新的角度选择一个有效的办法。

综上所述，经验的运用要“因时因地而行”，特别是面对新事物，经验的运用要学会变通，决不能形成定势。

八、其他类型的思维障碍

还有一些思维障碍，在不同的人那里表现的严重程度不同。例如，自卑型思维障碍、麻木型思维障碍、偏执型思维障碍等。

1. 自卑型思维障碍

自卑型思维障碍就是非常地不自信，由于过去的失败或成绩较差，受到过别人的轻视，产生了自卑心理。在这种心理的支配下，不敢去做没有把握的事情。

2. 麻木型思维障碍

麻木型思维障碍的具体表现是不敏感，思维不活跃。有这种思维障碍的人注意力不够集中，兴奋不起来，习以为常，对关键问题不能够及时捕捉。

3. 偏执型思维障碍

他们大多颇为自信，但有的是钻牛角尖，明知这条道路走不通，非要往前闯，直到碰得头破血流才罢休，不知道及时转弯。喜欢跟别人唱对台戏，人家说东，他偏往西，好赌气。费了好大力气，走了许多弯路还不愿回头。

任务二 打破创新思维障碍

思维热身

魔术师让一个观众上台，他一边洗牌，一边让观众回答自己一些问题，同时让观众按自己的要求做些事情。

然后魔术师将纸牌放下，要观众心里想一张牌，之后魔术师重新洗牌，让观众掀开最上面那张，竟然真的是观众之前想的那张牌。

他究竟是怎么做到的呢?

在我们通往创新思维的这条路上,路途艰难并且布满了绊脚石。这些绊脚石就是你要达到目标,需要躲开的创新思维的障碍,正如我们上个部分介绍的那样。你通过学习,熟悉了这些绊脚石并且可以很容易地识别它们,这是跨越它们的关键。接下来,就是考虑要如何跨越它们了。

一、多视角看问题

视角是指看事物或思考问题的角度,有时称为眼光、眼界。

创新思维应该是一种多视角的思维,是一种开放的、搜索空间很大的发散思维。它鼓励从多种不同角度研究同一问题,观察同一现象,思考同一对象,从而有许多新发现、新创意。

下一部分,我们将着重分析这一问题。

二、寻找更多的可能

创新思维的核心是发散思维。对任何问题都不要追求或局限于一个答案。对创新来说,要尽可能有多种方案,从中找出一个最好的。有多种答案是前提,然后才能找出最好的。

有个游戏让人印象特别深刻。每个人都要用不同的方法,从教室的一端到另一端去,已经用过的方法就不能再用了。有人跳着过去,有人跑着……前面的人把方法都用尽的时候,后面的人就开始动脑筋了,有人学兔子蹦、学小鱼游、前滚翻……总之,你会发现在特定的情况下,原来还可以找到这么多种非常规的方法,从常规中走出来是如此的有趣,从自己的思维定势中走出来是这么地畅快。原来做一件事可以有很多种方法,而不是只能按自己的路线,只用特定的方法和用惯了的工具。

其实我们不只是可以从一种思维中跳出来,也可以从一段关系中走出来、从一种生活方式中走出来……无论什么原因,是好奇、是麻木、是寻找、是不满……只要还不够完美,我们都可以去寻找更好的一切。

面对未知,人总是感到不安和兴奋,担心打破一成不变后,会失去现在所拥有的。其实往往很多时候,打破现有的,是为了下一个人生阶段更好地发展。每个人都有被困住的部分,当时间不能解决问题时,我们就只能期待自己找到出行的路。用脑、用心、用力,走出更为开阔明朗的未来。

三、跳出思维定势

人的思维有一种定势,就是碰到什么问题,总要用老经验、老眼光去看待它。要创新就要敢于和善于打破思维惯性或思维定势。

人们经常把创新想象得太高深、太神秘、太复杂，并因此阻碍了他们的创新。其实创新往往是很简单的。

思维链接

从不可能到可能

美国有一位著名的咨询顾问师，名字叫劳尔尼格，他是一个有着很强的创新思维的人。在平时的工作实践中，不论是涉及新产品的构思和策划，还是商务运行中的一些策略，以及那些消除错误的方法和如何改进职员的行为准则等问题，劳尔尼格都会突破习惯的思维定势，提出一些许多人想不到的新方法和新见解，成功地解决问题。

劳尔尼格著有一本书，名字是《我是如何成功的?》，他在书中全面而详尽地阐述了自己的思维方法和成功心得，他说："我认为自身的专业及通晓的知识，并不比那些企业家更内行、更有经验，之所以能够找出独特的解决办法，全在于我能够突破思维定势，用一种创新思维的办法来看问题。"由此可以看出，突破思维定势并拥有创新思维，对于成功是至关重要的。

有这样一个简单而有趣的问题，说一个人被困在一间着火的房子里，他想从房门逃脱火海，可是，房门怎么也拉不开，这时，他应该怎么办?

很多人可能会说报警、泼水、喊人等很多答案，但其实都不对。正确答案其实很简单，把门推开就行了。那一刻，你会恍然大悟，原来问题如此简单，可是，我怎么没有想到呢？思考和回答这样的问题关键需要突破思维定势，用创新思维去思考。原来是自己习惯的思维定势在作怪。思维定势往往会让我们一叶障目，不见泰山，使我们的创造能力受到束缚，从而失去成功的机会。

在人类文明发展的进程中，创新思维促进了文明的飞跃和突进。从飞鸟的身上获得启发，人们发明了飞行器；从苹果落地的现象上获得启发，人们知道了万有引力；从蝙蝠的身上得到启发，人们发现了电波。正是这可贵的突破思维定势的做法，正是这大胆打破常规思维的思考和实践，人们把许多不可能变成了可能。这不能不让人惊叹。

进行创新思考时，必须警惕和摆脱思维定势的束缚作用。无论是在创新思考的开始，还是在其他某个环节上，当我们的思考陷入困境时，往往都有必要检查一下是否被某种思维定势捆住了手脚。

一个人的创新思考陷入某种思维定势大都是不自觉的。而跳出一种思维定势，则常常都需要自觉地作出努力。

如何突破思维定势呢?

1. 张开想象的翅膀

想象力比知识更重要，因为知识是有限的，而想象力概括着世界的一切，推动着进步，并且是知识进化的源泉。大部分人终其一生只运用了大脑想象区大约15%的空间，开发这个空间应该从想象开始。

2. 培养发散性思维

一个问题假如存在着不止一种答案，通过思维的向外发散，找出更多妥帖的创造性答案。当我们思考砖头有多少用途的时候，充分运用发散性思维可以给出我们如此多的答案：建筑房屋、铺路、刹住停靠在斜坡的车辆、砸东西、压纸、垫高、防卫的武器……

3. 发展直觉思维

直觉思维是指不经思考分析的顿悟，是创造性思维活跃的表现之一。在学习过程中，直觉思维可能表现在许多方面，比如大胆的猜测，急中生智的回答，或者新奇的想法和方案等。在发现和解决问题的过程中，我们要及时留住这些突然闯入的来客，努力发展自己的直觉思维。

4. 培养强烈求知欲

当人们在对某一问题具有追根究底的探索欲望时，积极的创造性思维由此萌发。精神上的需求是产生求知欲的基础。我们要有意识地设置难题或者探索前人遗留的未解之谜，激发自己创造性学习的欲望。把强烈的求知欲望转移到科学上去，不断探索，使它永远保持旺盛。

能够把人限制住的，只有人自己。人的思维空间是无限的，像曲别针一样，至少有亿万种可能的变化。也许我们正在被困在一个看似走投无路的境地，也许我们正囿于一种两难选择之间，这时一定要明白，这种境遇只是因为我们固执的定势思维所致，只在勇于重新考虑，一定能够找到不止一条跳出困境的出路。

四、重视意外发现

当意外发现出现时，要认真研究它，这种无意中得到的发现往往能在发明创造中显出奇迹。关键是要重视它，抓住不放。

思维链接

蓝色小药丸

伟哥才上市短短12周，销售金额就迅速蹿升到4.11亿美元。它上市才6个月，就获得400万份处方笺，而且第一年的销售量就超过10亿美元。

2002年时，这种新药让它的专利人辉瑞成为获利第五高的美国企业。伟哥对这个世界的文化影响甚至更大。《纽约时报》宣称，这种药品点燃了“第二次性革命”。但其实这场革命的发生纯属偶然。

1986年，规模还相对较小的美国制药公司辉瑞推测，只要阻断一种被称为第五型磷酸二酯酶(PDE5)的酵素，可能就可以纾解心绞痛。PDE5酶会在人体内分解一种导致平滑肌松弛的复合物。辉瑞研究中心的科学家们相信，如果能阻断PDE5，心脏动脉就会扩张，血液也就能毫无阻碍地流到胸腔。测试过几百种复合物后，他们隔离出一种化学品——枸橼酸西地那非片，它能放松兔子、狗和老鼠的动脉，且促使动脉扩张。此刻，他们即将发展出重大成果。

1991年起，该公司开始针对一些健康的志愿者试验这种药品。1年后，它提取出第一份多剂量研究，不同志愿者每天分别服用3种剂量的药。这种药品治疗胸痛的效果还过得去。不过，它的效果却不如某些已经上市的心绞痛药物。但他们后来发现一个奇怪的现象——某些服用这种“还算过得去”的药物的男性，却持续要求该公司给药。

经过后续追踪面谈，他们才发现，原来这种药品会产生一种奇特的副作用。17名服用多重高剂量药品的男性当中，有8个人表示自己服药后会持续勃起。这可是个意外的大发现！

没有人听过有什么药物会造成勃起。当时一般认为85%的勃起机能是由于心理因素，生理因素只占15%。于是，研究人员开始搜集数据，试图寻找这当中的关联性。

以伟哥的案例来说，辉瑞的研究人员发现了一件意外且非预期中的事，这件事和他们原本的研究范围完全无关。他们大可以把这件事当成一个茶余饭后的消遣话题，继续朝原来的研究方向前进。事实上，多数人遇到类似情境时也都会这么做。当我们在寻找特定的事物时，通常都会非常专注，完全不理会一些反常的现象。但辉瑞不仅察觉一个隐含在意外发现里的机会，还对这个机会继续追根究底。

真正的大机会几乎都超乎你的想象，因为就算你的推测再精准，也不过是根据一般逻辑推演出来的。意外发现可能会隐含一些意料外的机会(非常难以察觉的机会)。也因如此，不认同或不重视意外发现的人，将非常难以归纳出这种潜力可观的可能性。

我们通常会忽视或漠视一些和我们的期望或专注追求的目标不一致的成果和境遇。我们倾向于将意外发现视为一种反常事件，认为这些发现很有意思，但却不重要，同时视而不见地继续前进。但意外发现其实很重要，因为它们也许代表某种尚未被发掘，但却能让你异军突起的大机会。伟哥后来成为超级畅销的药品，因为当时市面上没有任何和它类似的药物。

这些意外发现非常不易察觉，不容易引起世人注意，而一旦被注意，就可能产生强大的结果，因为这个世界已经像个密切互通的网络。

人生的变化太多、太快，西方有哲人曾经这样说过：“其实明天如何，你们还不知道。”人生的转折太多，有时往往来得过于突然，所以我认为人生能否成功的关键，不在于是否“赢在起跑点上”，而是在于能否抓住属于自己的“关键命运时刻”！

五、增强探索意识

探索就是研究未知事物时，多方寻求答案的过程。探索意识对个人来讲非常重要，尤其在创新时，探索意识就更需要增强。

探索问题除有思维惯性阻力之外，还有一个阻力，那就是人的惰性。人类的创造才能是人类生存的一种本能，而有些人在生存条件基本满足的情况下，就安于现状，创造的本能得不到发挥。惰性是人类创新的大敌。

六、排除心理障碍

要想打破创新思维的障碍、培养创新精神，必须排除以下各种心理障碍。

1. 自我满足

满足于现状，不求进一步发展。比如，满足现有水平对现有的产品设计、制造方法、工装设备、质量标准，以及对现有的组织机构、管理规章、销售方式等，只是跟过去比，不向前看，不横向比，不放眼未来，盲目自大。

2. 刻板僵化

刻板是以一种固定的眼光看待事物，不能考虑多种可能性的思维方式和态度，缺乏思维的弹性。它其实是一种偏见思维。

3. 因循守旧

习惯于走老路，循规蹈矩，因循守旧，总按老框框、旧套套去处理问题。习惯成自然，人们往往喜欢按已养成的习惯去做，这样不用动脑又“保险可靠”。

4. 崇拜权威

过于相信报刊、书籍、专家、外国人和大众的看法，而不去批判证实他们，喜欢随大流、赶时髦，害怕孤立，拘于习俗。

5. 过早下结论

自以为重实效，坚持立竿见影，不赞成发散思维的深刻探讨，过早下结论，扼杀了创造性发挥。

6. 害怕失败

怕出差错，怕冒风险，怕失败惹人笑话，怕冒尖，遭到打击。

7. 自卑感

自卑的人，他看不起自己，也根本不想发挥自己的才能。有了自卑，就不想去创新，也不敢去创新。

8. 自我设限

“自我设限”就是在自己的心里面默认了一个“高度”，这个“心理高度”常常暗示自己：这么多困难，我不可能做到的，也无法做到，成功机会几乎是零。想成功那是不可能的！“心理高度”是人无法取得成就的重要原因之一。它是一块巨石、顽石，在人生及事业成长道路上，阻碍着人们前进。

成功有三个境界：想成功、很想成功、非成功不可！不成功有一万个理由，成功就一个理由，就是你非成功不可。

所以，当任何一件事情出现在我们面前时，我们都不能说没有办法，我做不到。我们一定要坚信，办法总比困难多。任何事情的发生，一定都会有解决办法，只不过我们暂时没有找到而已。办法，不是指一个方法，而是指一个人至今已知、已做之外的所有方法的总和。

试想一下这样一个场景，你今天回家的时候，走到路口，发现前方因为修路而封闭了，什么人都不准通过，你怎么办？有三个选择：放弃返家的念头；坐在路边等着道路重开并怨天尤人；去寻找另外一条路。

如果回家是你最终的目标，你的家人在家里等着你呢，你必须回去，你肯定会去找第二条路、第三条路……

你会一直尝试，什么样的路都尝试，甚至夸张点讲，你都想到租用挖掘机、直升机等，你一定会想尽一切办法回家。

所以，千万不要自我设限，一件事情至少想出三个解决方法，告诉自己，我总有办法解决问题！

成功要诀

当任何一件事情出现在我们面前的时候，我们一定要坚信，办法总比困难多。任何问题，最终一定都会有解决办法，只不过我们暂时没有找到而已。

任务三　拓展创新思维视角

思维热身

一位缺衣少食、无依无靠的妇女，无意间救了一个妖怪，妖怪要报答她，让她提三个愿望，但有一个条件，无论她提什么要求，她的仇人得到的要比她所要的多一倍。

如果是你，你会提出什么样的愿望呢？

对于创新思维来说，惯常的思维定势是一种消极性的东西，它使头脑忽略了定势之外的事物和观念。而根据社会学、心理学和脑科学的研究成果来看，惯常的思维定势似乎是难以避免的东西。它就像一副有色眼镜，戴上它，整个世界都与眼镜片的颜色相同。

如果脱掉它，眼睛又无法看清外界的事物。

人们通过科学的训练，能够削弱惯常思维定势的强度，但不能从根本上解决问题。解决这个问题的另一条思路是，尽量多地增加头脑中的思维视角，学会从多种角度观察同一个问题。如果我们头脑中的有色眼镜确实是无法摘除的，那么，我们干脆多准备几副有色眼镜，轮流戴上不同的眼镜来看待世界。

所以，要具备独创性的创新思维，其关键是要在工作、学习和生活中拓展思维视角。拓展思维视角是进行创新活动之前必须要解决的一个大问题，也是提高自身创新能力的一条很好的途径。

一、改变思考的方向

从古到今，大多数人对于问题的思考，都是按照常情、常理、常规去想的，或者按照事件发生的时间、空间顺序去想，这就是所谓的“万事顺着想”。

人们为什么要万事顺着想呢？这是因为万事顺着想有很多好处，其一是容易找到切入点，解决问题的效率较高；其二是大家都是这么想的，彼此间的交流也就比较方便。

但事情往往有利就有弊，如果我们凡事都顺着想，就有可能顾头不顾尾，考虑了这边而忽视了那边。另外，如果大家都顺着想，在相互竞争的情况下，跟随者就无法在竞争中胜出。更为重要的是，客观事物本身并不是那么简单的，而是千变万化的，顺着想不可能完全揭示事物内部的矛盾，进而发现客观规律。因此，在许多情况下，顺着想只能是一种常规的思维方式，要想思维创新，就必须有意识地改变万事顺着想的思路。

1. 变顺着想为倒着想

在很多情况下，当顺着想不能解决问题的时候，我们不妨反过来想一想，也许会有意想不到的效果。

思维链接

强光照射下的进攻

“二战”后期，苏联军队向退守在柏林的德军发动总攻的前夜，指挥官朱可夫元帅遇到了一个难题。本来，苏联军队是想趁着天黑发动突然袭击的，可是这天夜晚星光灿烂，部队难以隐蔽。如果贸然发起攻击，敌人对苏军的行动看得清清楚楚，苏军的损失必然会很大；但如果放弃进攻，就会贻误战机。

朱可夫元帅焦急地思索着。忽然，他有了一个想法，他下令将所有的探照灯集中起来，用最强的光照射敌军的阵地。在140台探照灯的强烈光线照射下，德军官兵的眼睛都睁不开了。苏军在明晃晃的灯光下突然发动进攻，冲破防线，打得德军措手不及，迅速解决了战斗，苏军取得了胜利。

趁天黑发动袭击，步步逼近敌人，一举将敌人歼灭，这就是顺着想。但当天的实际情况使得这种顺着的想法变得不可行，那就可以反过来想一想。朱可夫元帅想到用探照灯照向敌军阵地，使敌人眼睛睁不开，这就是倒着想。

2. 从对立面去想

世界上的任何事物都是对立统一的，改变这一方不行，那么改变另一方往往可能有助于问题的解决。

思维链接

锅炉的改进

过去，工业锅炉和生活用锅炉，都是在锅炉里安装了许多水管，用给水管加热的方法，使水温升高，产生蒸汽，热效率不高。

日本科学家熊田长吉想到，冷和热是相对的，不能只考虑热的方面，也要考虑冷的方面。他在粗的热水管里又加了一根装冷水的细管，这样，热水上升，冷水下降，加快了锅炉中热水和蒸汽的循环，热效率提高了10%。

我们的头脑在思考的时候，总要给事物下一个定性的判断，并以此来表明我们对它的基本态度，这就是思维的肯定视角。思维的肯定视角就是，当头脑思考一种具体的事物或者观念的时候，首先设定它是正确的、有益的、有价值的，然后沿着这种视角，寻找这种事物或观念的优点和价值。肯定视角并不新奇，我们的头脑天天都在使用。

问题在于，我们一旦下了某种判断之后，便把这个判断推展到整个事物的各个方面，而忘记了世界上并没有“纯而又纯”的事物。我们往往只对那些公认的“好的”“对的”“有价值的”东西采用肯定视角，要对所有的东西先来一番“肯定视角”的思考。

思维中的“否定视角”正与“肯定视角”相反，否定，也可以理解为“反向”的意思，就是从反面和对立面来思考一个事物；把事物或观念认定为错误的、坏的、有害的、无价值的等，并在这种视角的支配下寻找这个事物或者观念的错误、危害、失败、缺少之类的负面价值。

把事情从反面来考虑，或者颠倒过来考虑，会促使我们产生意想不到的创意。比如，“吸尘器”就是受“吹尘器”的启发而发明的，就是把“吹尘器”加以否定的结果。

3. 思考者改变自身的位置

我们观察和思考外界的事物，总是习惯以自我为中心，用我的目的、我的需要、我的态度、我的价值观念、我的情感偏好、我的审美情趣等，作为“标准尺度”去衡量外来的事物和观念。因而，凡与这个“标准尺度”相符合的，我们便称之为“对的”“好的”“美的""有用的";凡与这个"标准尺度"相违背的,我们便称之为"错的""坏的""丑的""无用的"。

很多时候,创新要求我们,在思维过程中尽力摆脱"自我"的狭小天地,走出"围城",跳出"自我",从"非我"的角度,站在"城外",对同一事物和观念进行一番思考,就有可能得出不同的结论,发现创意的苗头。

此外,个体与群体往往是一个矛盾的统一体。从个体的角度看问题和从群体的角度看问题,最后得出的结论是不完全相同的。摆脱个体"小我"的束缚,站在群体乃至于整个人类的角度来思考,这就是"大我"的视角。它使得我们的视野更加开阔,对当前的事物会有更加深入的理解。

思维链接

冰箱的改进

最初的冰箱都是冷冻室在上面,冷藏室在下面。这样做的目的,主要是生产厂家从自身角度出发,为了将上面的冷空气引入下面的冷藏室内。

日本夏普公司的研究人员进行了换位思考,他们改变了自己的位置,假设自己是用户,发现人们对冷藏室使用得较多,应该将冷冻室放在下面,冷藏室放在上面较方便。

但是由于冷空气往下走,这样做冷冻室的低温不能很好地被利用,比较费电,新的设计带来了新的问题。

后来,研究人员思考,冷空气是自动往下走,我们想办法让它往上走,问题不就解决了吗!于是,他们在冰箱内安上排风扇和通风管,将下面的冷空气提升到上面的冷藏室。

就这样,市场上有了新型的电冰箱,受到了用户的青睐。

二、转换问题,获得新视角

世界是复杂的,问题是多种多样的,但彼此之间有很多相通的地方。对于难以解决的问题,与其死盯住不放,不如把问题转换一下。

我们通过对问题的转变,往往可以获得新的思维视角,这样问题解决起来可能就容易多了。它不但可以使我们把复杂问题转化为简单问题,而且还能把不能办到的事情,转变成可以办成的事情。

1. 复杂问题简单化

聪明的人把复杂问题简单化,不聪明的人把简单的问题越搞越复杂。事实上,在解决复杂问题的时候能够化繁为简,就是一种思维视角的转换。

思维链接

于振善测土地面积

很早以前，各国的数学家们都一直在思考，看如何计算出不规则图形的面积？我国的一位木匠，于振善，听到这样的问题后，他专心致志地研究起来。

经过多次实验，终于找到了一种计算不规则图形面积的方法——“称法”。先精选一块重量、密度均匀的木板，把各种不规则的地图剪贴在木板上；然后，分别把这些图锯下来，用秆称出每块图板的重量；最后再根据比例尺算出1平方厘米的重量，用这样的方法，就不难求出每块图板所表示的实际面积了。也就是说，图板的总重量中含有多少个1平方厘米的重量，就表示有多少平方厘米，再扩大一定的倍数(这个倍数是指比例尺中的后项)，就可以算出实际面积是多大了。

这就是把复杂问题转化为简单问题的巧妙应用。虽然于振善只是位木匠工人，但这一点都不影响他进行创新。

2. 把生疏问题转化为熟悉的问题

对于从未接触过的生疏问题，可能一时无法下手，找不到切入点，但千万不要望而却步，试着把它转化成你熟悉的问题，可能就会有新的视角，也许还会有意想不到的效果出现。

思维链接

钢筋混凝土的发明

钢筋混凝土的发明者，既不是工程师，也不是建筑材料专家，而是法国的一位园艺师，名叫约琴夫·莫里埃。

莫里埃经营着一个很大的花园，由于他技术高超而且勤劳，一年四季，五颜六色的鲜花开得满园都是。游客慕名前往，纷至沓来，从赏花得到美的享受。

莫里埃也因此感到快慰，但游客中免不了会有不守规矩的人。有时一天过后，漂漂亮亮的花园，被弄得一团糟，花坛也被踏碎了。尽管莫里埃挂了“请勿摘花”“请勿踏花坛”等牌子，但根本不管用，观赏者为了一饱眼福，照踏不误。

怎样才能使人们既踏上花坛又踩不碎它呢？为此，莫里埃琢磨了好久，始终找不到好的方法。

有一天，他在花园里劳动，将用瓦盆培育的木本花移栽到花坛中去。搬动的时候，不慎失手打破了花盆，发现花根四周的土没有散，而是包成一团，连松都未松。他感到奇怪，蹲下去仔细一看，原来花木发达的根系纵横交错，把松软的泥土牢牢地连在一起。他重新搬起来有意地又摔了一下，土仍然没有散。

这件事令他一下子想到，如果制作水泥花坛的时候，放些花根在中间不就难以踏碎了吗？但他仔细一想又不对，花根与水泥一起用不大合适。

经过一番思索，他想，将铁丝仿照花木的根系编成网状，然后和水泥、沙石一起浇铸，做成新的花坛果然踏不碎。由此，莫里埃想到了造房子，并将铁丝换成粗钢筋，这样浇灌出来的就是钢筋混凝土。

3. 把不能办到的事情转化成可以办到的事情

在很多情况下，通过转换问题，还可以把不可能办到的事情，转换成可以办到的事情。这是因为，不能办到只是我们在当时情况下所感受到的现象，其本质还可能与其他现象产生联系，我们可以从其他现象入手来接触事情的本质，从而最终解决问题。

思维链接

孙宝断案

汉代的孙宝任京兆尹时，有个卖馓散（现在的馓饼）的人，在都市里与一个村民相撞，馓饼被碰落在地上，全都被撞碎了。那村民挺老实的，甘心认赔50枚馓饼，卖馓饼的却坚称要赔300枚，于是两人争吵起来，闹到了孙宝面前。

孙宝审问以后，还是觉得没有有力的确证，于是他就派人去另外买了一枚馓饼来，用秤称了分量，再总称了碎裂的馓饼分量，这么一算，只数换算出来了。

原来那村民是符合实际的，卖馓饼的人则夸大虚妄，动机不良。经过孙宝的认比办法，他才服认欺骗之罪。

三、把直接变为间接

在解决比较复杂、比较困难的问题时，直接解决往往遇到极大的阻力。这时就需要扩展你的视角，或退一步来考虑，或采取迂回路线，或先来设置一个相对简单的问题作为铺垫，为最终实现原来的目标创造条件。先退后进也好，迂回也好，创造条件也好，都是间接接近目标的思路。在这样的思路下，选择新视角的范围就大多了。

1. 先退后进

在解决问题时，“退一步海阔天空”往往能收到较好的效果。因为遇到了困难，暂时退一步等待时机，就可能使情况朝着有利的方向转化。这时再前进，问题的解决就要容易得多。退，绝不是逃避，而是为了更好地进，是以最小的代价去取得最大胜利的手段。

思维链接

敌进我退

在第二次国内革命战争时期，毛泽东同志创造性地提出了“敌进我退，敌驻我扰，敌疲我打，敌退我追”的十六字方针，指导红军在敌人数倍于我军的情况下，取得了反“围剿”的胜利。

1930 年，蒋介石调集 10 万兵力，对中央苏区进行了第一次“围剿”。当时红军只有 1 万人，跟敌人直接作战肯定要吃亏。毛泽东提出了“诱敌深入”的作战方针，并用“将欲取之，必先予之”的道理说服了急于和敌人硬拼的同志。

于是，红军果断地撤退，而且一退就是 200 里。敌人转了数日，以为红军示弱，气焰非常嚣张。敌主力第 18 师在师长张辉瓒的指挥下，直奔龙岗而来，哪知恰恰钻进了我军的包围圈。毛泽东、朱德发出了歼敌的命令，经过了一天的激战，共歼敌 18 师 9 000 多人，张辉瓒也当了俘虏。

2. 迂回前进

退一步是为了前进。有时为了前进，也可绕弯、兜圈子。在军事上，这叫“迂回前进”。实际上，在各个领域，为了克服困难、解决问题，都可能需要从迂回前进的角度去改变思路。

思维链接

土豆在法国的传播

法国有个农学家叫安瑞，他在德国当过俘虏，吃过土豆，感觉非常好。回到法国之后，一心想在自己的家乡种植。可是法国不少人坚决反对，后来安瑞终于得到国王的许可，在一块非常低产的土地上面试种土豆。

为了引起人们对土豆的兴趣，他想出了一个很好的推广方法。土豆既然不好，不能吃，一定要看守好，不能让人偷了去。他请求国王派卫队来把守，引起了人们的好奇心，趁晚上卫队不在的时候，偷偷地来挖，回去吃了以后觉得很美味，于是就偷去种植，土豆得以在法国传播。

3. 先做铺垫，创造条件

除了先退后进、迂回前进以外，在面对一个不易解决的问题的时候，我们还可以从发现事物的互相联系入手，先设置一个新的问题作为铺垫，为解决原来的问题创造条件，这也是采取变直接为间接的新视角。

思维链接

动迁方案

20多年前，北京的一个单位要扩建，准备动迁周围的100户居民。市政府给批了1 400万元。按照当时的商品房售价，市区一套住房要20多万元，在市区给他们买房子肯定是买不起的，只好在通州购买新房。

通州的房子倒是便宜，但居民嫌远，不愿意去。这使单位陷入了两难的境地。在市区买吧，买不起；在通州买吧，居民不愿去。

有人给他们出来个高招：居民不愿意去是嫌远，你给他们解决交通问题不就行了吗？于是，在通州用每套3万多元买了房子，给每户再花4万多元买辆面包车，共8万元。100户合计800万元就行了。居民一看有了汽车，交通不成问题了，都同意了这个方案。政府拨的1 400万元，还剩600万元，真是两全其美、皆大欢喜。

四、超越当下

任何事物都处于变化发展的进程中。今日的事物从往日的事物变化发展而来，又向明日的事物变化发展而去。没有一成不变的事物。因此，我们对事物的思考和观察就不能仅仅着眼于现在，而必须考虑过去和未来，考虑事物变化发展的趋势。在考虑事物变化发展的趋势时，不仅要注意事物变化发展趋势比较明显的特征，而且更要注意那些未显现的、难以捕捉的可能性。一旦做到了这一点，我们的思维视角也就扩展了。

思维链接

晶体管收音机的诞生

最早，美国贝尔实验室的研究人员在1947年12月用两根针压在一小块锗片上，成功地研制出世界上第一个晶体管放大装置，可以将音频信号放大上百倍。

科学家肖克利在对这种早期晶体管的工作机理进行分析的基础上，推出PN结型晶体管。美国西方电器公司将其用于助听器，仅此而已。

然而，具有远见卓识的索尼公司老总盛田和井深，却超越当下的功用，用未来的眼光敏锐地预见到晶体管的意义重大，将会给世界微电子工业带来一场革命。他力排众议，在1953年以2.5万美元买下生产晶体管的专利。

经过多次试验，索尼公司于1957年成功地研制出世界上第一台能装在衣袋里的袖珍式晶体管收音机，首批生产200万台“索尼”收音机，一投放市场，就出现爆炸性的销售效果。索尼公司由此而名扬全球，甚至就此带动了日本的微电子工业在世界上独领风骚数十年。

很多时候，我们需要考察事物和观念的起源、历史和以往的发展。把握了事物的过去，才能更好地思索事物的当今，这是历史主义的基本原则。今天的事物总是从以往的事物发展而来的，但是今天和昨天，其间的差别有时大到使人难以相信的地步，很难找到两者还是“同一种事物”的痕迹。

同时，我们要思索事物或观念的未来发展，预测它的发展方向和发展道路，并用预测的结果来指导我们的今天，指导当今对待它们的态度。在时间无情的流逝过程中，“今天”将要变为“明天”，但是它们之间的差别，有时却令人瞠目结舌。

商业的竞争在更多的时候不是做现在而是做未来，不是赢今天而是赢明天，关键是有没有慧眼、有没有超越当下的意识。

五、逻辑导引

思维创新往往离不开想象。一个人如果在一些问题上能够展开想象，他的思维视角就可能得到拓展。但很多时候我们的想象之所以展不开，不是因为我们没有想象力，而是我们没有掌握想象展开的轨迹。此时，借助逻辑导引就可能收到一些意想不到的结果。

有这样一个问题：“树上有5只鸟，猎人开枪打死1只，还有几只？”

“1只也没有了，因为都吓跑了。”在接受调查的千余名中小学生中，99%的孩子说出了同一答案。

“还有3只。因为5只鸟是一家人，猎人打死了鸟爸爸，吓跑了鸟妈妈，还剩下3只不会飞的鸟宝宝。多可怜啊！”只有一名小学生与众不同。

这是“中国城市儿童想象和幻想研究”课题组在调研中的一个调查案例。

其实，答案之所以如此单一，不仅是因为我们受常识所限，更多是思路太死板。如果我们顺着逻辑想象，答案就可能很多，试着分析一下：

找出关键词：枪、死、鸟

对关键词含义作出辨析：

有各种枪。如无声手枪，打散弹（很多钢珠）的鸟枪、气枪……

死。死的近义词是伤……

鸟。大鸟、小鸟、活鸟、死鸟……

考察背景：5只鸟在树上，猎人开了一枪打死1只，问树上还剩几只。

综上所述，进行推论，得出结论：

猎人用散弹，打死1只，打伤X(X≤4)只。受伤后发生三种情况：还能飞、不能飞但挂在树上、不能飞落在地上。

猎人用气枪（单粒子弹，有声音）打死1只，其余听见声音后出现几种情况：惊呆不知所措、知有异而飞离、知有异而无法飞离（如羽翼未丰的小鸟）。

猎人用无声手枪，因树叶遮掩，另外有几只不知道发生了什么事，所以仍然留在树上。

然后，按背景把问题转化：树上原有5只鸟，这5只鸟在猎人开枪打死1只后怎么样了？此时，把各种枪、各种鸟和死伤情况别人代入问题中，就会得出一系列的答案。

其中有一个答案是树上还剩5只鸟：死了的鸟挂在树上，另外4只不知道发生什么事情，或是不会飞，或是吓呆了，或是3只小鸟不会飞，鸟妈妈扑在鸟爸爸的身上伤心欲绝。

显然，如果这样一尝试进行一番逻辑推理，就可以得出多种答案来。

思维训练营

1. "如何摘下帽子"。法国巴黎的女士都喜欢戴漂亮的帽子。她们到电影院都不愿意摘下帽子，影响后排观众看电影。

请问：有什么办法让她们自愿摘下帽子，而且不伤害她们的自尊呢？

2. 分苹果。篮子里有4只苹果，平均分给4个小孩，到最后，篮子里还有1个苹果。请问：他们是怎样分的？

3. 过河。在一条荒无人迹的河边停着一只小船，小船只能容纳一个人，两个人同时来到河边，两个人都乘这只船过了河。请问：他们是怎样过河的？

4. 瓶塞问题。有人不拔开瓶塞就能喝到酒，你能做到吗？（注意不能把瓶子弄破，也不能在瓶塞上钻孔）

5. 公安局长在茶馆里与一位老头下棋，正下到难解难分之时，跑来了1个小孩，小孩着急地对公安局长说："你爸爸和我爸爸吵起来了。"老头问："这孩子是你的什么人？"公安局长答道："是我的儿子。"请问：这两个吵架的人与公安局长是什么关系？

6. 学校举行校运会，小文在百米赛跑比赛中加快速度，在超过了第七名的那一刻，他是第几名？

7. 用6根等长的火柴，试着组成4个三角形，每边的长度都等于火柴的长度。

8. 等距离的9个点分布成3×3的方阵，试用一笔画出的4条直线把它们连接起来。

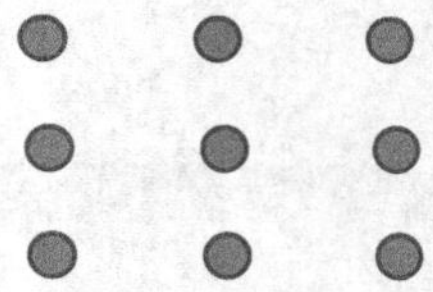

9. 试将9块蛋糕,装入4个盒子,每个盒子蛋糕不少于3块。

10. 架桥。有一条河,河的宽度(A和B的距离)为100米,同岸的两点B和C的距离为300米。现在要从A走到C,架一座桥,而且桥只能垂直于这条河架,不能斜着架。问怎样架这座桥才能使所走的路程最短?

项目 3

训练创新思维方式

训练目录

学会使用思维导图工具;

掌握发散、收敛、质疑、联想、直觉思维的训练方法。

任务一 思维导图训练

思维热身

试试能否在1分钟内记住并复述下列词语:

机动车 人工制品 打击乐

大提琴 铜鼓 福特车

乐器 小汽车 弦乐

中音小提琴 机器 定音鼓 小提琴 小鼓

翻开身边一些人的笔记,你会发现他们的笔记大多和我们的一样,都是一行一行的、多文字的、单调的线性笔记。这样的笔记其实不利于人的联想和想象,更不利于记忆。于是,有人开始寻找一种思维工具,它能给我们的思维以自由,能让我们按照自己的思维方式去自由地思考。

于是,世界上第一幅思维导图诞生于英国心理学家东尼·博赞手中。

思维导图又叫心智图,是表达发射性思维的有效的图形思维工具。它运用图文并重的技巧,把各级主题的关系用相互隶属与相关的层级图表现出来,把主题关键词与图像、颜色等建立记忆链接,充分运用左、右脑的机能,利用记忆、阅读、思维的规律,协助人们在科学与艺术、逻辑与想象之间平衡发展,从而开启人类大脑的无限潜能。思维导图因此具有人类思维的强大功能。

思维导图是一种将发散性思考具体化的方法。我们知道，发散性思考是人类大脑的自然思考方式。每一种进入大脑的资料，不论是感觉、记忆或是想法，包括文字、数字、符号、食物、香气、线条、颜色、意象、节奏、音符等，都可以成为一个思考中心，并由此中心向外发散出成千上万的关节点。每一个关节点代表与中心主题的一个联结，而每一个联结又可以成为另一个中心主题，再向外发散出成千上万的关节点，而这些关节的联结可以视为你的记忆，也就是你的个人数据库。

人类从一出生即开始累积这些庞大且复杂的数据库，大脑惊人的储存能力使我们累积了大量的资料。经由思维导图的发散性思考方法，除了加速资料的累积量外，更多的是将数据依据彼此间的关联性分层分类管理，使资料的储存、管理及应用因为更有系统化而增加大脑运作的效率。同时，思维导图是最能善用左、右脑功能的，藉由颜色、图像、符号的使用，不但可以协助我们记忆、增进我们的创新能力，还能让思维变得更轻松有趣，且具有个人特色及多面性。

一、思维导图的应用

思维导图是一种革命性的思维工具。它实际上就是一幅幅帮助你了解并掌握大脑工作原理的使用说明书，简单却又极其有效且应用广泛。前面思维热身中的任务，就可以用思维导图来表示。（见图 3-1）

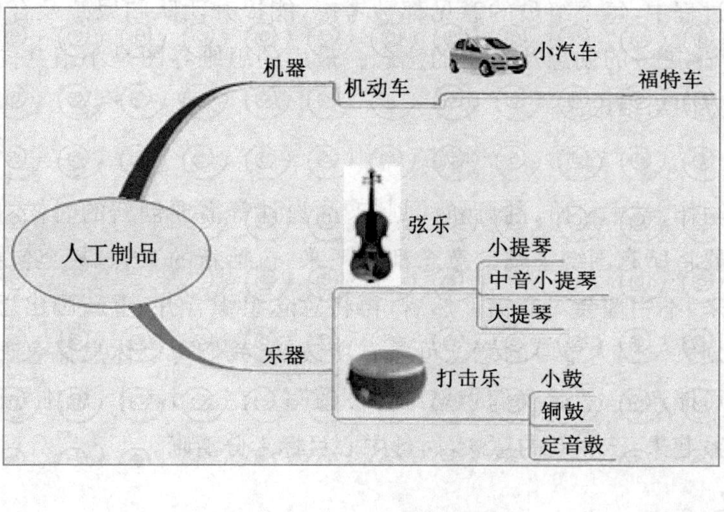

图 3-1　思维导图范例

1. 提高思考力

思维导图的建立，有利于人们对其所思考的问题进行全方位和系统地描述与分析，非常有助于人们对所研究的问题进行深刻和富有创造性地思考，从而有利于找到解决问题的关键因素或关键环节。思维导图的制作是非常灵活的，没有很多严格的限制原则，其关键点在于，能够体现制作者自己的思考特征和制作目标，并发展其思考能力和提高其思考水平。

2. 记笔记

当我们接收讯息时，如阅读、听课、学习、面试、演讲、参加研讨会、参加会议等，需要记录要点时，都可以用思维导图进行记录。将要点以词语记下，把相关的意念用线连上，加以组织，方便记忆。用思维导图的好处是，无论信息表达的次序如何，都能放在适当位置上。每个意念都是以词语表达，容易记忆。画思维导图过程中，可帮助了解、总结信息及意念。

3. 温习

当我们在预备考试、准备演讲或者其他需要加深记忆的时候，我们可以将已知的资料或意念从记忆中以思维导图画出来，或将以往画的思维导图重复再画出，这能加深记忆。而思维导图也能帮助组织意念，令意念更清楚。

4. 小组学习

当我们面临要共同思考的时候，如头脑风暴、小组讨论、家庭/小组计划等，可以通过小组来共同创作思维导图。首先由各人画出自己已知的资料或意念，然后将各人的思维导图合并及讨论，并决定哪些较为重要，再加入新的意念，最后重组成为一个共同的思维导图。在这个过程中，每个组员的意见都被考虑，能提升团队归属感及合作效率。共同思考时，也可产生更多的创意及有用的意念。最后的思维导图是小组共同的结晶，各组员都有共同的方向与结论。

5. 创作

当我们在写作、学术科研、制订新计划、产品设计等需要创新的时候，也可以使用思维导图。首先要将所有围绕主题的意念都写下来，包括新的意念，甚至包括不可能发生的意念都写下来，不用理会对或错。然后，再将意念组织合并，重新画出思维导图，但不要将不可能的划去。因为重要的意念可能有所改变，我们可以休息休息让大脑放松，而这时新的创意可能产生，然后我们将思维导图改写。在这过程中，思维导图帮助我们将大量的意念联系起来，产生新的意念，而且中心目标十分清晰。

6. 作决定

当有多个意念要求我们去选择及作出决定时，如决定个人行动、团体决议、设定先后顺序、解决问题等，思维导图可以帮助我们更全面、更清晰地厘清问题。首先将需要考虑的因素、目标、限制、后果及其他可行性，用思维导图画出来，再将所有因素以重要程度或个人喜好赋以权重，最后再尝试作出决定。

7. 展示

当我们在演讲、教学、推销、解说、作报告等需要向别人讲解自己的想法时，思维导图可以协助我们在准备时清楚自己的构思，令我们的展示更具组织性，更容易记忆。在展示时利用思维导图可令听众容易明白，不用阅读长篇大论的文字。展示者也不用将预备好的字句一字一句地读出来，令展示能更配合受众的需要，增加双方的交流。如果有发问时，展示者可灵活地在思维导图上处理扩张，不会迷失在其他思路上。无论是展示者还是受众，都会对所展示的内容印象更深刻。

8. 计划

当我们在行动前需要思考时，如当我们要进行个人计划、行动计划、研究计划、问卷设计、写作、预备会议的时候，思维导图可以帮助我们将所有要留意的意念全部写出来，再组织成清楚、目标更具体的计划。设计思维导图时，是围绕主题进行思考的，不会迷失方向。完成设计后，很容易组织及书写出报告。别人阅读计划的时候，也很容易能够了解计划的脉络，更容易跟进。

二、思维导图的绘制规则

要想高效地使用大脑的使用说明书——思维导图，充分发挥人类左、右脑的功能，我们需要遵守一些重要的规则。设计这些规则的目的，不是要限制我们的思考，而是通过这些与大脑(工作与学习方式)一致的特定技巧，来帮助我们更快速地提升我们的学习力、记忆力以及创造力。

规则一：在纸的正中央用一个彩色图像或符号开始画思维导图。

在正中央开始画，是因为它能反映出大脑思考程序的多钩状特性。从核心向四周发散思想，可以因此获得更多的空间和自由。使用图像和色彩，更有利于提升我们的记忆力和创造力。正如谚语“一图胜千言”所说。

规则二：把写有主题的连线与中央图像连在一起。

主题被连起来，是因为大脑是通过联想来工作的。如果线条附着于主题，就会在大脑内部产生类似于“附着”的思想。靠近中央图像的线条要粗一些，字号大一些，以此反映出这些主题的重要性。

规则三：线与线相连。

思维导图这种连接的结构反映了大脑中的联想本性。如果连线断裂，思维、记忆和创造也会产生断层。

规则四：用印刷体字。

写印刷体字虽然会多花一些时间，但是这种精确而持久的反馈，和相当清楚的印刷体文字会带来非常多的好处，更便于识别和回忆。

规则五：将印刷体字写在线条上。

把印刷体字写在线条上，这样建立起了思维导图基本结构的关系和联想。我们会发现，如果重新组织思维导图的基本骨架，许多单词会“突然出现”在合适的位置。

规则六：每条线上只有一个关键词。

每个关键词都可以触发无限的联想。把关键词单独放在线上，让大脑从这个词开始，更加自由地扩展出去。而词组会让单个的词语受到限制，进而减少创造力和清楚地再现记忆的可能性。

规则七：在整个导图中都要使用色彩。

色彩是各种思想的最主要的刺激物，尤其是在增加创造力和记忆力方面。色彩也有美感，这在画思维导图时会增加大脑的愉悦感，提高我们回顾、复习和使用思维导图的兴趣。

规则八：在整个思维导图中都要使用图像。

正如达·芬奇建议要有适当的大脑训练，运用图像可以把记忆力提高到近乎完美的程度，让创造性思考的效率提高数倍，增强我们解决问题、交流和感知的能力等，诸如此类。

规则九：在整个思维导图中使用代码和符号。

运用各种形状（如有色彩和箭头的个性化代码）为思维导图添加第四维度。这会加强我们的分析、构造、说明、组织和推理能力。

三、思维导图绘制步骤

首先找到一张合适的纸。注意，一定要用没有任何字迹的打印纸或白纸，不要用印有任何横格线条的纸张。如果我们用有线条的纸张，就会发现原本向外拓展的曲线，不自觉地会受到暗示而画成了直线。此外，要用尽可能大的纸张。A3 左右大小的纸张能为我们提供足够的空间来记录各种细节。为了便于携带，我们也可以找一个合适的文件夹来收藏它们。

在准备画的时候，纸要横着放，这样视野的宽度会大一些。因为我们随着思维导图连线的增多，会越画越宽。同时，这样也可以保证我们的大脑有足够的想象空间和画图空间。

步骤 1：写下中心主题——从图开始。

从白纸的中心开始绘制，画一个独特的且与所要表达的主题相关的图形。如果觉得这样的创作工作太过费神，可以从其他地方找一个符合你想法的图形来替代。花点时间来装点你的思维导图，并尽可能多地使用色彩，至少使用 3 种以上的颜色来画，让图形更具吸引力、重点更突出、也更容易被记住。因为颜色和图像一样能让我们的大脑兴奋。

越是独特的图形,越容易被大脑记住。这样,当我们回想时,就可以轻易地重现图的内容。中心主题不要用方框框起来,这样才能让我们自由地扩展分支。

步骤2:扩展层次——延伸分支。

思维导图的分支通常是放射式层级的。越重要的内容越靠近中心,由内向外逐渐扩展。画分支时通常从时钟钟面上大概2点钟的位置开始,按顺时针来画。阅读思维导图自然也是从这个位置开始的。

步骤3:专注关键词——采摘智慧的果实。

关键词通常是名词,占总词汇量的5%~10%。我们使用思维导图,比传统的记笔记词汇量要少得多,这意味着无论是记忆还是阅读,我们将节约90%以上的时间。

关键词用正楷字来书写,以便记忆时辨识。同时,通过想象来帮助大脑将词汇"图形化"。词汇写在线条的上面,每条线上使用一个单词或词语,这样可以触发更多的想象和联想。字体字形都可以根据需要多一些变化,这有助于我们按照一定的视觉节奏进行阅读,同时也有助于我们理解和记忆。

步骤4:连线——记忆与联想的桥梁。

连线要与所写的关键词或所画的图形等长。太短会显得过于拥挤且不美观,太长则浪费空间。保证每条连线都与前一条连线的末端衔接起来,并从中心向外扩散。如果连线之间不衔接,那么在回忆的时候,思维也会跟着"断掉",从而导致记忆的断层。

连线从中心到边缘逐渐由粗变细,就像一棵树,树干比较粗,树枝比较细。从中心延伸出来的主干最好不要超过7个,因为大脑的短时记忆一次只能记住7±2个信息片断,主干过多不利于记忆,而且理解起来也很困难。

连线用较自然的波浪状分支,这样能向外引导我们的视线进行阅读。同时,使用曲线也能更有效地利用纸上的空间,可以让我们的眼睛感受线条或内容的视觉节奏,而不易造成大脑的视觉疲劳。

每一个主干及其下面的分支用一种颜色,这样在回忆时就非常容易。例如,"那个概念在绿色的分支上""是一个比较长的词汇"等。

只有我们喜欢的,我们才会愿意投入更多的时间去关注它。

步骤5:增加颜色——增加视觉节奏。

每个人天生就喜欢色彩,我们生活的周围同样也是一个五彩缤纷的世界。与其用白纸黑笔写一些单调的文字,不如用最好的纸张、水彩笔或彩色铅笔来创作。去文具店找些不同的笔,油性笔、荧光笔、香水笔等,用它们来标注我们的关键词,画不同的线条。不要小瞧这些小小的改变,不同类型的笔也能触发我们的记忆。

步骤6:使用箭头和符号——增强联系。

思维导图是一种能帮助我们增强对事物理解的方法,它能使我们了解到信息是如何相互联系在一起的。普通和优秀、成功与失败的区别，也就在于我们是否知道知识与事物之间的内在关联。

当同一个词汇出现在两个或更多的分支上时，说明这个词汇是一个新的主题贯穿在我们的笔记中。如果利用传统的线性笔记方式，就不容易发现。当我们发现一个单词出现在不同的分支上时，用一个箭头连接它们，这样我们的记忆也随之连接了。

字母和文字是一种象征符号。同样，马路上的交通标志、电脑中的图标、五线谱、数字等都是符号。尝试把自己经常在思维导图中使用的符号整理一下，建立个人的符号库。我们还可以用符号来进行速记。比如，一个词汇在思维导图里出现了多次，我们可以用一个符号代替它(如用个五角星)。这样，下次它再出现时，只要画一个五角星就可以了。

我们也可以在思维导图中使用颜色标记。比如，在"备忘录"中用红色表示紧急的事情，用蓝色表示需要他人支持的事情，用绿色表示已经完成的事情。对于相关的概念或想法，我们同样可以用一种颜色来表示。

步骤7:利用感官技巧——触发更多的记忆和灵感。

闭上眼睛，做一个深呼吸，想象我们最喜欢吃的水果，它是苹果、橘子，还是菠萝？它是什么形状？什么颜色？用手触摸它的表皮时，手会有什么感觉？它闻起来是什么味道？想象我们最熟悉的朋友，她或他有什么与众不同之处？我们是怎样把她或他从人群中区分出来的？她或他的相貌、模样、走路的姿势，以及最喜欢的事物是什么？用我们的鼻子深深地吸一口气，闻闻她身上香水的味道等。

我们通过这样的想象练习，可以增加感官体验，增强理解力和记忆力。任何经历都是我们所有感官体验的总和。所以，要在思维导图中加入文字、图片，以便唤起我们其他的感官体验。

如果要记录的信息非常重要，我们可以用透视法画出类似三维的表现效果，或是使用一些特别的颜色和符号代码等，这样，当我们要回忆时，这些信息就会跃入眼帘。

思维导图是一种非常有趣、具有创造性的记录思维的方式。为了让我们的思维导图更加有趣，让大脑处于兴奋状态，可以使用更多的感官技巧。

这就是制作思维导图的基本步骤和注意事项，学会思维导图的最大秘诀就是画思维导图，不断地画、重复地画。

思维延伸

思维导图阅读术

阅读是输入，表达是输出。有时人们以为看过就算是懂了书中的内容，实际上却是一种假懂的状态，因为只是了解文字表面的意思，所以在讲述心得的时候，只会在脑中不断地搜寻书中作者所用的文字，却没有办法抓出几项大重点，或无法用自己的文字语言、自己的描述方式，把重点说出来。

很多人说自己看过书后都忘了，但是别人一讲就想起来了，这种情况多是因为他们不懂得从阅读中抓出作者所要表达的重点。

阅读不是要让我们认识字、懂得字义而已。很多人对阅读的程度只停留在学校考试的阶段，误以为把文章内容背下来，懂得引用作者写的内容，就算是阅读。

实际上，掌握文章含义，才算阅读到精髓。阅读是要让我们了解作者的想法，并把作者的想法跟自身的生活经验结合在一起，然后在自己的生活中去实践或是运用。

阅读理解力遵循金字塔原理，即其共有四种层次，第一层次是掌握关键要素 5W2H，即人、事、时、地、物、因、果、成本等；第二层次是掌握重点间彼此的逻辑关系；第三层次是了解隐含的意义、了解阅读内容与自己的关系；金字塔的最顶层是第四层次，即如何运用在自己身上。

学校考试通常考的是第一、第二层次，通过阅读技巧，分析出作者讲什么？怎么讲？

第三、第四层次的阅读理解能力，牵涉自己的背景知识有多少，因此，通过阅读后的分享，参加一个大家水准都差不多，整体水准又比你好一点的读书会将有很大帮助。大家共同进行批判性思考，可以刺激彼此思考的深度。想要达到将阅读理解力运用在自己身上的第四层次，基本上还是要靠自己摸索。通过自身的背景知识，把作者文字从各种不同的角度进行分析、解构、再组合，并找出运用在生活中的方式。

在阅读时，绘制思维导图，有助于提升理解力层次，最终能将书中有价值的内容吸收为己用。

任务二　发散思维训练

思维热身

水的用途

分成 3～4 人小组。小组内每人先用一张纸写下自己的思考结果，并统计数量。

每组讨论并分类、汇总组员的答案，画出思维导图。

分组在全班展示并讲解小组的作品。

一、发散思维

几乎从启蒙那天开始，社会、家庭和学校便开始向学生们灌输这样的思想：这个问题只有一个答案、不要标新立异、这是规矩等。当然，就做人的行为准则而言，遵循一定的道德规范是对的。正所谓“没有规矩，不成方圆。”然而，凡事都制定唯一的准则，这一做法恰恰是在扼杀创造力。

心理学家曾做过这样的试验：在纸上画一个圆点，问看到的人这是什么？其中很多成年人的回答大体一致：“这是一个圆、一个点等。”而幼儿园的小朋友则给出了各种各样的答案：“太阳”“皮球”“人脸上的痣”……可谓五花八门。或许成年人的答案更加符合所画的图形，但是比起幼儿园孩子来说，他们的答案是不是显得有些单调呆板呢？而孩子们的答案更加“五花八门”，则说明了孩子们的思维方式更加地发散。

对于成人来说，对很多事物都已经习以为然了，并不会再去仔细推敲，由此造成了许多思维上的定势，甚至是“误势”。有些时候，谁能克服这种生活的习惯和思维的定势，谁就是强者。富兰克林正是冒着生命的危险获得了雷电的奥秘，伽利略也正是顶着亚里士多德传统理论的巨大压力证实了他的“两个铁球同时落地”的物理定论。

发散思维的概念，是美国心理学家吉尔福特在 1950 年以“创造力”为题的演讲中首先提出的。半个多世纪以来，它引起了普遍重视，促进了创新思维的研究工作。

发散思维又称辐射思维、扩散思维，是指在思维过程中，以某一问题为中心，沿着不同方向、不同角度向外扩散的一种思维方法。

具体来说，就是从一个问题（信息）出发，突破原有的限制，充分发挥想象力，经由不同的途径、方向，以全新的视角去探索，重组眼前的和记忆中的信息，产生出多种设想、答案，使问题最终得到圆满解决的思维方法。它的实质是从一到多，犹如光源向四面八方辐射光线一样，“洒水壶式”的思维方式。

思维链接

一支铅笔的用途

纽约市有一所专为穷人开设的学校，她是贝纳特牧师在美国经济大萧条时期所创办的。1983 年一位名叫普热罗夫的捷克法律学博士，在写他的毕业论文时发现，50 年来，该校出来的学生在纽约警察局的犯罪记录是最低的。

为延长在美国的居住期，他突发奇想，上书纽约市长布隆伯格，要求得到一笔市长基金，以便就这一课题深入开展调查。当时布隆伯格正因纽约市的犯罪率居高不下而受到选民的责备，于是很快就同意了普热罗夫的请求，给他提供了 1.5 万美元的经费。

普热罗夫凭借这笔钱，展开了漫长的调查活动。他开始从 80 岁的老人到 7 岁的学童，从贝纳特牧师的亲属朋友到在校的老师职员，总之，凡是在该校学习和工作过的人，只要打听并得知到他们的住址或信箱，他都会给他们寄去一份调查表，问：“请问贝纳特学院教会了你什么呢？”

在将近6年的时间里，他共收回3 756份回应答卷。这些回应答卷中有74%的人回答：他们知道一支铅笔有多少种用途。

普热罗夫本来的目的，并不是真的想搞清楚这些没有进过监狱的人，到底在该校学了些什么，他的真实意图其实是以此拖延在美国的时间，以便找到一份与法学有关的工作。然而，当他看到这分奇怪的答案时，再也顾不了那么多了，决定马上开始进行研究，哪怕报告出来后被立即赶回捷克。

普热罗夫首先访问了纽约市一家皮货商的老板。老板说："是的，贝纳特牧师教会了我们一支铅笔有多少种用途。我们当时入学第一篇作文就是这个题目。当初，我认为铅笔只有一种用途，那就是写字。谁知道，原来铅笔不仅能用来写字，必要时还能用来作尺子画线，还能作为礼物送给别人表示友爱；能当作商品出售获得利润；铅笔的铅蕊磨成粉末可作为润滑粉；表演话剧时可临时用作化妆品；削下的木屑可用作装饰画；一支铅笔按相等的比例锯成若干份，可以做成一副国际象棋；或当作玩具的轮子；在野外遇到危急时，铅笔去掉笔芯能作吸管喝石缝内的水；在遇到敌人时，削尖的铅笔还能当作自卫的武器……总之，一支铅笔可以有无数种的用途，只要你运用自己的想象力，它的用途简直是千变万化。贝纳特牧师让我们这些原来贫穷的孩子明白，有着神赐给我们的眼睛、鼻子、耳朵、大脑、感觉和手脚的人更是有无数的用途，并且任何一种用途都足以使我们能生存下去。我原来是个电车司机，后来失业了。现在你看，我是一位皮货商人。"

普热罗夫后来又采访了一些贝纳特学院的学生，他发现无论之前他们是贫富或贵贱，他们都拥有一份职业，并且生活得非常乐观、积极、进步，找到自己人生的方向。而且，他们都能够列出一支铅笔至少有20种用途。

普热罗夫按捺不住这个调查带给他的兴奋，调查一结束，他随即放弃在美国纽约寻找律师工作的想法，匆匆回国。目前，他是捷克最大的一家网络公司的总裁。

一支铅笔原来有这么多的用途。有着眼、耳、口、鼻、五官感觉、脑袋和手脚的我们，不是有更多用途吗！只要我们把身上的任何一种用途充分地应用和发挥，都足以让你活出一个充满意义的人生。

就像上面的思维热身，如果你的答案可以分为好几大类，如水的性质、功能、形状、结构等，你能想到的类别越多，且每一类里面你能想到的数量越多，则说明你的思维越发散。而如果能想出的答案很少，或者始终固定在某一类里面重复，则说明你的思维被禁锢住了，思维不够发散，就需要好好进行练习了。

死气沉沉的大脑毫无创造力可言，在学习过程中，若要保持大脑的兴奋，就要保持思维的活跃，而发散思维可以帮助大脑维持一个灵敏的状态。

发散思维是在创新活动中最常使用的一种创造性思维。发散思维好的人在学习、工作中，会在已有的基础上，提出更多的方法和答案，从而使自己与众不同，出类拔萃。我们所看到的那些有成就、有造诣的人，他们的发散思维往往都是非常出色的。

思维延伸

曲别针的用途

1983年，在广西南宁召开全国创造学首届学术研讨会。被邀请的日本专家村上幸雄隔海赶来，为与会的作家、艺术家、编辑、记者、发明家、厂长、经理、教育专家们讲课。

日本专家连续讲了3个半天，讲得很有魅力、很新奇。台下是一双双闪亮亮的专注的眼睛。

面对这些创造思维能力很强的学者同仁，风度潇洒的村上幸雄先生捧来一把曲别针(回行针)："请诸位朋友动一动脑筋，打破框框，看谁说出这些曲别针的用途，看谁创造性思维开发得好，多而奇特！"

片刻，山西、广东的一些代表踊跃回答："曲别针可以别相片，可以夹稿件、讲义。""纽扣掉了，可以用曲别针临时钩起……"七嘴八舌，大约说了十几种，其中较奇特的是把曲别针磨成鱼钩去钓鱼，引来一阵笑声。

村上对大家在不长时间内讲出近20种曲别针用途很称道。

人们问："村上先生您能讲多少种？"

村上一笑，伸出3个指头。

"30种？"

村上摇头。

"300种？"

村上点头。人们惊讶，不由得佩服这个人聪慧敏捷的思维。

许国泰递了张条子：对于曲别针用途，我能说出3千种、3万种！

邻座对他侧目："吹牛不罚款，真狂！"

第二天上午11时，许国泰"揭榜应战"走上了讲台，他拿起一支粉笔，在黑板上写了一行字：村上幸雄曲别针用途求解。

原先不以为然的听众一下子被吸引过来了。

他说："昨天，大家和村上讲的用途可用4个字概括。这就是：钩、挂、别、联。要启发思路，使思维突破这种格局，最好的办法是借助于简单的形象思维工具——信息标与信息反应场。"

他把曲别针的总体信息分解成重量、体积、长度、截面、弹性、直线和银白色等10个要素。再把这些要素，用一根标线连起来，形成一根信息标。

然后，再把与曲别针有关的人类实践活动进行要素分解，连成信息标，最后形成信息

反应场。(见图 3-2)

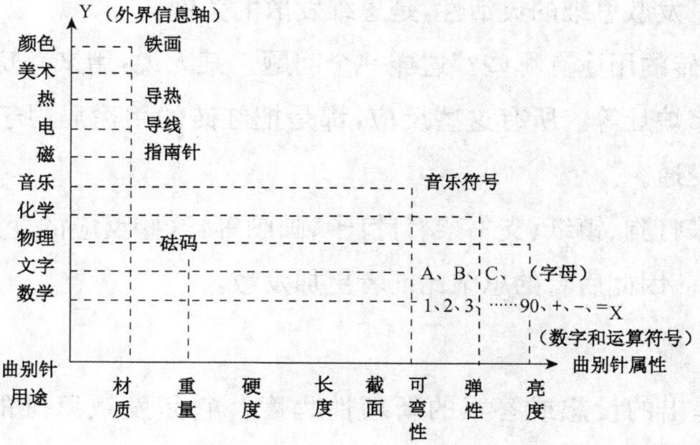

图 3-2　曲别针用途的信息反应场

他从容地将信息反应场的坐标不停地组切交合。

通过两轴推出一系列曲别针在数学中的用途。比如，把曲别针分别做成 1,2,3,4,5,6,7,8,9,0，再做成＋，－，×，÷的符号，用来进行四则运算，运算出数量，就有 1 000 万、10 000 万……在音乐上可创作曲谱。

曲别针还可以做成英、俄、希腊等外文字母，用来进行拼读。

曲别针可以与硫酸反应生成氢气，可以用曲别针做指南针。

曲别针是由铁元素构成的，铁与铜化合是青铜，铁以不同比例与几十种金属元素分别化合，生成的化合物则是成千上万种……实际上，曲别针的用途是接近于无穷的！

他在台上讲着，台下一片寂静。

此时，再也没有人说曲别针有 3 000 种、30 000 种用途是吹牛了。而是对这种新的认识工具感到了新奇，普遍陷入打破了原有思维格局的沉思……（见《中国思维魔王》一书 201-204 页）。

二、发散思维的特点

1. 流畅性

流畅性是指单位时间内产生的设想和答案的多少。

流畅性衡量思维发散的速度(单位时间的量)，可以看作是发散思维“量”的指标，是基础。

2. 变通性

变通性是指提出的设想或答案，在方向上所表现出的灵活程度。

变通性是指知识运用上的灵活性，观察问题的多层次、多视角。它是发散思维的“质”的指标，表现了发散思维的灵活性，是思维发散的关键。

比如，面对“红砖的用途有哪些?”这样一个问题。某人说:用来盖房子、盖仓库、建教室、修烟囱、铺路、修炉灶等。所有这些反应，都是把红砖的用途局限于“建筑材料”这一个范围之内，缺乏变通。

另一人说:用来打狗、镇纸、支书架、订钉子、画画等，这些反应的变通性较大，多数是红砖的非常规用途。因此后者的思维比前者更加发散。

3. 独特性

独特性是指提出的设想或答案的新颖性程度。它是发散思维的本质，表现发散思维的新奇成分，是思维发散的目的。独特性也可称为独创性、求异性，这一点是创新思维的基本特征和标志。严格来讲，没有这个特征的思维活动，都不属于创新思维。

英国著名作家毛姆的小说有一段时间销售不畅，他便在报刊上刊登了一则征婚启事:本人年轻英俊，家有百万资产，希望获得和毛姆小说中主人公一样的爱情。结果毛姆的这一独特举动使他的小说在短时间内被抢购一空。

毛姆在推销他的小说中，就运用了思维的独特性，收到了意想不到的效果。所谓思维的独特性，实际上就是超越固定的、习惯的认知方式，以前所未有的新视角、新观点去认识事物，提出不为一般人所有的、超乎寻常的新观念。

三、思维发散的角度

通常以材料、功能、结构、形态、组合、方法、因果、关系等八个方面为“发散点”，进行具有集中性的多端、灵活、新颖的发散训练，以培养创新思维的能力。

1. 材料发散

以某个物品作为“材料”，以其作为发散点，设想它的多种用途。比如，尽可能多地说出回形针的用途，可以有:把纸或文件别在一起、可用来代替西装领带上的别针、拉开一端，能在水泥板或泥地上画印痕——画图、写字、拉直了，可用作纺织工的织针、穿上一条线可以当挂钩、可用来固定标签、可以装在窗帘上代替小金属圈……

2. 功能发散

以某事物的功能为发散点设想出获得该功能的各种可能性。例如，怎样才能达到照明的目的?答案可以有:点油灯、开电灯、点蜡烛、用镜子反射太阳光、划火柴、烧纸片、用手电筒、用手机、用汽车灯、点火把、燃篝火……

思维链接

冰箱用途的延伸

很长时期，电冰箱市场一直为美国人所垄断，几乎每个家庭都有。这种高度成熟的产品竞争激烈，利润率很低，美国的厂商显得束手无策。而日本人却异军突起，发明创造了微型冰箱。

人们发现除了可以在办公室使用外，还可以安装在野营车、娱乐车上。于是，全家人外出旅游，舒适条件全部具备。微型冰箱改变了一些人的生活方式，也改变了它进入市场初期默默无闻的命运。

3. 结构发散

以某种事物的结构为发散点，设想出利用该结构的各种性能。比如，尽可能多地说出包含三角形结构的东西。答案可以有：三角尺、三角窗、三角旗、屋顶、三角帽、动画人物、旗帜、帆船、项链、路标……

4. 形态发散

以事物的形态，如形状、颜色、音响、味道、气味、明暗等为发散点，设想出利用某种形态的各种可能性。比如，尽可能多地想出利用红色可以干什么？答案可以有：红灯—禁止通行的交通信号、红旗、红墨水、红喜报、红皮鞋、红袖章、红领巾、消防车的红色车身、红十字标志、红星、红色印泥、红灯笼、红头绳、红指甲油、烫头、化妆、贴标签……

5. 组合发散

从某一事物出发，以此为发散点，尽可能多地设想与另一事物（或一些事情）联结成具有新价值（或附加值）的新事物的各种可能性。例如，尽可能多地说出钥匙圈可以和哪些东西组合在一起？答案可以有：可同小剪刀组合、可同指甲剪组合、可同图章组合、可同纪念章组合、可同微型手电筒组合、可同开汽水瓶扳手组合、可同开罐头的刀组合、可同微型圆珠笔组合、可同微型温度计组合、可同小工艺品组合……

思维链接

空中温泉

在日本大阪的南部，有一处著名的温泉，温泉周围是景色秀丽的青山翠谷。来这里观光旅游的客人既想要泡一泡温泉浴，又想坐缆车望一望峰峦美景。但是由于时间关系，有些人往往来不及一次完成这两项，只能两者选择其一，或者泡温泉，或者望山景，然后带着遗憾离开。

有田饭店将10个温泉澡池装在电缆车上，让它们在崇山峻岭中来回滑行。每个澡池可容纳2人，客人既能怡然自乐地泡在温泉里，又能把充满诗情画意的山谷景色尽收眼底，给人以飘飘欲仙的感觉。正因为如此，“空中温泉”引起了游客极大的兴趣，每天有1 000多人光顾。

6. 方法发散

以人们解决问题或制造物品的某种方法为发散点，设想利用该种方法的各种可能性。比如，尽可能多地说出用“吹”的方法可以干什么？答案可以有：吹气球、吹灰、吹疼痛的伤口、吹泡泡糖、吹去眼里的灰、吹塑料袋、吹玩具风车、吹口哨、吹口琴、吹喇叭、吹牛、吹胡子、吹暗器……

思维链接

求职青年

有个叫佛瑞迪的美国青年去求职。当他赶到报考地点时，已经有20位求职者排在前面了，他是第21位。怎样才能引起老板的特别注意而赢得唯一的职位呢？佛瑞迪沉思了一会儿，终于想出了一个好主意。他在一张纸片上写了几行字，请人交给了老板。老板看后哈哈大笑起来，并且走到他的面前亲切地拍了拍他的肩。

请你们想一想纸片上写的是什么字？纸片上写的是：先生，我排在队伍的第21位。在您看到我之前，请千万别忙着作出决定。

7. 因果发散

以某个事物发展的结果为发散点，推测造成该结果的各种原因；或以某个事物发展的起因为发散点，推测可能发生的各种结果。比如，尽可能多地说出造成玻璃杯破碎的原因。答案可以有：手没抓稳，掉在地上摔碎了；被某种东西敲碎了；冬天冲开水时爆裂了；杯里的水结冰胀裂了；撞到了坚硬的东西；被猫碰倒，掉在地上打碎了；被弹弓的子弹击碎；发怒攥碎；被火烧裂；被高音震碎；被牙齿咬碎；被水滴滴碎……

8. 关系发散

从某一事物出发，以此为发散点，尽可能多地想出其与其他事物之间的各种联系。例如，你有哪些身份？尽可能多地写出你与社会、与他人的关系。答案可以有：我是老师，我是电影院的观众，我是广播电台的听众，我是小王的邻居，我是百货商场的顾客，我是图书馆的读者，我是市民，我是党员，我是公园的游客，我是中国人，我是外国人，我是某某学校的校友，我是追梦人……

四、发散思维的形式

（一）横向思维

横向思维是相对于纵向思维而言的一种思维形式。纵向思维是按逻辑推理的方法，直上直下的收敛性思维。而横向思维是当纵向思维受挫时，从横向寻找问题答案。正像时间是一维的、空间是多维的一样，横向思维与纵向思维则代表了一维与多维的互补。最早提出横向思维概念的是英国学者德博诺，他创立横向思维概念的目的，是针对纵向思维的缺陷，提出与之互补的对立的思维方法。

横向思维有以下几种方式。

1. 横向移入

横向移入，就是把其他领域的好方法移到本领域来。

2. 横向移出

横向移出，就是把本领域的成功方法移到其他领域去。例如，法国细菌学家巴斯德发现酒变酸，肉汤变质都是细菌作怪。经过处理，消灭或隔离细菌，就可以防止酒、肉汤变质。李斯特把巴斯德的理论用于医学界，轻而易举地发明了外科手术消毒法，拯救了千百万人的性命。又如仿生技术等。

3. 横向转换

横向转换，就是不直接解决问题，而是转换成其他问题。比如，我们都知道的曹冲称象，他把测重问题转换成测船入水深度的问题。

思维链接

白兰地打入美国市场

法国的白兰地酒在国内和欧洲畅销不衰，但难以在美国市场大量销售。为占领巨大的美国市场，白兰地公司耗资数万专门调查美国人的饮酒习惯，制定出各种推销策略，但因促销手段单调，结果收效甚微。

这时有一位叫柯林斯的推销专家，向白兰地公司总经理提出了一个推销妙法。他建议，在美国总统艾森豪威尔67岁寿辰之际，向总统赠送白兰地酒，借机扩大白兰地酒在美国的影响，进而打开美国市场。

白兰地公司总经理采纳了这个建议。公司首先向美国国务卿呈上一份礼单，上面写道："尊敬的国务卿阁下，法国人民为了表示对美国总统的敬意，将在艾森豪威尔总统67

岁生日那天,赠送两桶窖藏67年的法国白兰地酒。请总统阁下接受我们的心意。”然后,他们把这一消息在法、美两国的报纸上连续登载。将向美国总统赠酒的新闻,成为美国千百万人街谈巷议的热门话题。大家都盼望着总统生日的到来,好一睹67年白兰地的风采。

1957年10月14日是美国总统艾森豪威尔的生日。法国人用专机将两桶白兰地酒运到华盛顿,身着宫廷卫侍服装的法国士兵雄姿抖擞、风度翩翩,他们护送那两桶经艺术家精心装饰、由壮士们抬着的白兰地酒,步行经过宽敞的华盛顿大街。一路上,数以万计的美国市民夹道观看,盛况空前,直往白宫。白宫前的草坪上更是热闹非凡。上午10时,4名英俊的法国青年,穿着雪白的王宫卫士礼服,驾着法国中世纪时期的典雅马车进入白宫广场,由法国艺术家精心设计的酒桶古色古香,似已发出阵阵美酒醇香。全场沸腾了,美国人唱起了“马赛曲”,欢声雷动,掌声轰鸣。

从此以后,争购白兰地酒的热潮在美国各地掀起。一时间,国家宴会、家庭餐桌上少不了白兰地酒。白兰地酒进军美国市场之后,白兰地公司的收益大幅度增加。白兰地公司总经理一再惊叹:“一本万利!一本万利!”

(二)逆向思维

从正面去寻找解决问题的方法和途径,这是常规的正向思维方法。如果从问题的反面去思考解决的方法和途径,就叫“逆向思维”,也叫反向思维。在学习、工作和生活中,我们经常会遇到从正面无法解决的问题,因而陷入思维的陷阱。如果能转换一下思维视角,“反其道而行之”,把事物的位置颠倒过来进行思考,从反面寻找出原因,往往会收到意想不到的效果。

因为客观世界上许多事物之间,甲能产生乙,乙也能产生甲。比如,化学能能产生电能。据此,意大利科学家伏特在1800年发明了伏打电池。反过来,电能也能产生化学能。所以,通过电解,英国化学家戴维1807年发现了钾、钠、钙、镁、锶、钡、硼等七种元素。

又如,说话声音高低能引起金属片相应的振动。相反,金属片的振动也可以引起声音高低的变化。爱迪生在对电话的改进中,发明制造了世界上第一台留声机。

那么,如何进行逆向思维呢?

1. 就事物依存的条件逆向思考

例如,小孩掉进水里。把人从水中救起,是使人脱离水。司马光救人是打破缸,使水脱离人,这就是逆向思维。又如,做钟表生意的都喜欢说自己的表准,而一个表厂却说他们的表不够准,每天会有1秒的误差。这样,非但没有失去顾客,反而更加得到大家的认可,踊跃购买。

思维链接

圆珠笔的发明

圆珠笔是匈牙利人拜罗在1938年发明的，但一直有漏油的缺点。为此，人们一直在寻找耐磨的笔珠材料，但进展不大。到1950年，日本发明家中田藤三郎运用逆向思维很快解决了问题。他通过研究发现，圆珠笔在写到2万个字时开始漏油。既然这样，如果把油墨控制到只能写1.5万字左右，不就可以解决漏油问题了吗？经过试验，很快获得了成功。

2. 就事物发展的过程逆向思考

比如，人爬楼梯是人走路，而坐电梯是路走、人不动。再如，不管螺丝怎么设计，正向拧不开的时候，反向必定拧得开。

思维链接

晶体管的革命

晶体管的发明曾引起了一场世界电子革命。这其中的逆向思维起了很大的作用。20世纪50年代，世界各国都在研究制造晶体管的原料锗。其中的关键问题是要将锗提炼得很纯。日本的专家江崎与助手在长期的探索中，不管怎样小心操作，总免不了混入一些杂质。每次测量其参数，都会发现显示不同的数据。有一次，他想：如果采用相反的操作法，有意地一点点添加进少许的杂质，结果会怎样呢？经实验，当将锗的纯度降到原来的一半时，一种极为优异的半导体就诞生了。

3. 就事物的位置逆向思考

例如，开展假如“我是某某”活动，站在对方的位置进行逆向思考。

思维链接

烟民的创新

有个教徒在祈祷时来了烟瘾，他问在场的神父，祈祷时可不可以抽香烟。神父回答“不行”。另一个教徒也想抽烟，但他换了一种问法，结果得到了神父的许可，你知道他是怎么问的吗？

他这样问神父：“在抽烟的时候可不可以祈祷？”神父回答：“当然可以。”同样是抽烟和祈祷，祈祷时要求抽烟，那似乎意味着对耶稣的不尊重；而抽烟时要求祈祷，则可以表示在休闲时也想着神的恩典，神父当然也就没有反对的理由了。

4. 就事物的结果逆向思考

一位青年画家请教大画家门采尔："我作一幅画只用一天的时间就够了，为什么卖掉它却要用上1年的时间？"门采尔反问道："你为什么不反过来试试？"

在传统的动物园内，无精打采的动物被关在笼子里让人参观。然而有人反过来想，把人关在活动的"笼子"里（汽车中），不是可以更真实地欣赏大自然中动物的面貌吗？于是野生动物园应运而生。

成功要诀

如何培养自己的发散性思维呢？就是要勤于实践，注意有意识地训练自己，使自己的思维异常活跃。每当遇到问题时，都养成多方位、多角度、多方法思维的良好品质。

任务三　收敛思维训练

思维热身

一位篮球运动员，只穿了一条内裤，戴了一块手表，在篮球场上练习打篮球。这时候有个人走过来，给了他20个鸡蛋，那个人把鸡蛋放在球场边就走了，而球场周围没有任何其他可以装鸡蛋的东西，也找不到任何可以帮忙的人，请问他怎么把鸡蛋带走？

上面这个思维热身，如何按照前面所训练的发散思维方法，你可以有很多天马行空的想法。但具体到某个问题，最终指向某个需要实现的目标时，这个想法是否可行？能否实现？那就要用到收敛思维的方法。

一、收敛思维概述

比如，现在有A、B、C、D、E、F六个人，他们在身高上有着如下五种关系：A比B高；C比D矮；B比D高；A比E矮；F比E高。问这六人中谁最高？谁最矮？

在这个问题里，"谁最高""谁最矮"就是思考的中心点。我们只要通过一步步地推理，即可找出答案。

围绕"谁最高"这个中心点，收敛思维的结果是F最高。

围绕“谁最矮”这个中心点，收敛思维的结果是C最矮。

这种思维方式我们把它称为收敛思维。

收敛思维又称集中思维或聚合思维，指人们为了解决某一问题，调动已有的知识、经验和条件去寻找唯一的答案。为了获得正确答案，要求每一思考步骤都指向这一答案。从不同的方面集中指向同一个目标去思考。其着眼点是由现有信息产生直接的、独有的、为已有信息和习俗所接受的最好结果。

思维链接

1只猫＝司令部?

第一次世界大战期间法德交战时，法军的一个司令部在前线构筑了一座极隐蔽的地下指挥部。

德军的侦察人员在观察战场时发现，每天早上八九点钟都有一只小猫，在法军阵地后方的一座土包上晒太阳。他们利用收敛思维判定那个掩蔽部一定是法军的高级指挥所。

德军的判断依据是：①这只猫不是野猫，野猫白天不出来，更不会在炮火隆隆的阵地上出没；②猫的栖身处就在土包附近，很可能是一个地下指挥部，因为周围没有人家；③根据仔细观察，这只猫是相当名贵的波斯品种，在打仗时还有兴趣玩这种猫的，绝不会是普通的下级军官。

随后，德军集中火力对那里实施猛烈袭击。事后查明，他们的判断完全正确，这个法军地下指挥所的人员全部阵亡。

西特诺猜是古泰国的一位机智人物，就像中国的阿凡提一样。

西特诺猜非常喜欢捉弄当时的大臣们。一次，西特诺猜对大臣说，他可以洞察他们的内心。

大臣们不信，就把西特诺猜拉到皇上面前打赌。每位大臣都要求西特诺猜说自己的想法。他们想，不管西特诺猜怎么说，我都可以否定他的说法。正当大臣们得意洋洋准备看西特诺猜出丑时，西特诺猜说：“你们的思想十分坚定，一生都会忠于皇上，永远不会背叛和造反。”

大臣们听了西特诺猜的话，只好同意他可以洞察他们的内心，纷纷表示认输。

据说，美国总统林肯上任后不久，有一次将6个幕僚召集在一起开会。林肯提出了一个重要法案，而幕僚们的看法并不统一，于是7个人便热烈地争论起来。林肯在仔细听取其他6个人的意见后，仍感到自己是正确的。在最后决策的时候，6个幕僚一致反对林肯的意见，但林肯仍固执己见。他说：“虽然只有我一个人赞成，但我仍要宣布，这个法案通过了。”

表面上看，林肯这种忽视多数人意见的做法似乎过于独断专行。其实，林肯已经仔细地了解了其他6个人的看法，并经过深思熟虑，认定自己的方案最为合理。

这一点，罗斯福与林肯很相似。罗斯福在执政期间，每当遇到重大的问题时，他便会把自己的一个助手叫来，告诉助手说：“请你独自研究一下这个秘密，要注意保密。”然后，他又分别叫来其他几个助手，对每个人都如此吩咐一番。最后，每个助手都把自己的研究结果呈报给他，罗斯福总统则对这些结果加以比较综合，再作出最终的决策。

这种把不同的思想综合归纳成一个思想的思维方式就是收敛思维法。例如，西特诺猜之所以赢了众大臣，就是因为他把所有大臣的相似之处总结出来了。收敛思维是有方向、有范围的，它具有封闭性、收敛性、集中性、严密性的特点。它主要是运用逻辑思维，在发散的基础上通过分析、比较、选择、判断，综合而得出结论。

二、收敛思维的特征

1. 封闭性

封闭性即思维应指向某一目标。如果说发散思维的思考方向，是以问题为原点指向四面八方的，具有开放性，那么，收敛思维则是把许多发散思维的结果，由四面八方集合起来，选择一个合理的答案，具有封闭性。

例如，有位医生看到儿子睡觉时眼珠有时转动，他感到奇怪，连忙叫醒儿子，儿子说你打断了我的梦。医生想：眼珠转动和做梦有什么联系呢？于是，他又观察了妻子和一些病人做梦时的变化，然后进行了归纳推理并得到结论，可以用表格来表示。（见表3-1）

表3-1 研究内容和影响因素对照表

有关因素	被研究内容
儿子、好动、做梦	有眼珠转动
妻子、好静、做梦	有眼珠转动
病人、瘫痪、做梦	有眼珠转动
结论：做梦是睡眠时眼珠转动的原因	

2. 连续性

连续性是指思维进行的方式步步推进，环环相扣。发散思维的过程，是从一个设想到另一个设想时，可以没有任何联系，是一种跳跃式的思维方式，具有间断性。收敛思维的进行方式则相反，是一环扣一环的，具有较强的连续性。

思维链接

科学家的思路

有一年,澳大利亚牧场上的羊群得了一种病:不停地叫、跳、打斗,最后衰弱不堪而死。澳大利亚科学家贝内茨决定寻找发病的原因。

有一天,他突然想到,这种病一定是神经系统的病。而金属铅会引起中枢神经系统的损害,羊是否吃了含铅的牧草才得病的呢?他给两批羊注射了氯化氨后,病羊的症状明显减轻。但给第三批羊注射后,没有任何效果,贝内茨百思不得其解,后来反思自己的判断:羊病是否还有别的什么原因?

经过思考,他想到缺乏某种元素也会引起疾病,如缺维生素B会引起脚气病;缺铁会引起贫血,羊是否是缺某种元素呢?如果是这样,那为什么第一、第二批羊注射氯化氨后,病羊的症状明显减轻,而第三批羊无效呢?他进一步想到,是否三批的针剂有差异,假设第一、第二批注射的氯化氨中,恰好有某种羊所需要的元素,第三批中没有这种元素,治好羊病是无意中的事。关键是要分析三次注射样品的相同和相异点。

经过仔细的分析,第一、第二批氯化氨中含有铜元素,而第三批没有铜元素,他初步断定羊病是缺铜造成的,经试验,羊病治愈了。

3. 可行性

可行性是指想出的办法或方案,对最后的产品形成是否可行、是否真正具有价值或是否值得这么做。发散思维所产生的众多设想或方案,一般来说,多数都是不成熟的,也是不切实际的,我们也不应对发散思维做这样的要求。对发散思维的结果,必须进行筛选,收敛思维就可以起到这种筛选作用。被选择出来的设想或方案,是按照实用的标准来决定的,应当是切实可行的。这样,收敛思维就表现了很强的可行性。

比如:“家里有老鼠怎么办?”

A:“买老鼠药、用老鼠夹、养猫、把老鼠洞堵上……”

B:“把房子拆了挖老鼠洞,把老鼠一网打尽。”

这里,A的可行性就比B好。

三、收敛思维和发散思维的关系

收敛思维与发散思维各有优缺点,在创新思维中相辅相成、互为补充。只有发散,没有收敛,必然导致混乱;只有收敛,没有发散,必然导致呆板僵化,抑制思维的创新。因此,创新思维一般是先发散而后收敛。

1. 思维指向不同

发散思维是“放”，是从一个问题中心向外发散，获得若干解决问题的思路；而收敛思维是“收”，是由若干解决问题的思路出发，指向问题的中心，最终获得问题的解决。

2. 两者作用不同

发散思维求“量”，其主要目的是求异、求多、求广，力求尽可能多地想出所有的可能；而收敛思维求“质”，其主要目的是求同、求精、求是，力求最终能创造性地解决问题。

3. 真实性差异

发散思维经常表现出不成熟、不切实际，必须经过收敛思维，对发散思维的结果进行层层筛选、去粗取精、去伪存真，从而取得思维结果的突破，最终求取最优解决方案。

所以说，两者既区别又联系、既对立又统一。一般来说，发散思维与收敛思维不应单独使用，应在发散思维的基础上运用收敛思维。进行发散思维的时候，不追求产生最优的结果，但应尽可能多地写出可能的方案，而收敛思维则须考虑到各个方案的经济性、可行性，确定最佳方案，并作出说明。

四、收敛思维训练的方法

1. 目标确定法

这个方法要求我们在思考问题时，要善于观察，发现事实和看法，并从中找出关键的现象，对其加以关注和定向思维。德波诺认为，这个方法就是要求“搜寻思维的某些现象和模式”，其要点是，确定搜寻目标（注意目标），进行观察并作出判断。我们能通过不断地训练，促进思维识别能力的提高。

在实际生活中，我们可以观察到，许多人在自学打字技术时，都只用两个指头打。这是因为，他们的根本目的不是要熟练地掌握打字技术，而是工作中需要打字。

例如，农业种植时，人们就发现种植豆类植物时，不仅不需要往土壤里施氮肥，而且还可使土壤增氮。如果在种过豆类植物的土地上种植其他农作物，还能提高作物的产量，为什么呢？经过仔细观察、分析、比较，得到以下结果：

各种豆类植物的根部有根瘤，不需施氮肥。

各种非豆类植物都没有根瘤，需要施氮肥。

比较上述两步所得的结果，豆类植物不需要施氮肥的原因是有根瘤。

2. 间接注意法

间接注意法，即用一种拐了弯的间接手段，去寻找“关键”技术或目标，达到另一个真正的目标。也就是说，要求你把东西分成类别，分类的过程导致另一个后果。对被分类的东西进行仔细考察，去评估每一种有关的价值，这才是使用间接注意法的真实意图。

思维链接

农夫分苹果

一个农夫叫懒惰的儿子把一堆苹果分为两种装进两个篓子里。一个篓子装大的，一个篓子装小的。傍晚，农夫回到家里，看见儿子已经把苹果分开装进了篓子，而且，鸟啄虫蛀的烂苹果也被挑出来堆在一边了。农夫谢过儿子，夸他干得漂亮。然后他取出一些口袋，把两个篓子里的大小苹果混装在一起。结果，大小苹果被胡乱搅和在一起，并没有分什么大小来分开装。

儿子气坏了，他认为父亲在耍花招，是想考考他，看看他是否愿意干活。反正父亲是要把苹果混在一起的，干嘛又要他把苹果分开呢？这是白费劲呀！

农夫告诉儿子说，这不是什么花招。原来他是要儿子检查每一个苹果，把烂苹果扔掉。两个篓子只不过是拐了一个弯的间接手段，它的目的是要儿子非常仔细地检查每一个苹果。如果它不拐个弯，而是直截了当地叫儿子把烂苹果甩掉，那么儿子就不会仔细检查每一个苹果。它就会急急忙忙地把苹果翻检一下，只找出那些一望而知已经坏透了的烂苹果，而不会去检查那些貌似完好其实已坏的烂苹果了。

3. 层层剥笋法

我们在思考问题时，最初认识的仅仅是问题的表面，也是很肤浅的东西。然后，我们通过层层分析，向问题的核心一步一步地逼近，抛弃那些非本质的、繁杂的特征，以便揭示出隐蔽在事物表面现象内的深层本质。

思维链接

他发现自己就是色盲症的患者

在一个圣诞节前夕，道尔顿给他的妈妈买了一双“棕灰色”的袜子作为圣诞节的礼物。当妈妈看到袜子时，感到袜子的颜色过于鲜艳，就对道尔顿说：“你买的这双樱桃红色的袜子，让我怎么穿呢？”道尔顿感到非常奇怪：袜子明明是棕灰色的，为什么妈妈说是樱桃红色的呢？

疑惑不解的道尔顿拿着袜子又去问弟弟和周围的人，除了弟弟与自己的看法相同以外，被问的其他人都说袜子是樱桃红色的。

道尔顿对这件小事没有轻易地放过。他经过认真地分析比较，发现他和弟弟的色觉与别人不同。原来，自己和弟弟都是色盲。道尔顿虽然不是生物学家和医学家，却成了第一个发现色盲的人，也是第一个被发现的色盲症患者。为此他写了篇论文《论色盲》，成为世界上第一个提出色盲问题的人。

后来，人们为了纪念他，又把色盲症称为道尔顿症。经科学家研究发现，人类的色觉，可以分为色觉正常和色觉障碍。根据三原色学说，可见光内任何颜色都是由红、绿、蓝三色组成的。在医学上，对能够辨认三原色的人，称为三色视，这种人的辨色能力完全正常。而对完全不能辨认某种颜色的人，称为色盲症患者。在色盲症患者中，如果有一种原色不能辨认，称为二色视，这种人主要表现为红色盲和绿色盲。如果三种原色都不能辨别，称为全色盲。如果某人对颜色的辨认能力比较低，称为色弱。在色弱患者中，也主要是红色弱和绿色弱，蓝色盲与蓝色弱很少见。所以，色盲障碍主要是先天性全色盲和先天性红绿色盲与色弱。

日本对大庆油田的推测

日本人曾利用我国报刊上公开报道的消息，综合分析出大庆油田的位置及炼油能力、设备等，而这些当初都是机密。日本人是怎样弄到这些具体情报的呢？

1966 年 7 月，《中国画报》刊登了王铁人的照片。日本人从王铁人头戴的皮帽子及周围的景象推断出，油田地处零下 30℃以下的东北地区，大致在哈尔滨和齐齐哈尔之间。他们又利用来中国的机会，测量运送原油火车上灰土的厚度，大体证实了油田和北京之间的距离。

1966 年 10 月，《人民中国》杂志刊登了介绍王铁人的文章，提到马家窑，并提到钻机是人推、肩扛到现场的，日本人据此推断离车站不远，并从地图上找到了这个地方，最后搞清了大庆油田的位置，其误差只有 10 千米左右。

日本人又从一篇报道王铁人 1959 年国庆节在天安门观礼的消息分析出，1959 年 9 月王铁人还在玉门，以后便消失了。这表明油田的开发时间自 1959 年 9 月起。

1966 年 7 月，日本人对《中国画报》上刊登的一张炼油厂照片进行研究。照片上没有尺寸，但有一个扶手栏杆。按常规，扶手栏杆高 1 米左右，按比例推算出炼油塔的内径、炼油能力并估算出年产量，最后又综合分析出我国政府有购买炼油设备的需求，得到了重要的有关大庆油田的商业机密情报。这样，在其他国家还没有准备的情况下，日本就事先准备好了销售炼油成套设备的详细清单，在同我国的交易谈判中，比其他国家捷足先登，一举谈判成功。

4. 聚焦法

聚焦法，就是人们常说的"沉思、再思、三思"，是指在思考问题时，有意识、有目的地将思维过程停顿下来，并将前后思维领域浓缩和聚拢起来，以便帮助我们更有效地审视和判断某一事件、某一问题、某一片段信息。

由于聚焦法带有强制性指令色彩，因而它对人们的思维可产生双重作用：其一，可通过反复训练，培养我们的定向、定点思维的习惯，形成思维的纵向深度和强大穿透力，犹如用放大镜把太阳光持续地聚焦在某一点上，就可以形成高热。其二，由于经常对某一片段信息、某一件事、某一问题进行有意识的聚焦思维，自然会积淀起对这些信息、事件、问题的强大透视力、溶解力，以便最后顺利解决问题。使用聚焦法，首先，要研究问题是如何存在的，以加宽注意的广度及想出较多的解决方法；然后，试着区分问题的叙述，以决定是否把精神集中于一个更特定的层面上。其要点是，在思维的特定指向上积累一定量的努力，最终达到质的飞跃。

例如，1781 年发现天王星后，人们注意到它的位置总和万有引力定律的计算不符。分析原因，已知天王星在轨道运行时有各种偏差 a、b、c、d，已知行星 A、B、C 的引力是天王星发生 a、b、c 偏斜的原因，只有发生 d 偏斜的原因不知道。天文学家于是就认为，d 偏斜的原因是受另外一颗还未发现的新行星 D 的引力所影响。果然，柏林天文台于 1846 年 9 月 23 日晚，观测到了那颗新星，并命名为海王星。

托斯卡尼尼 80 岁时，他儿子问这位举世闻名的指挥家，一生中最重要的成就是什么？他回答说："我此刻正在做的事，就是我一生中最大的事，不管是在指挥交响乐团还是在剥桔子。"

他的成功和其他著名运动员、商人、艺术家、作家和科学家的成功一样，都是能够集中精力做事的结果，事实上集中精力解决问题的能力，也是决定成败的重要因素。

隐形飞机的制造是一种多目标聚焦的结果。要制造一种使敌方的雷达探测不到，红外及热辐射仪等追踪不到的飞机，这就需要分别做到雷达隐身、红外隐身、可见光隐身、声波隐身等四个目标，每个目标中还有许多具体的小目标，通过具体地解决一个个小目标、分目标，最终制造出隐形飞机。

下述方法，有利于我们进行收敛思维：

第一步，将发散思维中产生的想法，用卡片写下来，每张卡片上写一个。

第二步，分析每张卡片，将内容相关、内有联系比较紧密的卡片放到一起。

第三步，仔细思考内容相似的卡片的内在联系，将形成的新的思想材料，写成卡片，追加上去。

第四步，反复整理卡片，进行各种不同的排列。

第五步，不断地调整，不断地思考，我们的思想就会从发散思维时的不同方向，逐渐指向一个方向，进而指向一个中心点，直到我们满意为止。

任务四　质疑思维训练

思维热身

有一个关于著名的智者纳斯列金如何帮人讨债的故事。故事说，一个商人向纳斯列金的朋友哈桑借了2 000元金币，并曾写下了借据。可是在还钱的期限快到了的时候，哈桑却突然发现，自己保存的那张商人出具的借据丢失了。这使他焦急万分，寝食不安。他知道，丢失了借据，向他借钱的这个商人是不会认账的。他该怎么办呢？

不少人在发展过程中，遇到问题总是躲避，或者困在其中无法脱身。但一流的创新者，不但不会惧怕问题，反而会将问题当作最好的创新导师。

一、质疑思维概述

所谓质疑思维，是指创新主体在原有事物的条件下，通过“为什么”(可否或假设)的提问，综合运用多种思维，改变原有条件而产生的新事物、新观念、新方案的思考方式。也就是说，质疑思维方法是在原有事物的基础上进行的“假设性”的提问，所以这种方法又称设问法。

苏格拉底曾经说过：问题是接生婆，它能帮助新思想的诞生。而巴甫洛夫也曾经说过：质疑思维，是创新的前提，是探索的动力。质疑是创新的起点，一切科学发现都是从疑问开始的。如果没有质疑，哥伦布发现不了新大陆，如果没有质疑，牛顿发现不了万有引力。古人也有“尽信书不如无书”的说法。质疑思维对创新思维的重要程度由此可见一斑。

思维链接

用“为什么”来探究“路径依赖”

现代铁路两条铁轨之间的标准距离是四英尺又八点五英寸。原来，早期的铁路是由建电车的人所设计的，而四英尺又八点五英寸正是电车所用的轮距标准。那么，电车的标准又是从哪里来的呢？

最先造电车的人以前是造马车的，所以电车的标准是沿用马车的轮距标准。马车又为什么要用这个轮距标准呢？

英国马路辙迹的宽度是四英尺又八点五英寸，所以，如果马车用其他轮距，它的轮子很快会在英国的老路上撞坏。那这些辙迹又是从何而来的呢？

从古罗马人那里来的。因为整个欧洲，包括英国的长途老路，都是由罗马人为它的军队所铺设的，而四英尺又八点五英寸正是罗马战车的宽度。任何其他轮宽的战车在这些路上行驶的话，轮子的寿命都不会很长。可以再问，罗马人为什么以四英尺又八点五英寸为战车的轮距宽度呢？

原因很简单，这是牵引一辆战车的两匹马屁股的宽度。故事到此还没有结束。美国航天飞机燃料箱的两旁有两个火箭推进器，因为这些推进器造好之后要用火车运送，路上又要通过一些隧道，而这些隧道的宽度只比火车轨道宽一点，因此，火箭助推器的宽度是由铁轨的宽度所决定的。

所以，最后的结论是：路径依赖导致了美国航天飞机火箭助推器的宽度竟然是2 000年前便由两匹马屁股的宽度所决定的。

二、质疑思维的特征

1. 疑问性

质疑思维的核心特征是疑问性。它充分体现在问“为什么”上。这是探索问题的切入点、入口处，表达了一种开发、开掘的欲望，是发现问题、提出问题的钥匙。

2. 探索性

质疑思维最活跃的特征是探索性。它充分体现在思考、解决问题的过程中，穷追不舍、不达目的不罢休的探索精神，直到得到正确答案为止。有时候，能够提出一个问题，有时比解决这个问题本身意义还重大。

费马大定理又称“费马最后的定理”，由17世纪法国数学家皮耶·德·费马提出。它断言当整数 $n>2$ 时，关于 x, y, z 的方程 $x^n+y^n=z^n$ 没有正整数解。

德国佛尔夫斯克曾宣布以10万马克作为奖金，奖给在他逝世后100年内，第一个证明该定理的人。这吸引了不少人尝试并递交他们的“证明”。

费马大定理被提出后，经历多人猜想辩证，历经300多年的历史，最终在1995年被英国数学家安德鲁·怀尔斯彻底证明。

值得欣喜的是，300多年里，在解决这道数学难题的过程中，创造了不少新颖的数学方法。库默尔创建了理想数论；西德乌珀塔尔大学29岁的数学讲师伐尔廷斯完成了“莫德尔猜想”的证明，推动了数论的研究……

1900 年，大数学家希尔伯特在巴黎召开的国际数学家会议上作报告时，曾把费马大定理作为一个典型例子，来说明探索一个难题的解决，常常使人闯入新的领域中去。他满怀深情地说：“……不要杀掉这只经常能为我们生出金蛋来的母鸡。”

思维链接

爱迪生是如何发现痛风症新疗法的？

爱迪生一生发明的东西有 1 600 多种。如果没有爱迪生的发明，人类的文明史至少要往后推迟 200 年。爱迪生会对常人熟视无睹的问题提出许多个“为什么”。

有一天，他在路上遇到一位朋友，看见他手指关节肿了，便问：

“为什么会肿呢？”

“我不知道确切的原因是什么。”

“为什么你不知道呢？医生知道吗？”

“唉！去了很多医院，每个医生的说法都不一样，不过多半的医生认为是痛风症。”

“什么是痛风症呢？”

“他们告诉我是尿酸淤积在骨节里。”

“既然如此，医生为什么不从你骨节里取出尿酸呢？”

“医生不知道如何取法。”病者回答。

“为什么他们不知道如何取法呢？”爱迪生生气地问道。

“医生说，因为尿酸是不能溶解的。”

“我不相信。”爱迪生说。

爱迪生回到实验室里，立刻开始做尿酸到底是否溶解的实验……

3. 求实性

质疑思维最宝贵的特征是求实性。质疑思维的结果、目的完全在于它的求实性，也包括它的求真性、完整性、价值性和规律性。质疑是人们的天性，是孕育探索未知世界的摇篮。比如，我们经常听到一句话——天下乌鸦一般黑！为什么一般黑？没有别的颜色吗？我们通过观察查证，确实发现有白色的乌鸦。

大千世界纷繁复杂，大到天文宇宙，小到粒子微观，新的问题、新的方法、新的观点和新的流派层出不穷，但是人的生活空间却是有限或单一的。两者的巨大反差造成了人类认知世界的大片盲区，人们对某些问题的怀疑实属正常现象，人类社会的文明正是在不断质疑—求知—获解的过程中积淀起来的。

思维链接

茶碗在碟子里滑动

英国著名物理学家、诺贝尔物理学奖获得者瑞利,从小对生活就具有相当仔细的观察能力,并勤于思考,善于从中发现有价值的东西。

瑞利小的时候,有一天家里来客人。母亲给客人端茶的时候,手颤抖了一下,光滑的茶碗在碟子里滑了一下,差点掉到地上,茶也溢了些出来。瑞利是个懂礼貌的孩子,这一切他都看在眼里,但是他没有上前去帮妈妈招待客人。原来,他的注意力全集中在妈妈手中的碗碟上了。他很好奇,为什么起初茶碗容易滑动,而在洒过热茶的碟子上,茶碗就不容易滑动了呢?

"太有趣了!我一定要弄清楚这是为什么!"瑞利来到厨房里,反复地用茶碗和碟子实验起来。他还找来玻璃瓶,放在玻璃板上进行实验,看看当玻璃板倾斜时瓶子滑动的情况,然后他又在玻璃板上洒上水,对比看跟没洒水时有什么不同。

后来,瑞利终于发现,茶碗和碟子表面总有一些油腻,油腻减小了它们之间的摩擦力,因而容易滑动。当洒上热茶后,油腻就溶解散失了,碗也就不容易滑动了。瑞利长大后,进一步研究油在固体物摩擦中的作用,提出了用润滑油减少摩擦力的理论。现在,他的这个理论已经运用到生活中的每一处,只要有机器转动的地方,几乎都少不了润滑油。

三、质疑思维的形式

一般来说,质疑思维有以下几种形式。

1. 起疑思维

起疑思维是指把"为什么"作为关键词,置换为疑问句作起始点,探究事物的起因和本质属性的思维过程。例如,为什么会这样呢?事情难道真是这样的吗?这究竟是怎么一回事?

上面的思维热身中,智者经过这样的思维过程,想出了办法。纳斯列金对哈桑说:"你不要急,我给你一个办法。你赶快给这个商人写一封信去,你在信上对他说,还款的日期快到了,叫他快准备好向你借的 2 500 元金币,到时候一定要送来还你。并要他立即回你一封信,说明是否能保证按期还钱。"

哈桑听了迷惑不解:我丢了借据,要这个商人还借给我的那 2 000 元都成了问题,怎么还能向他要 2 500 元金币呢?尽管哈桑想不通纳斯列金为什么竟向他出这样的主意,但还是照办了。最后那位商人乖乖地按期偿还了借哈桑的 2 000 元金币。因为在他给哈桑的回信中,明确写明了他只欠他 2 000 金币而不是 2 500 元金币。

思维链接

“吃”出专利

日本的他田菊博士在一次吃饭时，喝了一口汤，觉得异常美味。他很好奇，疑心夫人一定加了什么调味品。夫人告诉他，汤里除了海带，没有加其他调料。这引起了他田菊的好奇心。他认为如此美味的汤，一定是海带的某种成分所致。于是他开始分析化验海带的成分，提炼出一种叫谷氨酸的物质，也就是味精的主要成分。

他立刻写好了化验报告，并申请了专利，开办了味精厂。

2. 提问思维

提问思维又称设问思维，是指在思考、发现和处理问题时，通过对现在、过去的事情提出疑问来寻求准确的答案、观念、理论的一种思维方式。

思维链接

聋哑也能成神童

周婷婷生于1980年6月29日，迎接她的是有形无声的“半个世界”。五光十色、绚丽多彩的世界却死一般地沉寂。婷婷的耳聋是先天性的，一岁半时因发烧打了一针庆大霉素，犹如雪上加霜，导致双耳全聋。

当时父亲站在女儿的背后，无论怎么大声呼喊：“婷婷！婷婷！”喉咙喊哑了，双手拍红了，她都没有任何反应。为了治疗，父亲背着女儿到处寻医问药，都说是不治之症。

“有什么办法可以治疗？”父亲想从一缕温暖的阳光中得到一丝安慰。“没有办法。”医生斩钉截铁地回答，黑暗吞没了一丝光亮。“针灸行不行？”父亲不想放弃。“只会增加无谓的痛苦。”“我女儿的出路在哪里？”“双耳全聋的孩子在全世界都属康复禁区，她今后唯一的出路只能是上聋哑学校！”父亲感到最后一道防线彻底崩溃了，天昏地暗。医生的讲话像一把无情的利剑，把这个年轻的家逼到绝望的悬崖边。

没有灵魂支撑的天空寂静无声，失望锉平了父亲敏锐的心灵，在上苍面前父亲低下了头。由于做父母的屈服于命运的安排，女儿3岁前的时光是在孤独和泪水中泡大的。

人生之苦，莫过于看不到一丝希望。无尽的苦难把婷婷妈妈的身体也拖垮了，长期病倒在床上。于是，异常沉重的担子压在父亲一个人肩上，精疲力竭的父亲在苦苦寻找着精神支柱。

就在他们走投无路、山穷水尽之际，中央电视台播放了一部日本电视连续剧《血疑》。剧中，幸子因患不治之症离开人世，但她不是痛苦而是含笑离开了人间，圆满地走完了人生之路。她的父亲大岛茂坚强而勇敢地面对考验，对女儿付出了无尽的父爱。只要有百分之一的希望，就要付出百分之百的努力。幸子的父亲大岛茂付出了感天动地的爱。

父亲抱着双耳全聋的女儿，边看边流泪，渐渐地感觉到有一股力量在涌动、在凝聚、在升腾。

女儿虽然失去了听力，可父亲珍惜女儿的生命，生命是最可贵的、最美好的，世上还有什么比生命和爱更宝贵的吗？父亲发誓要用自己沸腾的父爱，为婷婷打开有声世界的路！即使不能成功，女儿长大后也不会抱怨这个为她历经磨难的老爸。

从此，父亲带着双耳全聋的女儿，走上了一条与命运抗争的路，一条充满希望但不平坦的路，一条没有捷径的路。路很长很长……

终于，女儿恢复了一点听力。与正常孩子相比，微不足道，而且这点听力无法持续，过段时间又逐渐消退。但在5年的针灸过程中，有心栽花花不开，无心插柳柳成荫。耳朵虽未治好，无意中却让父亲找到一个教育宝藏，女儿从此踏上了一条为她铺设的教育之路！

周婷婷在轻松地飞翔，拥抱蓝天，拥抱着欢乐的童年。6岁认识了2 000多个汉字，进普通小学，并跳了两级；8岁背诵了圆周率小数点后1 000位，打破了当时吉尼斯世界纪录；11岁被评为全国十佳少先队员；16岁成了中国第一位聋人少年大学生，在人民大会堂7 000人的表彰会上作了精彩的发言，引起了轰动，受到江总书记的亲切接见和高度评价；21岁被评为首届海内外最有影响力的时代人物，同年留学美国；24岁同时被哥伦比亚大学和波士顿大学录取为博士生。

周婷婷创造了一个又一个奇迹。

3. 追问思维

追问思维就是由第一个“为什么”所引出的问题，再提问并一直追问下去，直到找出其产生问题的根源，解决问题的思维过程。

在日本丰田汽车公司，曾经流行一种管理方法，叫作“追问到底”。就是说，对公司新近发生的每一件事，都采用追问到底的态度，以便找出最终的原因。一旦找到了最终原因，那么对于一连串的问题也就有了深刻的认识。

比如，公司的某台机器突然停了，那就沿着这条线索进行一系列的追问。

问：“机器为什么不转了？”

答：“因为保险丝断了。”

问：“为什么保险丝会断？”

答：“因为超负荷而造成电流太大。”

问:"为什么会超负荷?"

答:"因为轴承枯涩不够润滑。"

问:"为什么轴承枯涩不够润滑?"

答:"因为油泵吸不上来润滑油。"

问:"为什么油泵吸不上来润滑油?"

答:"因为抽油泵产生了严重磨损。"

问:"为什么油泵会产生严重磨损?"

答:"因为油泵未装过滤器而使铁屑混入。"

追问到此,最终的原因就算找到了。给油泵装上过滤器,再换上保险丝,机器就正常运行了。如果不进行这一番追问,只是简单地换上一根保险丝,机器照样立即转动,但用不了多久,机器又会停下来,因为最终原因没有找到。

4. 目标导向思维

目标导向思维,就是通过"模糊性"的"为什么",围绕着目标而产生的独特、新颖、有价值和高效的创新方法,最终达到最佳目标的思维过程。

思维链接

王元泽的回答

在明人冯梦龙的《古今谭概》中有一则题为"王元泽"的故事:

王安石的儿子王元泽年幼时,有个客人送给他们家一头小獐和一头小鹿,同关在一个笼子里。客人问王元泽:

"你知道哪只是獐,哪只是鹿吗?"

王元泽从未见过鹿和獐,沉思良久,答道:"獐边上的是鹿,鹿边上的是獐。"客人们对王元泽的机智答复大为吃惊。

谁的字更好?

在南朝时,齐高帝曾与当时的书法家王僧虔一起研习书法。有一次,高帝突然问王僧虔说:"你和我谁的字更好?"这问题比较难回答,说高帝的字比自己的好,是违心之言;说高帝的字不如自己,又会使高帝的面子搁不住,弄不好还会将君臣之间的关系弄得很糟糕。

王僧虔的回答很巧妙:"我的字臣中最好,您的字君中最好。"皇帝就那么几个,而臣子却不计其数,王僧虔的言外之意是很清楚的。高帝领悟了其中的言外之意,哈哈一笑,也就作罢,不再提这事了。

任务五 联想思维训练

思维热身

总经理办公室里，一位中年男人在办公桌前对着镜框里的年轻女孩儿流下了眼泪，请你联想一下，中年男人与这个女孩儿是什么关系？

一、联想思维概述

人几乎每天都在联想。比如，当你某一天在路上遇到你的大学老师时，你就可能联想到他过去讲课时的情景，甚至联想到他曾经对你说过的一句话。你甚至可能在不经意间看到一样东西，就会联想到另外一样东西。

联想就是由所感知的事物、概念和现象的刺激，而想到其他事物、概念和现象的心理过程。当你看到一件事物时，你的大脑就像搜索引擎一样，自动根据你的经历和经验，搜索和看到的事物相关的信息并推送到你眼前。

思维链接

可口可乐玻璃瓶的设计

路透，是美国某玻璃厂的一名普通工人，负责生产玻璃瓶。显然，如果他只满足于当一名按图纸、按程序制作玻璃的工人，即使他每天24小时不吃不喝玩命地干，至死也不可能富起来。但他却成了亿万富翁，不是靠别的，而是靠他的联想意识。

1923年的一天，久别的女朋友来看他。这天她穿着流行的紧腿裙，美极了。这种裙子在膝部附近变窄了，强调了人体的线条美。约会归来后，路透突发奇想：为什么不将又笨又重的可口可乐瓶，设计成这种紧腿裙的式样呢？于是，他迅速按照裙子的样式，制作了一个瓶子的样品，然后作为图案设计进行了专利登记，并将此瓶子设计带到了可口可乐公司。公司看了大为赞赏，当即与路透签订了一份合同，答应每12打(1打12支)付给他5美分。这就是可口可乐饮料现在所用的瓶样。目前已经生产了760亿只。这样，路透所得的金额，据说约值18亿美元之巨。

所谓联想思维，是指人们在头脑中，将一种事物的形象与另一种事物的形象联想起来，探索它们之间共同的或类似的规律，从而解决问题的思维方法。

思维链接

充气雨衣的发明

有位小学生放学回家正值大雨倾盆。这位小学生虽然身着雨衣，但是雨衣贴着裤腿，雨水顺着雨衣灌满了两只雨鞋。"有没有办法让雨衣不贴身呢?"这个问题一直在他脑中盘旋。

有一次，他和父亲一同去观看文艺演出，舞台上的演员在跳舞旋转时，长裙的下摆像雨伞一样徐徐张开了。立刻在他的头脑中闪现出了使雨衣不贴裤腿的灵感："对啊！如果雨衣也能像裙子那样张开，问题不就解决了吗？可是走路又不能旋转，这怎么办?"

回到家，他眼前还是旋转的长裙，目光却落到了一个塑料救生圈上，终于灵感又一次帮助他解决了难题。他将雨衣下边做成一个救生圈，穿的时候吹足气，不就不贴在身上了吗？

"充气雨衣"诞生了，他因此获得了第一届全国青少年科学创造发明比赛一等奖。

上面这个案例中，由张开的长裙下摆想到不贴身雨衣，是由眼前感知的事物想到了一个现实中还没有的新事物。这一过程不是曾有经历的简单重现，而是通过分析、综合、比较、抽象、概括等一系列思维活动，认识了一个事物的关键或两种不同事物的共同属性，从而产生出新的信息的过程，就是联想思维。所以，它的作用是使两个看上去不相关联的事物建立联系，从而产生创新设想和成果。很多新发明都是这种思维活动的结果。

思维链接

子母扣的发明

美斯托拉是瑞士人。有一次，他上山打猎回到家里，发现自己的裤子上粘了很多草籽。过去，他也多次碰到这种事情，总是一拍了之。

然而，这次他却自言自语道："这草籽为什么会粘到裤子上，而没有粘到鞋子上呢?"于是，美斯托拉在好奇心的驱使下，拿出放大镜仔细观察起来。

原来，这种草籽上长满了像钩一样的刺，而他所穿的裤子上又有绒毛的纺织环，"啊，原来如此！难怪它们难分难解呀。"

美斯托拉灵机一动，能不能人工造出一边是钩形刺，一边是纺织环的东西呢？他马上动手做了起来，果然，他成功了，两条带子粘在一起很牢固。不久，这种被称为"魔术带”的新鲜玩意儿很快被人们接受，慢慢地就演变成今天人们常见的尼龙子母扣。

二、联想思维的特征

1. 目的性和方向性

目的性和方向性是指联想思维是从一定的思考对象出发，有目的、有方向地想到其他事物，以扩大或加强对思考对象某方面本质和规律的认识或解决某一问题。

2. 形象性和概括性

联想思维基本的操作单元是表象，是一幅幅画。它又是从整体上把握表象画面，而不是顾及细节如何的思维操作活动。例如由裙子下摆想到不贴身的雨衣，由蜡烛想到奉献，等等。这里每一组联想、每一幅画面都不是某个具体的形象，而仅仅是带有事物一般特征的形象，具有一定概括的特性。

三、联想思维的类型

1. 相似联想

相似联想就是由某一事物或现象，想到与它相似的其他事物或现象，进而产生某种新设想。这种相似，可以是事物的形状、结构、功能、性质等某一方面或某几个方面。

比如，由语文书想到数学书；由铅笔想到钢笔；由小孩用石块在跷跷板一端摩擦，另一端可以听到声音，联想到给病人听胸腔内的心脏、肺呼吸的声音。

思维链接

细胞吞噬理论的诞生

俄国著名生理学家柏契尼科夫一天仔细观察“海盘车”的透明幼虫，并把几根蔷薇刺向一堆幼虫扔去，结果那些幼虫马上把蔷薇刺包围起来，一个个地加以“吞噬”，这是以往从未发现过的现象。

柏契尼科夫联想到自己在挑除扎进手指中的刺尖时看到过的情境。刺尖断留在肌肉里一时取不出来，而过上几天，刺尖却奇迹般地在肌肉里消失了。这刺尖突然消失的现象，一直是他心中的一个谜。

现在他领悟到，这是由于当刺扎进手指时，白细胞就会把它包围起来，然后把它吞噬掉。“细胞的吞噬作用”这一重要理论就这样诞生了。

它告诉我们，在高等动物和人体内部都存在着细胞吞噬现象，这种现象发生在炎症的过程中能起到保护机体的作用。

2. 接近联想

接近联想是根据事物之间在空间或时间上的彼此接近进行联想，进而产生某种新设想的思维方式。

比如，由闪电联想到雷鸣、联想到下雨、联想到滴答声。

思维链接

月球仪的诞生

在荷兰的一个小镇上，住着一位名叫阿·布鲁特的退休老人。他和不少退休老人一样，每天都是以看电视来消磨时间。

有一天，电视里播放有关月球探险的节目。在电视屏幕上，主持人煞有介事地将月球的地图摊开，并口若悬河地加以讲解。布鲁特老人心想："看这种月球平面图，效果不好。月球和地球都是圆的，既然有地球仪，同样也可以有月球仪。地球仪有人买，月球仪肯定也会有人买。"

于是，老人开始倾注全部精力制造月球仪。当第一批月球仪做好以后，老人就在电视和报纸上刊登广告。果然不出他所料，世界各地的订单源源不断地飞来。从此，他每年靠制造月球仪就可赚一千四百多万英镑。

3. 对比联想

对比联想是根据事物之间存在着的互不相同或彼此相反的情况进行联想，从而引发出某种新设想的思维方式。

比如，由黑想到白，由书写想到擦拭，由温暖想到寒冷，由黑暗想到光明，由好看的玩具想到丑陋的玩具等。

思维链接

俊俏玩具与丑陋玩具

一天，美国艾士隆公司董事长波西奈在乡村散步时，忽然发现有几个小孩子在玩一只奇丑无比的昆虫，他们玩得是那样专心致志，爱不释手。

并不美丽的东西，小孩子也喜欢玩？假如生产一些"丑陋玩具"，孩子们会不会喜欢呢？波西奈大脑中涌现出前所未有的灵感。

他马上和公司的开发设计人员进行了研究，决定设计诸如"疯球""丑八怪"之类的玩具。

"疯球"是一串印着许多丑陋古怪的面孔的小球儿；橡皮制作的"丑八怪"则长着绿色

的皮肤、枯黄的头发、布满血丝的突起的眼球，一眨眼就发出刺耳怪异的叫声。

连波西奈自己也没想到，“丑陋玩具”一上市就格外走俏，价格迅速上升，直到超过了“漂亮玩具”。而且“丑陋玩具”在儿童中很快风行，大街小巷的孩子们手里随处可见“疯球”和“丑八怪”的身影。这类玩具不仅孩子们喜欢，甚至成了许多成人的宠物。

4. 连锁联想

连锁联想是根据事物之间这样或那样的联系，一环紧扣一环地进行联想，从而引发出新的设想。

思维链接

“履中备载”

19世纪的北京，有个鞋店店主叫赵廷。赵廷为了能够大批而且长期地招揽顾客，想出了一个办法：把来店里做鞋的文武官员所穿鞋的长短、宽窄、式样、特殊要求等，一一地详细记录下来，并且分类汇集成册。这就是所谓的“履中备载”。

赵廷想，有了这个，以后官员再做鞋，就可以只派人来店说明要求，而不必再亲自登门量尺码了。同时，他想这样一来，凡是曾来店里做过鞋的官员，不就都成为长期主顾了吗？

他还进一步想到：这样做，还可以为那些想定做朝靴，去巴结上司的人提供方便。他们只要到店里来查查“履中备载”就行了。采取“履中备载”这样的做法，显然大大有利于扩大顾客队伍，有利于鞋店日后经营业务的不断发展壮大。

案例中，赵廷通过记录客户的穿鞋信息，想到不用亲自来即可做鞋，发展了大量的长期客户。又进一步联想到，肯定有很多人要巴结官员，而自己可以为他们送礼提供方便，这样就进一步拓展了客户数量。

5. 飞跃联想

飞跃联想是在看上去没有任何联系，或相距甚远的事物之间形成联想，以引发出某种新的设想。

思维链接

煤油与野花

早些年，人们对用煤油代替汽油在内燃机中使用一直持怀疑态度，因为煤油不像汽油那么容易汽化。

后来，有个人看到一种红色叶子的野花，能够在早春季节的雪地里开放。由此，他进行了大跨度的联想：因为煤油吸收热量比汽油慢，所以，煤油不像汽油那样容易汽化。野花能依靠红叶子在微寒的早春雪地里快速地吸收热量而存活，如果把煤油染上红色，也许也会像红叶那样更快地吸收热量。经过试验之后，结果正如他所料，煤油汽化的难题解决了。这样，煤油就可以同汽油一样在内燃机中使了。

从现象上来看，煤油与野花没有任何联系，但是通过飞跃联想把它们联系起来，却取得了意想不到的成果。

6. 因果联想

因果联想是对具有因果关系的事物所形成的联想。例如，由海水污染联想到海洋生物的死亡，由空气污染联想到全球变暖。

思维链接

"劳力士"手表广告

"劳力士"手表是瑞士生产的一种高档名表，专供富有上层人士佩戴。厂家选择了全世界公认的最优秀的登山健将莱因霍尔德·梅斯纳来做广告。1978 年，梅斯纳令人难以置信地不用氧气瓶登上了海拔 8 848 米的世界最高峰——珠穆朗玛峰。

莱因霍尔德·梅斯纳在广告中向世界宣称：我可以不带氧气筒，但我决不会不戴我的劳力士去登山。登山者不带上一块可以信赖的、走时准确的手表，简直是不可思议的。

莱因霍尔德·梅斯纳曾成功地登上 6 座海拔 8 000 米以上的山峰，选用他为劳力士手表做广告，可以令人信赖地展示劳力士手表的优良性能。

四、联想思维的方法

1. 类比法

类比法是把陌生的对象与熟悉的对象、把未知的东西与已知的东西进行比较，从中获得启发而解决问题的方法。它的原理是根据对某一对象的成分、结构、功能、性质等方面特性的认识，推导出当前要解决问题的可能性的设想。

它在实施的时候可以进行直接类比，根据原型的启发，直接将一类事物的现象或规律用到另一类事物上。例如，古埃及人曾用不断转动的链条运送水桶以灌溉农田，1783 年，英国人埃文斯运用类比法将该方法用于磨坊以传送谷粒。

再如，美国一家制糖公司，每次向南美洲运方糖，都因方糖受潮而遭受巨大损失。结果有人考虑，既然方糖用蜡密封还会受潮，不如用小针戳一个小孔使之通风，经试验，果然取得了意想不到的好效果。他申请了专利，据媒体报道，该专利的转让费高达100万美元。

在实施的时候，也可以进行仿生类比，类比生物结构、功能或原理而产生新成果。例如，根据鱼类、鸟类的身体形状的流体力学特性，研制出各种各样的船舶和空间飞行物；根据蛋壳、乌龟壳、贝壳等弯曲表面，发明了建筑物上的薄壳结构；狗鼻子灵敏度高，能嗅出200万种物质和不同浓度的气味，嗅觉比人灵敏10 000倍，据此研制出的“电子警犬”，其灵敏度可达到狗的1 000倍等。

还可以进行对称类比，利用对称关系进行类比而产生新成果。例如，根据常见的女性化妆品进行类比联想，发明出专门针对男性消费者的男性化妆品。

2. 移植法

移植法是把某一事物的原理、结构、方法、材料等转到当前研究对象中，从而产生新成果的方法。它的原理是把已经成熟的技术转移到新的领域，用来解决新问题。

它在实施时可以根据原理进行移植，将某种科学技术原理转移到新的研究领域。例如，电子语音合成技术最初用到贺年卡上，随后，我国台湾地区的一位业余发明家将其移植到汽车倒车提示器上。后来，有人把它移植到公交车辆上报站名，导致了无人售票车的出现。后来，又有人把它移植到玩具上。我国东北的一位大学生，把它移植到了婴儿的尿布上等。

它也可以根据结构进行移植，将某事物的结构形式和结构特征转用到另一事物上，以产生新的事物。例如，拉链除了用在衣服、裤子、鞋子、被子等方面外，许多人将其移植到新的领域。某公司为一个有口蹄疫的地区的羊群做了成百上千双“短筒拉链靴”，以防止这种传染病的蔓延。美国的ATROX医疗公司，已正式将拉链移植到外科手术，完全取代用线缝合的传统技术。

它还可以根据方法进行移植，将新方法转用到新的情景中，以产生新的成果。例如，由荷兰著名的“小人国”移植到国内，变成“世界公园”。

它还可以根据材料进行移植，将材料转用到新的载体上，以产生新的成果。例如，纸造房屋、塑料坦克、夜光工艺品和夜光油墨等。

五、联想综合训练

对联想思维进行综合训练，可从以下几个阶段进行：

第一阶段，从给定信息出发，尽快用某种联想类型，想到其他的事物，越多、越离奇越好。例如，从月亮展开联想。

第二阶段，从给定信息出发，尽可能多地用到各种类型，形成多种多样的综合联想链。例如，从鸡通过相似联想想到鸭，再通过相关联想想到鸭蛋，再通过因果联想想到快速腌蛋罐，再通过对比联想想到真空保鲜罐。

第三阶段，从给定的两个没有关联的信息，寻找各种各样的联想链将它们连接起来。例如，试建立一个从"粉笔"到"原子弹"的联想链。在这一阶段，可以标明类型，要追求联想的速度和数量(主要是联想链的数量)。

第四阶段，寻找任意两个事物的联系，可以省去联想链，但要建立两个事物间有价值的联系，并由此形成创造性设想。例如，教师——听诊器。这一阶段联想的难度较大，但却是有价值的联想，应当多进行训练。

任务六　直觉思维训练

思维热身

你是否常感到你一见某个人，便感到十分了解他？

你是否经常在别人说话之前，便知道其内容？

你是否无缘无故地讨厌某些人？

你是否一见某件衣服，就感到非得到它不可？

你是否相信"一见钟情"？

你是否常有这种经历：有段时间未能听到某一个人的消息了，正当你在思念之时，又忽然接到他(她)的信件或电话？

一、直觉与直觉思维

直觉(intuition)是千百年来人们一直关注、研究的一个悬而未决的思维问题。由于它在人类的各种实践活动中大量存在，并发生着不可忽视的诸多作用，因而引起了人们越来越大的研究兴趣。

直觉是人们在生活中经常应用的一种思维方式。小孩亲近或疏远一个人凭的是直觉；男女"一见钟情"凭的是各自的直觉；军事将领在紧急情况下，下达命令首先凭直觉；足球运动员临门一脚，更是毫无思考余地，只能凭直觉。

科学发现和科技发明是人类最客观、最严谨的活动之一。但是许多科学家还是认为直觉是发现和发明的源泉。诺贝尔奖获得者、著名物理学家玻恩说："实验物理的全部伟大发现，都是来源于一些人的'直觉'。"

思维链接

阿基米德发现浮力原理

阿基米德发现浮力原理的故事，一直是人们津津乐道和加以引证的例子。当希腊王叫阿基米德想出一个办法来检验金王冠是否为纯金所制，有无可能掺假时，这位“古代世界的第一位也是最伟大的近代型物理学家”为此颇费心计地思虑多日，仍毫无结果。

一次，他在桶中洗澡时，发现他所排出的水在体积上与他的身体相等。霎时，一道思维的光芒在他脑际划过：纯金王冠比金银合金王冠排出的水要轻，同样重量的合金体积要比同样重量的纯金体积大，因而会排出更多的水。

想到这里，阿基米德不顾一切地光着身子冲到大街上，发狂地喊叫到：“我找到了！我找到了！”

就这样，在经过长时间潜心思索、研究之后，由于受到浴桶中水溢出来的启发，阿基米德获得了一种“直觉的顿悟”，并由此创立了表示物体在水中所受浮力大小与物体排开水的重量关系的阿基米德原理。

阿基米德的直觉思维，也成了脍炙人口的典故。

所谓直觉思维，是一种非逻辑抽象思维的跳跃式的思维形式。它根据对事物的生动知觉印象，直接把握事物的本质和规律，是一种浓缩的高度省略和减缩了的思维。

直觉思维常常表现出人的领悟力和创造力。直觉一般表现在艺术创造和科学研究过程中，经过长期的思索，猛然觉察出事物的本来意义，使问题得到醒悟，进入一种走出混沌的清晰状态。就如古诗词中所描绘的那样：“众里寻他千百度，蓦然回首，那人却在灯火阑珊处。”

所以，直觉思维是创造性思维的重要组成部分，在我们的生活、学习，特别是科学研究中，具有不可忽视的重要意义。对此，爱因斯坦特别指出：“物理学家的最高使命，是要得到那些普遍的基本定律。由此，世界体系就能用单纯的演绎法建立起来。要通向这些定律，并没有逻辑的道路，只有通过那种以对经验的共鸣的理解为依据的直觉，才能得到这些定律。”

前苏联科学史专家凯德洛夫则更为直接地论述：“没有任何一个创造性行为能够脱离直觉活动。”“直觉、直觉醒悟是创造性思维的一个重要组成部分。”这些，均指出了直觉思维在整个人类思维活动中的重要作用。

思维链接

梅里美特工

梅里美是一名出色的特工。一次，他接受了一项任务——潜入某使馆获取一份间谍名单。这是一项艰巨而棘手的任务，因为此名单放在一个密码保险箱内，梅里美只有想方设法获知密码，才能打开保险箱安全返回，否则任务完不成还将暴露自己。

据情报透露，保险箱的密码只有老奸巨猾的格力高里知道。于是，梅里美在所在机构的安排下，进入使馆成为格力高里的秘书。他凭着自己的才智逐步获得了格力高里的信任。可是尽管这样，格力高里始终没提过保险箱密码一事。梅里美多次试探打听也毫无结果。这时上级已经下达命令，限3天时间让梅里美交出间谍名单。梅里美焦急万分，到了最后一天的晚上他决定铤而走险。

梅里美进入格力高里的办公室，试图用自己掌握的解密码技术打开保险箱。可是一阵忙碌之后他发现一切都是徒劳，一看表发现离警卫巡查的时间仅剩10分钟了。怎么办？

突然，他的目光盯在了墙上高挂着的一部旧式挂钟，挂钟的指针都分别指向一个数字，而且从来没有走过。梅里美猛然想起自己曾经问过格力高里是否需要修钟，格力高里摇头说自己年龄大了，记性不好，这样设置挂钟是为了纪念一个特殊时刻的。

想到这，梅里美热血沸腾，他立即按照钟面上的指针指定的数字，在关键的几分钟内打开保险箱拿到了名单。

梅里美的“急智”天才在同行中传为佳话。科学家把这种“急智”称为“直觉”或“直感”，这种思维方式是与逻辑思维相对应的。梅里美对当时自己的想法也是知其然不知其所以然，用他的话说就是“这部挂钟肯定与密码有关，它一定能告诉我密码”。让我们分析一下原因。

首先，梅里美是一名经验丰富的优秀特工，他具备丰富的反间谍知识。其次，鉴于格力高里的特点——年纪较大、老奸巨猾，像密码这类重要文件，应该是随身携带或放于一隐秘处。但是格力高里的阅历使他更高一筹，他用一部普通的挂钟就锁住了机密。另外，梅里美脑际中梦寐以求的问题就是密码，所以在紧要关头他能从挂钟上领会到玄机，得到直觉的灵感。

直觉作为一种思维方式，它是指不依靠明确的分析活动，不按事先规定好的步骤前进，而是从整体出发，用猜想、跳跃、压缩思维过程的方式，直接而迅速地作出判断的思维。

爱因斯坦曾说，“真正可贵的因素是直觉”。我们在创造发明等活动中，可以凭直觉抓住思维的"闪光点",直接了解事物的本质和规律。

比如,有一名学生在栽培辣椒苗时,他用细铁丝捆住弯曲的辣椒茎秆,意外地发现这棵被细铁丝缚住的辣椒结果率高于未缚茎秆的辣椒植株。他凭直觉感到这一现象绝非偶然,一定有它的科学性。他抓住这一直感,在老师的帮助下,有意识地进行了实验,以两排辣椒植株作为实验对象,一排辣椒均用细铁丝缚住茎秆,另一排则不缚。

实验结果证实了这名同学的直觉是正确的。原来,用细铁丝缚住植株茎秆,有效地控制了光合产物的向下运输,使果实生长所需的营养得到进一步保证,从而提高产果率,增加产量。这一发现受到有关人士的赞同和认可。

直觉思维在创造发明过程中的作用可谓无与伦比。每个人在学习和生活中确实能获知一些创造发明的灵感,而这一灵感的获取是与直觉密切相关的。我们在解决问题时有时会不按常规思路突发奇想,从而得到一个意想不到的答案和结果,有时也会作出种种猜想和设想,找到一条解决问题的捷径。因此,同学们从小要像科学家那样积极思考问题,认真观察事物,能够在常人不以为然的现象中提出自己独到的见解。

二、直觉思维的特征

1. 直接性

倘若我们用最简洁的语言来表述直觉思维的最基本特征,那就是思维过程与结果的直接性。

直觉思维是一种直接领悟事物的本质或规律,而不受固定逻辑规则所束缚的思维方式。它不依赖严格的证明过程,是以对问题全局的总体把握为前提,以直接的、跨越的方式直接获取问题答案的思维过程。正因为如此,许多哲学家和科学家在谈到直觉时,常把它与"直接的知识"放在一起讨论。

2. 突发性

直觉思维的过程极短,稍纵即逝,其所获得的结果是突如其来和出乎意料的。人们对某一问题苦思冥想,却不得其解,反而往往在不经意间顿悟问题的答案,或瞬间闪现具有创造性的设想。例如,著名的"万有引力定律"就是牛顿在苹果园休息时,观察到苹果掉落的现象而顿悟发现的。

3. 非逻辑性

直觉思维不是按照通常的逻辑规则按部就班地进行的。它既不是演绎式的推理,也不是归纳式的概括。直觉思维主要依靠想象、猜测和洞察力等非逻辑因素,去直接把握事物的本质或规律。它不受形式逻辑规则的约束,常常是打破既有的逻辑规则,提出一些反逻辑的创造性思想。例如,爱因斯坦提出的"追光悖论"。它也可能压缩或简化既有的逻辑程序,省略中间繁琐的推理过程,直接对事物的本质或规律作出判断。

4. 或然性

非逻辑的直觉也是非必然的，它具有或然性，既有可能正确，也有可能错误，这对于任何人来说都是如此。

虽然直觉思维能力较强的科学家正确的概率较大，但也可能出错。许多科学家都承认这一点。爱因斯坦在高度评价直觉在科学创造中的作用时，也没有把它看作是万能灵药。他在 1931 年回答挚友贝索提出的问题时说："我从直觉来回答，并不囿于实际知识，因此，大可不必相信我。"

5. 整体性

在直觉思维过程中，思维主体并不着眼于细节的逻辑分析，而是对事物或现象形成一个整体的"智力图像"，从整体上识别出事物的本质和规律。

三、直觉思维的内容

直觉思维的内容是比较丰富的，其基本内容如下所述。

1. 直觉的判断

它是人脑对客观存在的实体、现象、词语符号及其相互关系的一种迅速的识别，直接的理解，综合的判断。人的这种能力，就是我们通常所说的洞察力。在这个认识过程中，人们很难区分出感觉、知觉、表象和概念、判断、推理，因为它进行得十分迅速和直接，"是这样"而来不及考虑"为什么是这样"。

日常生活中，素未谋面者相遇，往往会觉得对方或心胸开阔、豁达，或城府深不可及，一般都是凭直觉；在学习过程中，学生常常会表现为对某一概念、命题、问题的直接理解、领会；在科学实践中，地质学家会仅凭岩石上的巨大擦痕，就可以判断出这是远古时代冰川的遗址。所有这些都是对事物和现象的直觉判断。

直觉的判断不是分析性的，而是对事物整体形势的一种概括性判断，它有赖于对整个形势的整体估价，因此，与判断主体的知识经验密切相关。一般来说，在各自的领域内，人的知识经验越丰富，其直觉判断力或洞察力越强；反之，亦然。

2. 直觉的想象

在许多情况下，人们仅仅根据所面临的事物、符号或情景，是不能作出直觉的判断的。这是因为，外界所提供的信息并不充分，有许多空白点或真空带，这时就要借助于想象、猜测，才能形成一个大致的判断，即用创造性的想象力去理解和连贯看似毫无联系的纷杂事物，然后再去寻找证据，以证明或否定自己的初步判断。

创造性的想象力可以把零散的"思维元素"充分调动起来，并加以新的组合。这些思维元素并不是凭空产生的，而是以前就积累在人的大脑之中，但由于时间的变迁而沉淀至心理或意识的深处，甚至掉入无意识的"深渊"。

我们可以把这类思维元素称为“潜知”，它隐匿于人的潜意识之中，在一定的条件或在外界的刺激下，它就会“先验”地表现出来。创造性的想象力就可以把这类“潜知”激活、充分调动起来，与已知的思维元素形成一种新的联系，从而弥补信息的空白点或真空带，将各种思维元素串联起来，形成一个完整的思维图像。

爱因斯坦在创建狭义相对论的过程中，想象过人以光速运行，在建立广义相对论时又设想光线穿过升降机发生弯曲；德国数学家明可夫斯基的丰富想象力，使他把三维空间和一维时间联系在一起，提出了四维时空的表达式。

3. 直觉的启发

与直觉的判断和直觉的想象不同，还有另一种情况：思维的主体沉思于某一问题，既没有得出直觉的判断，又没能凭借自己的想象力获得什么有用的结论，然而在某一时刻，在他所思考的问题领域之外，甚至是一个遥远之外传来的信息倒起了巨大的启发作用。

于是，思维过程中的“障碍物”被清除了，思路打通了，问题得到了解决，这种情况就是直觉的启发，它有别于形式逻辑中的类比推理，是一种具有很大跳跃性的超越于形式逻辑的“类比”。

直觉的启发，是在某种新的外部信息刺激下发生的联想，既包括由实物载体所载信息的启发，也包括由语言载体所载信息的启发。例如，牛顿在苹果园中看到苹果落地，从而获得启发找到解决引力问题的线索，这是前一类直觉启发；对于生物为什么会进化，达尔文百思不得其解。某天晚饭后，他信手拿起一本书来消遣，偶尔翻开马尔萨斯的《人口论》，于是茅塞顿开，得出了在自然环境中，有利的变异被保存下来，而无利的变异则被消灭的解释，这属于后一类直觉启发。

在科学实践中，直觉的判断、想象和启发是难以截然分开的，因为直觉思维过程进行得非常迅速，三者有时几乎是同时进行的。但是，直觉思维最基本的表现形式是直觉的判断，直觉的想象和启发最终也要以判断的形式出现。

四、直觉思维的生成

尽管直觉的产生极为突然，然而其生成绝非偶然。直觉的生成有其极为复杂的原因与条件。

首先，一定直觉的生成必须要有相关知识的积累。这里所说的“相关知识”既包括有关的经验知识，又包括有关的专业理论知识。“知识的积累”是指经过人们的反复实践和反复认知而积淀并存储于大脑皮层上，生成为深层的下意识并形成相应的经验认知模块或有关学科专业认知模块。所谓“认知模块”，是指一定的认知运作程序、经验知识或学科知识组合方式。人们常说，“三句话不离本行”，正说明一定的认知模块在人们日常思维和相互交流中的作用。

其次，直觉的生成有其内在的机制。这里所说的“内在的机制”，是指主体在问题的激发下，思维处于愤悱状态，进而对这一问题进行多方面、多层次，甚至是长时间的思索或考察；然而却百思不得其解，于是便处于极度的困惑状态。

再者，直觉的生成须有一种特定的情境：主体或者处于特定的场景之中，或者观察到特定的现象，或者在突发性的压力下，或者是主体思维愤悱状态的暂时“缓冲”，进而，使思维出现了突发性的脉动，直觉出现了，随之，思如泉涌。

直觉的生成有其不同的境界：一是灵感，即主体在瞬间突然捕捉到解决问题的思路，然而还不够清晰；二是顿悟，亦称恍然大悟，即主体突然间达到了对事物本质的了解，或者对问题的关键的把握；三是直观，即主体在瞬间突然对要解决的问题及其发展达到了整体性的了悟。

五、直觉思维在创新中的作用

直觉思维能把埋藏在潜意识中的思维成果和显意识中所要解决的问题相沟通，从而使问题得到突发式、顿悟式的解决。然而，直觉思维没有明确、具体的凭借物，也没有明确的形式和步骤。所以，它显得有些神秘，这也使人们对它产生了误解，把它当作一种原始、初级的思维方式。但是科学实践证明，直觉思维是人类的一种基本思维方式，它在人类的创新与发展中具有十分特殊的重要意义。

第一，直觉思维有利于人们突破思维定势，对事物产生崭新的认识。

在认识过程中，认识主体的思维定势，妨碍着人们对事物本质和规律的把握。人的思维一旦形成定势，就使人难以从客观实际出发，去正确认识事物的本质和规律，而倾向于以权威的思想为标准，从书本知识出发，从习惯、经验出发，从而在人的思维与客观事物之间形成一道巨大的屏障，使人们难以正确发现事物的本质和规律。这样，人们就容易犯教条主义和经验主义的错误，这又怎么能够创新呢？所以，创新的关键是突破思维定势，突破原有的知识排列和组合关系，在以往知识经验的基础上产生大胆、丰富的想象，进而迸发出灵感和顿悟，取得创新成果。

爱因斯坦就善于运用直觉思维，突破用力学说明一切的思维定势，即从牛顿的“绝对时间”和“绝对空间”中解放出来，确立起“相对时间”和“相对空间”的观念，进而创立了狭义相对论，完成了物理学的伟大革命。

第二，直觉思维有利于人们模糊估量研究前景，大胆提出假说和猜想。

在面临一个课题或解决一道难题时，人们往往先对其结果作大致的估量与猜测，然后再对这个结果进行实验验证或逻辑论证，这就是直觉思维中的模糊估量法。这种直觉思维方法，是思维主体依据以往的知识经验，凭借自身的直觉判断能力，大致、模糊地估量某一课题的研究结果，并大致选择研究方案。这种模糊估量法，能够帮助研究者形成一种总体的、战略性的眼光，有利于把握研究的总方向，有时会导致一种假说的提出。

思维链接

大陆漂移假说

德国地质学家魏格纳于1910年在家卧床养病，百无聊赖时，便观看墙壁上挂着的一幅世界地图来消磨时光。看的时间长了，他突然发现大西洋两岸大陆的海岸线十分相似，如果把它们拼起来，非洲西部和南美洲东部就十分吻合，简直像一块完整的大陆。于是，他凭直觉大胆猜想，非洲和南美洲原来是连在一起的，后来由于某种原因分开，沿水平方向各奔东西，中间便形成了大西洋，这就是著名的“大陆漂移假说”。

魏格纳当时的这种猜想是十分模糊的，还受到了许多人的嘲笑，甚至他自己也认为不太可能而一度放弃研究。但正是这种模糊的估量和猜想，揭示了大陆和海洋成因研究的战略方向，引发了一场地球科学的革命。后经他本人和众多科学家艰苦卓绝的研究与验证，这个起源于模糊估量的“大陆漂移说”已经得到科学界大多数人的认同。

第三，直觉思维有利于人们从整体上把握事物的本质和规律。

直觉思维具有整体性特征，它是综合的而不是分析的，它侧重于从总体上把握认识对象而不拘泥于某个具体细节。

在科学创造活动中，对研究对象进行整体把握是非常重要的。因为在知识经验的基础上提出某一具有创新性的理论或思想时，不可能对未来的新理论的细枝末叶考虑得非常清楚，也不可能对日后的实验验证或逻辑论证设想得很周到，所以在创新的开始阶段只能对事物进行整体把握。如果一开始就陷入暂时无法解决的枝节问题，支离破碎地去考虑问题，而缺乏对问题的整体把握，那样就很可能在细枝末叶的问题中迷失方向，使当初的新奇思路被淹没掉，最终失去创新的灵感。

在科学史上，许多取得划时代成就的科学家，都是借助于整体把握问题的方法，才找到了解决问题的突破口，如阿基米德发现浮力定律。

虽然直觉思维在科学创新中具有重要的作用，但直觉思维的产生和作用却离不开逻辑思维。这主要表现在：其一，直觉思维以知识经验为基础，而许多知识经验又是人们逻辑思维活动的结果。直觉是人脑在知识经验的基础上，对客观现象直接的整体性反应，人们以往的知识经验，直接影响其直觉思维水平的高低。其二，直觉思维与逻辑思维存在互补关系。在一个问题的解决过程中，当逻辑思维方式难以奏效时，直觉思维的作用便会凸显。而在直觉思维的探索取得初步成果之后，则需要借助逻辑思维去验证。所以说，直觉思维和逻辑思维是科学进步的“两翼”。

为了建设创新型国家，提高整个社会的创新能力，我们必须高度重视对人的直觉思维能力的培养，但也不能绝对化、片面化，否则直觉思维能力的培养就成了无源之水、无本之木。

六、直觉思维意识的培养

1. 松弛

遐想躺在海滩上休憩的情景，或仰面躺在草坪上凝视晴空。以此进行自我松弛，有利于右脑机能的改善。

2. 回想

尽量形象地回想以往美好愉快的情景，这对大脑中负责储存记忆的功能，可以起到积极促进的作用。训练时间以 2～3 分钟为宜。

3. 想象

根据自己的心愿去想象所希望的未来前景，并浮想通过哪些途径得以成功地实现。刚开始的时候闭眼想，习惯之后可以睁眼想。

4. 听古典音乐

听莫扎特的曲子，直接触及他的情感，会使直觉力变得敏锐。我国的《梁祝协奏曲》《平湖秋月》等乐曲，最适用于平定心情和思考问题时的伴音。

5. 使用指尖

打玻璃弹子等，最需要速断力，可培养“秒的直觉力”。

6. 进行自由联想

将空中飘浮不定的朵朵白云，想象成各种形象，这能提高左脑进行逻辑思维和记忆贮藏库的功能，进而提高思维的集中能力。

7. 用左手拿筷子

不妨先试 2 天，然后中间休息 1 天，再继续 2 天，并坚持练习 1 个月左右。

8. 在书店速读

即使忙得不可开交，也要抽空逛逛书店，牢牢地盯着书目来推想书中可能会写着什么。

9. 向似乎办不到的事情挑战

有时灵感是在被逼得走投无路时突然产生的，简直是绝路逢生。不要惧怕艰难的工作，要勇敢地去挑战。

10. 回到童心

回想幼儿时期唱过的歌，玩过的游戏，并历历在目地描绘出当时的情景，有助于增强记忆源泉。

七、直觉思维能力训练

1. 学会换角度看问题

换个角度看问题，可以使你获得新的理解，作出与常规思维不一样的行为决策。正所谓“变则通，通则灵”。常规思维会限制我们的视野，尤其在遇到挫折困难时，常规思维通常使我们无法摆脱困扰，从而导致行为上的偏差。因此，我们要从生活自身的逻辑出发，学会变通进取，换一种立场和角度看问题，从挫折中不断总结经验，产生创造性的变革。

2. 获得有益的知识

有效的学习能力，是动态衡量人才质量高低的重要尺度。我们通过学习开发大脑潜力，吸纳有实用价值的信息和资讯。实践证明，凡是通过自我超越、心智模式等提高学习的修炼，都能在原有基础上重焕活力，再铸辉煌。想提高学习力，读书是一种有效的方法，通过读书可以从他人的成功里汲取经验。练好“内功”不仅能提高自身的素质和修养，也有益于身心健康，这是古今能人共同追求的目标。

3. 提高领悟力

孔子在《论语》中说过：“学而不思则罔，思而不学则殆。”意思是说你不仅要会学，还要勤思考、会领悟。表现在实际的工作中，就是要把学到的东西融会贯通、触类旁通、理论联系实际。我们通过不断领悟，让自己的经验与理论日益完善与成熟。

思维训练营

一、思维导图训练

1. 尝试以下列词汇为中心，展开联想：

0 茶杯、1 钢笔、2 台灯、3 钥匙、4 砧板、5 帽子、6 书包、7 椅子、8 搓澡巾、9 肥皂盒

画出思维导图（横向六个、纵向八个以上）；并根据思维导图，结合思考物品的功能及其存在问题，形成新的创意产品。

2. 由小组成员说出一个正面临的难题，然后小组所有成员集体用思维导图帮他绘制解决方案。

二、发散思维训练

1. 尽可能多地说出雪碧瓶、废弃鼠标的各种用途。

2. 怎样实现自行车防盗？

3. 怎样高效地利用太阳能？

4. 有个装满水的杯子，请你在不倾倒也不打碎杯子的情况下，取出杯中全部的水。

5. 除了棉、毛、麻和人造纤维以外，还可以用什么材料做衣服，请尽量多举例。

6. 如果你是服装设计师，你将设计出哪些新颖的裤腿形状？

7. 如果你是食品厂的设计师，你准备把饼干按怎样的分量进行包装？

8. 请你设计出一些形状、大小不同的手表。

9. 要调动学生学习的积极性，有哪些方式可以运用？

10. 对一门课程来说，你认为可以有哪些考试方法？

三、收敛思维训练

1. 汽车用的油泵上的喷嘴是精度要求很高的铸钢件，选择一种好的加工方法。

2. 老牛肉很难炖烂，你有什么好办法吗？

3. 假如你家在广东，寒假回家往返路途很远，你能选择一种省钱省时又不太劳累的交通方式吗？

4. 你想经常锻炼计算机操作技能，钱又不多，有什么比较经济实惠的办法？

5. 如果你打算30岁前硕士毕业，家庭生活又比较困难，可否设计出一个适合你实际情况的方案？

6. 一位学生家庭经济困难，每年的学费、生活费都无法提供，请你设计一个使他坚定完成学业的好方案。

7. 有一位南方乡镇企业的厂长，在东北买了两车皮木材，准备回去制造纺织用的木梭子，但运输紧张，几个月后才能排上，他等了1个月，连回去的路费都不够了，你能帮他想个好办法吗？

8. 你得到一份奖金500元，你认为怎样使用最合理？

9. 假如你是一个钟表店的经理，门前要挂2个大的钟表模型，你认为时针和分针在什么位置上最好？

四、质疑思维训练

1. 在木材加工过程中，难免会产生刨花和锯末，如果弃之不用，那是很可惜的。怎样才能最大限度地利用这些刨花和锯末呢？请运用追问思维想一下。

2. 有一次，萧伯纳的脊椎骨出了毛病，需从脚上取出一根骨头来接补脊椎的缺损。手术做完以后，贪心的医生想多捞一点手术费就说："萧伯纳先生，这是我从来没有做过的新手术啊！"

萧伯纳显然知道医生的用意，如果你是萧伯纳，该怎样还击这位贪心的医生呢？

3. 写下5个你生活中习以为常的现象，试着质疑它们。

五、联想思维训练

1. 将以下元素依次两两强制联想，诱发出创造性设想：

眼镜、纸、彩色、充气、羽毛球、陶瓷、太阳能、服装、变形、一次性

2. 与"汽车"的特性相联系，思考"椅子的设计"。

3. 用下面4组不相关的词汇，任意变换排列顺序加上美妙的联想，造出4句有特色

有立体形象的句子。

(1) 摩托车——电视机——沉思。

(2)竹子——小河——笑脸。

(3) 钢笔——青草地——蓝天。

(4) 跑步——青年——深夜。

4. "X"的畅想:请找出"X"的特点,然后尽可能详细地描写它。

5. 试用自己的身体姿势表示尽可能多的汉字姿势,并写出来。

6. 请联想10步以上,并把它写出来:

(1) 你和你的体育老师打架。

(2) 愚人节。

六、直觉思维训练

1. 有一根长1米的铁管子,直径略比乒乓球大,管子的一端牢牢地固定在地面上。请用最简单的方法将掉进铁管子的乒乓球取出来。

2. 有一个旅游爱好者从A点出发,向南走了1 000米,又向东走了1 000米,再向北走了1 000米回到了出发点A。可能发生这种事情吗?

3. 请用8根火柴摆成一条鱼的形状,然后移动3根火柴使鱼游向相反的方向。

4. 以5只猫5分钟捉5只老鼠的速度计算,要在100分钟内捉100只老鼠,需要多少只猫?

5. 用打火机点燃一根30厘米长的粗细不均匀的香,等它完全燃烧需要30分钟。不用其他工具,如何用打火机和香来判断15分钟?

6. 一个成年人和一个小孩儿在独木桥上相向而行,独木桥非常窄仅容一人通过。在两个人都不后退并且不借用外力的情况下,他们怎样才能过桥?

7. 一艘船要穿过一座桥,由于船舱顶部比桥底高1厘米而无法通过。这时,船长要所有船员到甲板上集合,没过多久船就顺利地穿过了石桥。请问船长用的是什么方法?

项目 4

玩转创新发明技法

训练目标

能用头脑风暴法进行小组讨论并形成创意；

能运用组合创新、列举分析、设问检查、逆向转换等方法进行发明创造。

任务一 头脑风暴法

思维热身

直升机扇雪

美国北部某地区冬季格外严寒，大雪纷飞，电线上积满冰雪，大跨度的电线常被积雪压断，严重影响了通信。

过去，许多人试图解决这一问题，但都未能如愿以偿。后来，电信公司经理尝试着解决这一难题。他召开了一次座谈会，参加会议的是不同专业的技术人员，同时他要求与会人员必须遵守以下四项原则：

——自由思考

即要求与会者尽可能解放思想，不受拘束地思考问题并畅所欲言，不必顾虑自己的想法或说法是否符合常规做法和逻辑。

——延迟评判

即要求与会者在会上不要对他人的设想品头论足，不要发表“这主意好极了”“这种想法太离谱了”之类的贬抑或赞誉之词。至于对设想的评判，留给会后组织人员来考虑。

——以量求质

即鼓励与会者尽可能多地提出设想，以大量的设想来保证有价值的设想的产生。

——结合改善

即鼓励与会者积极进行智力互补，自己提出设想的同时，注意考虑如何把两个或更多的设想结合成一个更完美的设想。

按照这种会议规则，大家纷纷发表意见。有人建议设计一种专用的电线清雪机；有人想到用电热来化解冰雪；也有人建议用振荡技术来清除积雪；还有人提出能否带上几把大扫帚，乘坐直升机去扫电线上的积雪。对于这种"坐飞机扫雪"的设想，大家心里尽管觉得滑稽可笑，但在会上无人提出异议。

有一位工程师在百思不得其解时，听到用飞机扫雪的想法后，突发奇想，一种简单可行且高效率的清雪方法就此产生了。

他想，每当大雪过后，出动直升机沿积雪严重的电线飞行，依靠高速旋转的螺旋桨产生的风力即可将电线上的积雪迅速吹落。于是他马上提出"用直升机扇雪"的新设想，这个设想又引起其他与会者的联想，有关用飞机除雪的主意一下子又多了七八条。不到1个小时，与会的10名技术人员共提出90多条新设想。

会后，公司组织专家对设想进行分类论证。专家们认为设计专用清雪机、采用电热或电磁振荡等方法清除电线上的积雪，在技术上虽然可行，但研制费用大、周期长，一时难见成效。那种由"坐飞机扫雪"激发出来的几种设想，倒是一种大胆的新方案，如果可行，将是一种既经济又高效的好办法。

经过现场试验，公司发现用直升机扇雪果然奏效，一个悬而未决的难题，终于巧妙地得到了解决。而这家电子信公司经理提出参加会议的四项原则就是头脑风暴法的主要思想。

一、头脑风暴法概述

所谓头脑风暴法(Brain Storming，简称BS法)，实际上是一种智力激励法。它是由美国创造学家奥斯本于1939年首次提出，1953年正式发表的一种激发性思维方法。

此法经各国创造学研究者的实践和发展，如今已经形成了一个发明技法群，如奥斯本智力激励法、默写式智力激励法、卡片式智力激励法等。

这种方法的英文原文是brain storming，直译为精神病人的胡言乱语。奥斯本借用这个词来形容会议的特点——让与会者敞开思想，使各种设想在脑海的相互碰撞中，激起创造性的"风暴"。

头脑风暴法一般可分为直接头脑风暴法和质疑头脑风暴法。直接头脑风暴法是在专家群体决策的基础上尽可能激发创造性，产生尽可能多的设想的一种方法。质疑头脑风暴法则是对前者提出的设想、方案进行质疑，并分析其现实可行性的方法。

在群体决策中，群体成员的心理往往会受到相互作用的影响，它常常导致人们的意见倾向权威或大多数人的意见，形成所谓的“群体思维”。群体思维不但削弱了群体的批判精神和创造力，而且也损害了决策的质量。

为了保证群体决策的有效性，提高决策质量，头脑风暴法先后经历过数次改善。在实际应用中，头脑风暴法仅是一个产生思想的过程，而不是一个决策过程。

二、集思广益、交换想法

创新从何而来？可以来自苦思冥想之后的茅塞顿开，也可以来自外部刺激所激发的灵感。在工作、生活中往往存在个人、他人、集体三种萌生创意的源泉。

来自于个人的创新关键在于超越自己，更准确地说，是超越过去的自己，这是最困难的事情之一。来自于他人的创新就是超越他人，站在别人的肩膀上，以求看得更远。学习、借鉴，再到思考，提出“怎样做得更好”的创意——这种方法即便对不习惯创新性思维的个人也是适用的。

创新的发展历程，创新方法的研究，从20世纪30年代开始起步、40年代奠基、50年代发展、60年代飞跃、70年代盛行、80年代普及，由于创新工程的复杂性，其理论体系至今尚不完善，但这并不影响其开发、普及和发展。据统计，目前已提出创新方法340余种，其中头脑风暴法是最重要的，也是最常用到的方法。

英国大文豪肖伯纳曾经说：“倘若你有一个苹果，我也有一个苹果，而我们彼此交换这些苹果，那么，你和我仍然都只有一个苹果。但是，倘若你有一种思想，我也有一种思想，而我们彼此交流这种思想，那么，我们每个人将各有两种思想。”肖伯纳的名言，与头脑风暴法如出一辙。头脑风暴法的缔造者奥斯本，则倡导在智力激励中开展创造。

发明创造的实践表明，真正有天赋的发明家，他们的创造性思维能力是平常人所不能及的。但即使是普通人，如果能相互激励、相互补充，引起思维“共振”的话，也会产生出许多闪光的新创意或新方案，正如俗话所说“三个臭皮匠，顶个诸葛亮”。

奥斯本的头脑风暴法也就是“集思广益”。集思广益本身并没有什么高深的道理，问题在于如何做到这点。开会是一种集思广益的方式，但并不是所有形式的会议都能达到让人敞开思想、畅所欲言的效果。

奥斯本的贡献，就在于找到了一种能有效地实现刺激和信息增值的方式。头脑风暴法问世以后，在美国迅速得到推广，日本企业也纷纷开始效仿。

有一家汽车生产企业，在一次有关新型车辆转向设计方案的研讨中，前两天的发言尽管很热烈，但讨论出的有价值的新创见并不多。后来，会议组织者尝试用头脑风暴法再次研讨，结果很快获得30多条有创见的新设想，收到了令人满意的效果。

三、头脑风暴法的流程

创造力人皆有之。但是，由于个人的知识、经验、思维方式等的局限性，创造力的发挥往往会受到各种阻碍。如果将许多不同的意见和想法聚集在一起，使之在一种热烈、活跃和自由的气氛下交流和碰撞，便会打破由单一模式形成的思维障碍，增加新创意产生的可能性。

头脑风暴的主持者应尽可能地激起参会者的思维“灵感”，让他们在无形中感到有一种急于回答的迫切性。一般情况下，主持者在头脑风暴开始时采取询问的做法，因为主持者几乎不可能在会议开始 5 分钟内创造出一种能自由交换意见，并使参与者踊跃发言的气氛。因此，主持者的一些主要活动也仅局限于会议开始时，一旦气氛活跃起来以后，新的设想就会源源不断地涌现出来。

此时，主持者只管根据头脑风暴的原则进行适当引导即可。同时需注意，发言越多，意见就可能越多，所论问题也会越广越深，出现有价值设想的概率也就越大。

会议提出的设想应由专人作记录，并在会后由分析组对会议产生的设想进行全面、系统的处理，以便下一个环节的使用。通常，系统化的处理程序是指如下几条：

(1) 针对所提出的设想制定名称一览表。

(2) 用简单易懂的语句描述每一设想的主旨。

(3) 从中寻找一再出现的和互为补充的设想，并在此基础上形成新的综合设想。

(4) 提出对设想进行评价的准则。

(5) 在决策过程中，针对上述方案和设想，还需采用质疑法进行质疑和完善。

对设想和方案进行质疑，这是头脑风暴法中必不可少的过程。这一过程通常需要经过以下几个阶段：

首先，要求参加者对提出的每一个设想进行质疑，进而全面评论。评论的重点是有碍设想实现的所有不利因素。在质疑过程中，可能会产生一些可行的新设想。

其次，是对每一组或每一个设想，制定一个评论意见一览表，以及可行设想一览表。质疑头脑风暴法禁止对存在的设想提出肯定意见，而鼓励提出批语和新的可行设想。

再次，对质疑过程中提出的评价意见进行全面分析，以便最终形成一个对解决所讨论问题切实可行的设想一览表。对评价意见的评估，在质疑过程中是相当重要的。因为在质疑阶段，重点是研究有碍设想实施的所有限制因素，而这些限制因素即使在设想产生阶段也是被放在首要地位予以考虑的。

最后，由分析组负责处理和分析质疑结果。分析组最好要吸收一些有能力对设想实施作出较准确判断的专家参加。若须在很短时间就重大问题作出决策时，吸收这些专家则可以大大提高工作效率和质量。

不可忽视的一点是，头脑风暴法实施的成本是相当高的。同时，头脑风暴法要求参与者在各方面都要有较高的素质和一定的知识水平。所有这些因素的满足程度都会影响头脑风暴法实施的效果。

四、头脑风暴法的原则

作为一种创造能力的集体训练法，头脑风暴法将一个组的全体成员组织在一起，使每个成员都毫无顾忌地发表自己的观点，既不怕别人的讥讽，也不怕别人的批评和指责，是一个使每个人都能提出大量新观念、积极发挥创造性解决问题的最有效的方法。在实施过程中，要把握如下四条基本原则。

1. 排除评论性批判

即针对提出的观念发表评论要在以后进行，此前不能对别人的意见提出批评和评价。认真对待任何一种设想，而不管其是否适当和可行。在此过程中不裁判，强调“宽松”。

2. 鼓励“自由想象”

提出的观念越荒唐，可能越有价值。欢迎各抒己见，自由鸣放。创造一种积极的气氛，激发参加者提出各种新的想法。头脑风暴法是为了克服从众压力的一种相对简单的方法。它通过一种思想产生的过程，鼓励提出不同种类的方案设计思想，同时禁止对各种方案进行任何批评。在这里，它追寻的是“奇”，也是“新”。

3. 要求提出一定数量的观念

提出的观念越多，就越有可能获得更多的有价值的观念，从而产生有价值观念的可能性就越大。不应该忽视来自任何微弱声音中的建议，所有的主张都应该被记录下来并予以考虑。

4. 探索研究组合与改进观念

除了要求与会者本人提出设想以外，还要求与会者考虑，按照他们的想法怎样做才能将几个观念综合起来，以便产生一个新观念，还得探索取长补短和改进办法。除了提出自己的意见外，鼓励参加者对他人已经提出的设想进行补充、改进和综合。

实践经验表明，头脑风暴法可以排除折中方案，对所讨论的问题通过客观、连续的分析，从而找到一套切实可行的方案。因此，它在决策中有着广阔的应用前景。

五、头脑风暴法的实施

当组织中的人员在会议中各抒己见、相互启发时，要遵从的重要原则是，让每个人畅所欲言，不要轻易批驳别人的设想。在典型的头脑风暴会议中，许多人围桌而坐。

群体领导者以一种明确的方式，向所有参与者阐明要讨论的问题，然后让成员在一定的时间内提出尽可能多的方案，不允许其间存在任何批评，并且所有方案都尽可能记录下来，留待稍后讨论或分析。

采用头脑风暴法组织群体决策时，要集中有关专家召开专题会议，扼要说明要进行决策的主题，说明会议的规则，尽力创造一种融洽轻松的会议气氛。让所有参加者在自由愉快、畅所欲言的气氛中，自由交换想法或意见，并以此激励与会者的创意及灵感，从而产生更多、更新颖的方案。

举行头脑风暴会议时应该明确以下几项内容。

1. 对象

一般员工、管理者、监督人员、领导干部都可参与，并根据需要，可以从各阶层人员中分别抽几名。

2. 目标

培训参加人员的创造性思维，激发他们的想象力，以得到创造性的构想。

3. 内容

根据各企业的需要来确定，如给产品命名、生产新产品需要进行大量的构想。

4. 方式

通常采用会议讨论的方式。

5. 时间

会议时间一般一轮为30分钟左右，有时候会举行几轮。

6. 过程

在一个小组或者大组中选择一名主持人和一名记录员。大家通过集体讨论来定义问题或者概念，确保每人都对将要探索的问题做到心中有数。

开始时，可以集体自由讨论。记录员记录下所有的响应，使得每个成员能够看到这些反应。确保在讨论结束以前不要评价或批评任何回答。

一旦集体讨论结束，马上检查记录结果，并开始对各种响应进行评价。检查这些响应记录的时候，一些最基本的要求包括找出重复或者相似的答案，将相似的概念归结在一起，剔除明确不合适的响应等。

精简了记录清单以后，继续通过小组讨论的方式，讨论剩余的响应内容。

同时，还应要求头脑风暴法的所有参加者都具备较高的联想思维能力和分析、解决问题的能力。

在进行头脑风暴时，应尽可能创造一种有利于把注意力高度集中的环境。一些最有价值的设想，往往是在别人提出设想的基础上，加上自己的设想而形成的。

所以，头脑风暴产生的结果往往可认为是专家组成员集体智慧的结晶，是专家组这个宏观智能团互动作用的总体效应。

20世纪30年代，美国普及创造发明学教育，其中头脑风暴法的影响尤为突出，该方法首先在大学、工厂得到普及，后来推广到军队、公司。美国大众通过培训，知道如何用创造性的方法来工作，因此，极大地推动了社会的发展。

日本把21世纪作为创造力开发的世纪，日本战后发展之所以如此迅速，就是借鉴了美国的经验，普及创造力教育的结果。此外，其他一些国家也陆续采用了这种行之有效的方法。据有关专家预测，不久的将来这股风暴还会“席卷”世界的每一个地方。

任务二　组合创新法

思维热身

练习1:请每个人画出一样世界上没有的东西。

练习2:请每个人画出一样世界上没有的东西，且构成这样东西的局部也必须是世界上没有的。

思维链接

望远镜的发明

400多年前的一天，荷兰有一个叫普尔斯哈依的眼镜匠，他的孩子们在楼上玩眼镜片，普尔斯哈依突然听到楼上惊叫起来，不知发生了什么事，赶快跑上楼去，只见几个孩子挤在窗前抢几块眼镜片，孩子告诉父亲，用几块眼镜片叠起来看远处的教堂，教堂变得好近哦！

普尔斯哈依半信半疑，按照孩子们的方式试了试，不觉大吃一惊，险些失足从楼上掉下去。从此以后，他着了迷似地开始装配透镜，终于制成了望远镜。

一、组合法的原理与特点

组合是客观世界中十分普遍的现象，小至微观世界的原子、分子，大至宇宙中的天体、星系，到处都存在形形色色的组合现象。组合不仅处处有，它还创造了千姿百态的世界以及丰富多彩的生活。

组合是无穷无尽、纷繁复杂的。组合的类型也是多种多样的。组合创新能够涵盖人类生活的方方面面，人类强大的创新潜力就包含在组合里。以组合为基础的创新活动，在所有创新实践中占据主导地位。

(一) 组合法的概念

从人的思维角度来看，想象的本质就是组合。心理学研究表明，创造性想象可以借助不同的手段去建立不同的表象。

思维链接

中国龙的形象

自古以来，龙一直是中华民族的图腾和象征，我们常常以自己是龙的传人而自豪。然而，龙的形象也一直是中国文化中最古老的难解之谜之一。

学者们经过千百年的考证研究认为，龙是通过古代人们的想象，将种种象征美好生活的动物加以组合而成的神物。闻一多认为，今天所见到的龙的形象，是由大蛇演变而来的，是蛇加上各种动物而形成的。它以蛇身为主体，接受了兽类的四脚、马的头、鱼的尾、鹿的角、狗的爪、鱼的鳞和须，便成为我们现在所知道的龙了。这样看来，龙与蛇实在是可分而又不可分。

龙的形象经过历代人民的不断美化和神化，终于演化成为中华民族独特的徽记。

由此可以看出，中国古代的“龙”就是以蛇为主体，结合兽脚、马头、鹿角、鱼鳞等其他特征的超现实想象。狮身人面的斯芬克斯和传说中的美人鱼都是人类组合思维的杰作。

组合的概念有广义与狭义之分。

广义的组合是指不受学科、领域限制的信息的汇合、事物的结合、过程的排列等。例如，儿童的积木游戏、饮食中的烹调、产品新功能的设计、文学艺术形象的创作、建筑学和电影中的“蒙太奇”等。

狭义的组合则是指在技术发明范围内，将多个独立的技术因素（如现象、原理、材料、工艺、方法、物品等）进行重新组合，不是一种简单的罗列、机械的叠加。

例如，一支饮料吸管和一把小勺放在一起，并不是创造组合。而把小勺固定在吸管的一端，并满足人们的实用和审美要求时，就可以称为创造组合。

所以说，组合法是一种以综合分析为基础，并按照一定的原理或规则，对现有的事物或系统进行有效的综合，从而获得新事物、新系统的创造方法。

（二）组合法的原理

组合法的原理本质上是系统的原理，其具体表现在以下三个方面：

第一，从系统的思想来看，组合法就是把两个或多个系统，按照一定的原则进行组合生成新系统的过程。在统一的整体目标下，其中各个组成元素能够协调、有机地进行组合，并且在某些方面相互作用。

第二，产生的新系统具有新的特征或效果，系统的功能总和必须大于系统内各组成元素的单独功能之和。

第三，系统具有不同的属性或状态，这就要求在运用组合法进行创造活动时，创造者需要从各个不同的方面或角度进行系统的分析和评价。

(三) 组合法的类型

组合法的分类方法有很多种,这里主要介绍实用化的分类,是目前比较简单、流行的分类方法,主要有以下几种。

1. 同类组合

同类组合就是若干相同或相近事物的组合,又称为同物组合。

同物组合的目的,在于保持事物原有功能或原有意义的前提下,通过数量的增加来弥补功能的不足或产生新的功能。

最简单的同物组合有子母灯、情侣表和双插座等。复杂的同物组合的一个典型例子是自动控制中三片 CPU 的设计,就是利用冗余来提高。

2. 材料组合

材料组合是利用各种化学、物理原理,将不同的材料组合起来,从而获得新材料的方法。

3. 元件组合

元件是具有某项功能的器件或物品。元件组合不是简单的零部件装配,而是把具有相互独立功能的两种或两种以上的东西,以适当的方式结为一体,从而使组合后的事物具有多种功能。元件组合最著名的例子是风靡世界的瑞士军刀。

4. 方法组合

方法组合是指在生产工艺、加工处理,以及组织管理中,把两种以上的方法组合起来使用,产生新的效果。

例如,美国戴维德等人把超声波和静电场方法结合,设计出一种硬水软化装置,代替了以往在水中添加化学药剂的做法,降低了成本,扩大了水的用途。

5. 技术原理与技术手段组合

可以把已有的技术原理同某些技术手段结合起来,创造出新产品。

例如,弗兰克·惠特尔把喷气推进理论与燃气轮机组组合,发明了喷气式发动机;英国生物学家艾伦·克鲁克把衍射原理与电子显微镜组合在一起,发明了晶体电子显微镜。

6. 现象组合

现象组合就是把某些自然现象或者物理、化学现象进行组合,从而创造出新产品、新方法以及发现新的原理。

7. 重组组合

重组组合又称分解组合法,是指在事物的不同层次上分解原来的组合,然后再根据新的目的进行重新组合。其特点是在一个事物上进行，不增加新的事物。重组主要是改变事物各组成部分间的相互关系。

日常生活中，随处可见这样的例子。例如，流行的儿童玩具“变形金刚”、分体组合家具等。

8. 综合

综合是将不同领域、不同方面、不同类型的事物以某个目的为中心通过一定的方法手段有机地组合在一起。与以上几种组合方式相比，综合是一种更为高层次的组合。在知识和信息飞速增长的时代，综合方法在科技发明创造中应用得越来越广泛。

二、组合的典型技法——形态分析法

(一) 形态分析法的概念

组合法中的经典方法是形态分析法，是美籍瑞士科学家茨维基于1942年提出的，又称形态矩阵法或形态综合法。它把需要解决的问题分解成若干基本因素(构成此问题的基本组成部分)，并分别列出实现每个因素的所有可能的形态(技术手段)，然后用网络图解方式进行排列组合，以产生解决问题的系统方案或发明设想。

形态分析法指出，每一个事物(技术装置)都可以分解成若干的子系统，直至分解成不能再分的要素。这些要素重新排列组合，就会产生很多新的功能、方法或装置。

思维链接

新型巡航导弹

第二次世界大战期间，美国情报部门探听到法西斯德国正在研制一种新型巡航导弹，但费尽心机也难以获得有关的技术情报。然而，火箭专家茨维基博士却在自己的研究室里，轻而易举地搜索出法西斯德国正在研制并严加保密的，乃是带脉冲发动机的巡航导弹。

茨维基博士运用“形态分析”的思考方法。在研制过程中，茨维基在当时可能的技术水平上，分析了火箭的各主要组成要素及其可能具有的各种形态。

茨维基利用排列组合的原理，在一周之内就提交了576(4×4×3×3×2×2)种火箭设计方案，其中就包括了德国保密的F-1型巡航导弹和F-2型火箭。在经过先发散后收敛的创造过程中，美国很快获得了同样的先进方案，在军备竞赛中赶上了德国。

(二) 形态分析法的实施步骤

用形态分析法对创造对象的要素进行处理，既可以按材料和工艺分解，又可以按成本和周期分解，还可以按功能和技术分解，这样就扩大了可供组合并分析的余地，使发明创造有了数量上和质量上的保证。

例如，在设计一种新包装时，假定只考虑包装材料和形状两个基本因素，实现这两个因素的形态各有四个，那么通过排列组合，可得出16(4×4)种方案可供选择。如果将此设计再增加一个色彩的基本因素，并假定共有四种色彩可选择，那么就能得出64(4×4×4)种方案可供选择。

形态分析法在发明创造中的求解过程中常分为五个步骤，下面结合一种新的运输系统的创新设计来予以说明。

1. 详述需要解决的问题

例如，需要将物品从某一位置搬运到另一位置，采用何种运输工具为好。

2. 因素分析

根据需要解决的问题，列举出独立因素。经过分析可得出三个独立因素：装载形式、输送方式和动力来源。

3. 形态分析

运用发散思维尽可能多地列举各个独立因素所包含的若干形态。装载形式的形态四种：车辆式、输送带式、容器式、吊包式；输送方式的形态七种：水、油、空气、轨道、滚轴、滑面、管道；动力来源的形态七种：蒸汽、电动机、压缩空气、电磁力、内燃机、原子能、电瓶。

4. 排列组合

对上述各形态进行排列组合，能得到196(4×7×7)种方案可供选择。

例如，采用容器装载、轨道运输、压缩空气做动力；采用吊包装载、滑面运输、电磁力做动力；采用容器装载、水做运输方式、内燃机做动力等。

5. 选择方案

根据发明目标，选择最佳设想方案。此时，可借助计算机进行辅助设计，以求多、快、好、省地完成设计任务。

(三) 注意事项

形态分析法在具体使用中需要注意以下几点：

(1) 上述步骤不是必须遵循的，确定要素的数量后可直接列出形态表，并进行组合选择。

(2) 在选取要素时要准确，无关紧要的可以不予考虑。为了提高工作效率，分析时最好有一个主要思想。

(3) 对于复杂的技术课题可以运用系统方法划分几个层次，逐项展开，不断深入，最后进行整体组合。

(4)当要素和形态数目过多时,形态分析法往往形成大量的问题方案,会使人在选择时无从下手,影响应用效果。

在解决发明创造问题时,形态分析法可使设计人员的工作合理化、构思多样化,帮助人们从熟悉的解答要素中发现新的组合,帮助人们避免任何先入为主的看法,也帮助人们克服单凭头脑思考、挂一漏万的不足,从而推动创造活动的发展。

任务三 列举分析法

思维热身

我们的雨伞在日常使用中有哪些不方便的地方?可以如何改进?

一、列举分析法概述

搞发明创新,首先都要认定目标、选择题目。经验证明,选题的恰当与否,将直接关系到创造发明能否成功。列举法通过对事物的分析而列出其各方面的特性,从而有助于创造发明题目的选择和确定,是一种常用的创新技法。

列举是人们思维活动的表现形式之一。人们通过列举事物各方面的属性,构成一定数量,便有助于产生新的概念,同时可从所列举出来的事物的性质、特征中归纳出更一般的概念。

一般人在处事时,对平常熟悉的事物便不太会再去认真仔细地分析观察,这在主观上就有了感知障碍,使之不能全面、深入地考察问题。列举法则不然,它要求人们以一丝不苟的态度,将一个熟悉的事物进行重新观察,每个细节都列举出来,从中发现存在的问题,提出改进意见和希望,由此导致新创造。

列举法中最基本的一种是特性列举法,在它的基础上又发展为缺点列举法、希望点列举法和成对列举法等。

二、特性列举法

特性列举法是美国布拉斯加大学教授克劳福特发明的一种创造技法。克劳福特认为每个事物都是从另外的事物中产生发展而来的。一般的创造都是旧物改造的结果,所改造的主要方面是事物的特性。此方法就是通过对有待革新改进的对象作观察分析,尽量列举该事物的各种不同的特征或属性,然后确定应加以改善的方向及如何实施。

一般说来，要解决的问题越小、越简单，特征列举法就越容易获得成功。例如，要革新一辆汽车，若从整体着手，往往一时难以得出新的设想，因为它涉及面广，很难一下子把握住。为此，可对组成汽车的主要系统进行分解，然后针对各个局部加以改进。

特性列举法适用于革新或发明具体事物，特别适合于轻工业产品的革新。此法也可适用于行政措施、机构体制及工作方法的改进。特性列举法既可个人使用，亦可集体使用。

1. 实施步骤

(1) 将对象的特性或属性全部写出来，犹如把一架机器分解成一个个零件，每个零件功能如何，特性怎样，与整体的关系如何都列举出来，列成表。若对象繁复，则应先将对象分解后，选一个目标较为明确的发明或改进课题，课题宜小不宜大。

(2) 从三个方面进行特性列举：

第一，名词特性——整体、部分、材料、制造方法。

第二，形容词特性——颜色、形状、感觉、性质、状态。

第三，动词特性——功能、作用。

(3) 在各项目下试用可替代的各种属性加以置换，引出具有独创性的方案。进行这一步的关键是要力求详尽地分析每一特性，提出问题，找出缺陷，再试着从材料、结构、功能等方面加以改进。

(4) 提出方案并对方案进行评价讨论，使产品的样式能符合人们的需要和目的。

例如我们平时用来喝水的保温杯，似乎已经习惯其样式了，不易想到可以改进之处。如果我们运用特性列举法进行分析，便能打开思路。

第一，名词特性。

整体：保温杯；

部分：杯盖、杯身、杯底、保温层；

材料：不锈钢、玻璃、搪瓷、塑料等；

制作方法：冲压、焊接、浇铸。

根据所列特性，可作如下提问。例如，杯身上是否可作防滑处理？杯盖应该用何材质才能更保温？杯垫应该有什么作用？冒出的蒸汽是否烫手，改个位置行否？制作材料有无更适用的，等等。

第二，形容词特性。

性质：轻、重；

状态：美观、清洁、高低、大小等；

颜色：黄色、白色、各种图案；

形状：圆形、方形等。

由此，也可找到许多可供改进的地方。例如，整体如何设计才更符合人的审美观？杯内部如何更方便清洁？杯身和杯盖的颜色搭配、图案处理？一般保温杯都是圆形的，可不可以设计成方形的，等等。

第三，动词特性。

功能：装水、保温等。

能否提高杯子的保温性能？除了可以装水还可以有其他什么功能等。

三、缺点列举法

任一产品或商品，都不可能是十全十美的，它们或多或少有这样或那样的缺点。然而，由于人有惰性，俗话说“初看是个疤，久看成了花”，对于习惯了的事物，人们往往不容易、甚至不愿意去发掘它的缺点；相反，如果对产品“吹毛求疵”，故意去找毛病，然后用新的技术加以改革，就会创造出许多新的产品来。

缺点列举法是抓住事物的缺点进行分析，以确定发明目的的创造技法。此法与特性列举法相比，有其独到之处。特性列举法列出的特性很多，逐个分析需要花很多时间。缺点列举法的特点是直接从社会需要的功能、审美、经济等角度出发，研究对象的缺陷，提出改进方案，显得简便易行。此法主要是围绕原事物的缺陷加以改进，一般不改变原事物的本质与总体，属于被动型的方法。它一方面可用于老产品的改造上，另一方面可用在对不成熟的新设想、新产品做完善工作，还可用于企业的经营管理方面等。

(一) 实施步骤与方式

使用缺点列举法，并无十分严格的步骤，一般可按如下程序进行：

(1) 尽量列举一事物的缺点，需要时可事先广泛调查研究，征集意见。

(2) 将缺点加以归类整理。

(3) 针对所列缺点逐条分析，研究其改进方案或能否缺点逆用、化弊为利。

例如，对现有的雨衣作缺点列举：①胶布雨衣夏天闷热不透风；②塑料雨衣冬季变硬变脆容易坏；③穿雨衣骑自行车上下车不方便；④风雨大时，脸部淋雨使人睁不开眼，影响安全；⑤雨衣下摆贴身，雨水顺此而下弄湿裤腿与鞋；⑥胶布色彩太单调，无装饰感等。

针对这些缺点可提出许多改进方案。例如，采用新材料使塑料雨衣不脆不硬；在雨帽上加一副防雨眼镜或眼罩；增加色彩，分别设计男、女、老、少不同式样的雨衣；能防弄湿裤腿及穿着方便的雨衣等。

(二) 具体方法

在具体运用缺点列举法作创造发明时，可以是个人进行思考，也可集体研究，还可借助调查等方式。

1. 会议法

召开一次缺点列举会，会议由5～10人参加，会前由主管部门针对某项事物，选择一个需要改革的主题，让与会者围绕此主题尽量列举各种缺点，越多越好。另请一人将提出的缺点记录在一张卡片上并编号，之后从中排选出主要缺点，并针对这些缺点制订出切实可行的革新方案。一次会议的时间1～2小时，会议的主题宜小不宜大。

2. 用户调查法

企业中改进产品时使用缺点列举法，可以与征求用户意见结合起来，通过销售、售后服务、意见卡等渠道广泛征集。“用户是上帝”，他们提出的意见，有时是生产设计人员所不易想到的。

3. 对照比较法

俗话说“不怕不识货，就怕货比货”“大有大的长处，小小有的优点”。将同类产品集中在一起，从比较中找缺点，甚至对名牌产品吹毛求疵，找到可以改进之处。用这种方法开发新产品起点高，步子大，容易一举成名。例如，苏州有一家生产汽车喇叭的校办工厂，只几十个人，产品缺乏竞争力，销路不佳。厂方通过调查走访，分析总结大厂的产品存在有下列三个主要缺点：

(1) 使用寿命不长。

(2) 产品外表镀锌面易变暗。

(3) 接线图印在包装纸盒上，容易丢，给检修带来不便。

造成这三个缺点的原因包括：

(1) 大厂产品线圈接头不是点焊在铜夹板上，而是直接夹在铜夹板上，容易接触不良，故而使用寿命短。

(2) 包装仅一只纸盒，无防潮措施，引起镀锌表面氧化、发暗。

(3) 接线图印在纸盒上不易保管。

解决的方法包括：

(1) 将线圈接头用点焊工艺熔焊在铜夹板上，彻底根除隐患。

(2) 包装增加了一个塑料袋密封。

(3) 将接线图另印在一张质地较好的卡片纸上以利保存。

三项改革使该厂产品摆脱了步人后尘的局面，第二年的销售量就增加1倍，利润翻一番。

思维链接

雨伞的改进

应用缺点列举法，对平时用的普通曲柄雨伞作改进创新。

先列举其缺点：伞尖容易刺伤人；拿伞的人不便再拿其他东西；乘公共汽车时雨伞上的水会弄湿别人的衣服；开收不方便；伞骨容易折断；伞布透水；模样单调、不美观、不易互相识别；晴雨两用时，式样不能兼顾；收藏携带不方便等。

为此，便研制出了种类繁多的新品种：可折叠伸缩的雨伞；伞布经防雨处理的雨伞；各种花型色彩的伞；伞顶加装集水器、上车收伞时雨水便不会滴在车内；伞骨不用铁制，避免生锈；能开收自如的自动伞；甚至还有俩人共用的椭圆形情侣伞；可兼作手杖的手杖伞；有照明功能的夜行伞；伞面用透明塑料布可不挡住视线；伞布做成可卸式易于洗涤；等等。

其中，日本理想公司抓住雨伞太长不便携带的缺点，制成了三折伞，并加装一道弹簧使伞能自动张合。这一小小改进，给该公司增加年利50万美元。

四、希望点列举法

希望点列举法是通过提出来的种种希望，经过归纳，确定发明目标的创造技法。

希望点列举法不同于缺点列举法。后者是围绕现有物品找缺点提出改进设想，这种设想不会离开物品的原型，故为被动型创造技法。而希望点列举法是从发明者的意愿提出的各种新设想，它可以不受原有物品的束缚，所以，是一种积极主动的创造技法。

例如，有人提出，希望发明一种“定时安眠药”，在疲劳时可以让你安稳地休息片刻，然后定时醒来，继续工作，而且经常服用无副作用。这种设想是现有产品所不具备的，所以它常用于新产品的开发上。

（一）实施方法

与缺点列举法类似，希望点列举法的实施形式可以是灵活多样的，常用的有以下几种。

1. 书面搜集法

比如，按事先拟定的目标，设计一种卡片，发动用户和本单位的职工，请他们提供各种想法。

2. 会议法

召开5～10人的小型会议，1～2小时，由主持人就革新项目或产品开发征集意见，激励与会者开动脑筋，互相启发，畅所欲言。

3. 访问谈话法

派人直接走访用户或商户等，倾听各类希望性的建议与设想。

（二）实施程序

由以上方法收集到的各种意见和希望，再进行分析研究，制订可行方案。具体程序为：

(1) 对现有的某个事物提出希望。希望一般来自两个方面：或是事物本身存在不足，希望改进，或是人们的需求变更，有新的要求出现。

(2) 评价所产生的希望，找出可行的设想。

(3) 对可行性希望作具体研究，并制订方案、实施创造。

思维链接

新服装的设想

什么样的服装才更受顾客欢迎呢？用希望点列举法可提出如下新样式：如希望有一种不用尼龙搭扣的服装，穿着时不用扣、解纽扣，方便至极；有人希望有一种不论胖瘦都能穿的衣服，于是生产出了膨体衫；有人希望有一种花色会变的服装，闪光衣服便有此效果，从不同角度看去，会呈现不同的色泽。

在意大利召开过一个未来衣着的研讨会，许多专家预测，到21世纪，纺织行业将有许多令人惊叹的突破，多功能的服装将会成为人们的日常用品。例如：

(1) 真正的“的确凉”。这种衣服穿在身上，夏季会特别清凉爽快。它利用水和乙二醇的混合物制成的冷却剂在服装衬里循环，使人体降温。

(2) 太阳能御寒衣。此衣有特殊的电热丝、蓄电池，在太阳照射时，不断蓄电，直流电通过电热丝使人体得到温暖，穿衣者即便在寒冬腊月也暖和如阳春。

(3) 服装“医生”。这种电疗服装是特殊的氯纶化学纤维，当它紧靠人体时，能产生微弱的静电场，促进血液循环，有对人体的按摩作用，对疏导气血、活络关节和防治风湿性关节炎均有明显的治疗效果。

这些新服装的设想，皆为希望点的创新目标。

五、成对列举法

（一）基本原理

成对列举法是把任意选择的两个事项结合起来，成对列举其特征，或者把某一范围内的事物一一列举，依次成对组合，从中寻求创新设想。

此法既利用了特性列举法务求全面的特点，又吸收了强制联想法易于破除框框、产生奇想的优点，因而更能启发思路，收到较好的效果。

使用成对列举法要遵循两个规则：

(1) 必须十分明确所要解决的问题，这样可以确定所列举事物的类别。

(2) 要把所列事物、因素的所有组合都加以研究，即使是一些初看是莫名其妙的组合，也不要轻易舍弃。这是与头脑风暴法中的延迟判断相似的原则，因为乍看起来是荒唐的想法，可能会随时间而成熟，或者能据此启迪另外的思路。

(二) 实施步骤

1. 第一种方式

(1) 列举,把某一范围内所能想到的所有事项依次列举出来。

(2) 强迫联想,任意地选择其中两项依次组合起来,想象这种组合的意义。

(3) 对所有的组合作分析筛选。

一类事物:甲,乙,丙,丁,戊,己……

另一类事物:A, B, C, D, E, F……

例如,要设计新式多功能家具,可以先列举各种家具及室内用具(床、桌子、沙发、椅子、茶几、书架、台灯、衣柜、衣架、镜子、花盆架、电视、音响、眼镜、梳子……)。

然后,两两配对组合:床和沙发、灯和衣架、桌子与书架、床和箱子、床和灯、镜子与柜子、电视与花盆、音响和台灯等。

最后,对所有方案进行分析,发现许多方案均可发明出新式家具,有些方案事实上已经成为产品,如床和沙发组合成的沙发床、镜子和柜子组合成的带穿衣镜的柜子、床和箱子组合成的床底可兼作放物柜的组合床等。

有些方案则还未见有人尝试过,如茶几与电视机、茶几与镜子、电视机与镜子、椅子和灯等。分析这些设想中的组合能否构成可行的方案。例如,选取书架与椅子组合作进一步构思,在书架旁设计安装几块自动折叠的板条,既可坐人,又可临时放书,还可当踏板去拿书架上层的书。不用时,可以折叠或插入,不占任何地方。

2. 第二种方式

(1) 将两个不同事物的属性或子因素一一列出。其中,一个事物为焦点物(发明物),另一个事物是触发物(参照物)。

甲事物的要素或属性:甲 1,甲 2,甲 3,甲 4,甲 5……

乙事物的要素或属性:乙 1,乙 2,乙 3,乙 4,乙 5……

(2) 考虑一事物的属性:①能否与另一事物 B 中的每个属性配对组合,再继而考虑一事物的属性;②同另一事物的每个属性的配对结合……依次全部组合之。

(3) 在所有可能结合的方案中,进行评选。

例如,要设计一种形态悦人的家具,可将其拟人化。以一事物为人体各部位的形状,一事物所属的各个子因素为:①手的形状;②嘴的形状;③耳朵的形状;④头的形状……另一事物为家具,所属的子因素为:①床;②椅子;③花盆架;④桌子……

将两事物的所有因素列出,然后进行组合。例如,一事物中的①与另一事物中的①②③依次组合,可得出手形的床、手形的椅、手形的花盆架等;将一事物中的②与另一事物中的①②③组合,如此类推,便可产生大量新设想。

各种家具:床 桌子 沙发 椅子 茶几 书架 衣柜……

室内用品:镜子 花盆架 电视 音响 眼镜 梳子 台灯……

最后,分析上述所有组合的可行性,如有的家具设计师已设计出了手形沙发椅,别致新颖,很受欢迎。

任务四 设问检查法

思维热身

夜光粉有更大的用途吗?

夜光粉是一种用量少用途不大的发光材料,多用于钟表和仪表。现在有人提出,它能有更大的用途吗?根据这个设问,有人研制成夜光纸,可以裁剪成任何形状贴在夜间黑暗环境中,指示开关位置所在,既方便,又安全。其可贴在火柴盒上、煤油灯座上、山区公路转弯处、楼梯扶手处等。

思考并讨论,你们还可以想出夜光粉的其他用途吗?

爱因斯坦曾经说过,“提出一个问题,往往比解决一个问题更重要。”而创新的关键,恰恰是能够发现问题,提出问题。

大多数人看见美丽的花时,会发出“多美的花”这样的感叹,只有少数人会继续发问,“花为什么会这样红?”“为什么花会开在这里?”“这是什么花?”并积极地寻求答案。

设问检查法就是对任何事物都多问几个为什么。通过有序地、有目标地提出一些问题,使问题具体化,缩小需要探索和创新的范围,从而系统地思考解决问题的可能性,产生创新方案的创新方法。

思维链接

拉链的发明

1890 年,有个叫贾德森的美国人,对当时的日常生活用品总感到不方便。比如,手提包、口袋等物,除了用绳、带打结外,就是用扣子封口,既麻烦又不美观。

有一次,贾德森带着礼物去看望表姐。下火车时,一位老太太不慎跌倒,随身携带的布袋被胀开,里面的东西撒了一地。贾德森连忙放下自己的提包,去帮老太太。可等他回头拿包时,发现买给表姐的礼物不见了。这件事的发生,更使贾德森下定了决心:一定要设计出一种能对接缝封闭严实、开合方便的装置。

有一天,贾德森到铁匠铺买饭勺。他发现这里的饭勺吊得整齐、巧妙:一根水平放置的棍子上,吊着上下两行饭勺,上面的用棍子直接穿过勺柄孔,下面的勺柄朝下,通过勺部与上面紧紧地咬合在一起。贾德森望着那两排整齐的饭勺直发呆，把买饭勺的事忘得一干二净了。那紧紧咬合在一起的两排饭勺，就成了贾德森设想中的“拉链”雏形。

经过多年的努力，贾德森根据凹凸齿错合的原理，终于发明了拉链，并于1905年获得第5号专利。但是，他将这种“拉链”用于高筒靴没有成功。

瑞典人桑巴克于1913年改进了粗糙“拉链”，将它变成了一个可靠的商品。1926年，美国小说家弗朗克才给这种装置起名为拉链。一家服装店的老板将拉链用于钱包上，后又用于海军服上。

第一次世界大战期间，美国军队最先订购大批拉链给士兵做服装。战后传入民间。彼得公司将拉链用于运动衣，也取得了成功。普通锁紧装置的专利权至1931年到期。在这之后，人们想到了拉链的更多用途。

相声中讽刺马大哈医生，说在肚子上装个拉链的笑话已成为产品扩展的一个创举。1989年1月11日，安徽省立医院外科主任医师李乃刚和徐斌，成功地为胰腺手术病人上装上拉链。

治疗急性坏死性胰腺炎时，病人在手术后半个月到1个月内还得将手术切口敞开，以便随时清洗不断产生的坏死组织和腹腔渗出液，观察病情发展，这样不仅病人很痛苦，且容易感染，手术成功率低。而装上拉链后则效果很好，手术成功率大大提高。

设问检查法中最为典型的方法是奥斯本检核表法。较常用的引申方法有5W2H法、和田技法等。

一、奥斯本检核表法

如果提问中带有“假如……”“如果……”“是否……”“还有……”等这样的一些词，就会启发思维促使想象，使我们很快进入假想，通过各种假设式的变换，探索寻找到解决问题的途径。奥斯本检核表法正是依据这样的思路而提出的创造发明技法。

它是以一种提问题的方式，对现在的产品开发或发明，从不同角度加以审核、讨论，逐个对它们进行分析，从中获得解决问题的方法和创造发明的创意和设想。这个方法是由美国创造学家奥斯本发明的，它是创造学界最有名、最受欢迎的创新方法之一。它又被称为设想提问法或分项检查法。

思维延伸

“一日一创”的奥斯本

奥斯本文化程度不高，没有上过大学，1938年，21岁的他失了业。他时刻梦想着做一名受人尊敬的新闻记者。为了实现自己的梦想，他鼓足勇气去一家小报社应聘。

主编问:“你有多少年的写作经验?”奥斯本回答:“只有3个月。不过请你先看看我写的文章吧!”主编接过他的文章看了后,摇着头说:“年轻人,你这篇文章写得不怎么样,你既无写作经验,又缺乏写作技巧,文笔也不够通顺。但是,你这篇文章也有独到的地方,内容上有独到的见解,这个独到的东西是创新。这就很可贵!凭这一点,我愿意试用你3个月。”

奥斯本由此领悟到“创新性”的可贵,明白了自己的优势所在,他决心做一个具有创新能力的人。他反复研究主编给他的大沓报纸,又买回其他各种报纸进行比较。

第一天上班后,奥斯本迫不及待冲进主编的办公室,大声说:“主编先生,我有一个想法。”主编瞪大眼睛看着这个毛头小伙子。他不顾主编的表情,只顾着自己的思路说下去:“广告是报纸的生命钱,我们无法与各大报纸竞争大广告,而小工厂、小商店也做不起大广告,他们又急于把自己的产品或商品告诉更多的人,我们何不创造条头广告,以低廉的收费满足这一层次工商者的需要呢?”主编说:“好啊!真是一个了不起的想法!”这就是现在报刊上广泛采用的一条一条的分类广告。

奥斯本坚持每天提一条创新性的建议,2年后,这张小报成为一个实力雄厚的报业托拉斯,奥斯本也当上了报业集团拥有巨额股份的副董事长。

1. 检核表法的一般步骤

运用奥斯本检核表法进行创新活动的实施步骤是:

(1) 根据创新对象明确需要解决的问题。

(2) 根据需要解决的问题,参照表中列出的问题,运用丰富的想象力,强制性地一个个核对讨论,写出新设想。

(3) 对新设想进行筛选,将最有价值和创新性的设想筛选出来。

奥斯本的检核表法,如表4-1所示。

表4-1 奥斯本的检核表法

序号	检核项目	检核具体内容	新想法概述
1	能否他用	现有的事物有无其他的用途、保持不变能否扩大用途;稍加改变有无其他用途	
2	能否借用	能否引入其他的创造性设想;能否模仿别的东西;能否从其他领域、产品、方案中引入新的元素、材料、造型、原理、工艺、思路	
3	能否改变	现有事物能否作些改变?如颜色 声音、味道、式样、花色、音响、品种、意义、制造方法;改变后效果如何	

（续表）

序号	检核项目	检核具体内容	新想法概述
4	能否扩大	现有事物可否扩大适用范围；能否增加使用功能；能否添加零部件；延长它的使用寿命，增加长度、厚度、强度、频率、速度、数量、价值	
5	能否缩小	现有事物能否体积变小、长度变短、重量变轻、厚度变薄以及拆分或省略某些部分（简单化）？能否浓缩化、省力化、方便化、短路化	
6	能否替代	现有事物能否用其他材料、元件、结构、力、设备力、方法、符号、声音等代替	
7	能否调整	现有事物能否变换排列顺序、位置、时间、速度、计划、型号；内部元件可否交换	
8	能否颠倒	现有的事物能否从里外、上下、左右、前后、横竖、主次、正负、因果等相反的角度颠倒过来用	
9	能否组合	能否进行原理组合、材料组合、部件组合、形状组合、功能组合、目的组合	

2. 检核表法实施的注意事项

检核表法在实施过程中，应注意：

（1）要联系实际，一条一条地进行检核，不要有遗漏。

（2）要多检核几遍，效果会更好，或许会更准确地选择出所需创新、发明的方面。

（3）在检核每项内容时，要尽可能地发挥自己的想象力和联想力，产生更多的创造性设想。进行检索思考时，可以将每大类问题作为一种单独的创新方法来运用。

（4）检核方式可根据需要，1 人检核也可以，3～8 人共同检核也可以。集体检核可以互相激励，产生头脑风暴，更有希望创新。

二、5W2H 法

5W2H 分析法又称七何分析法，是“二战”中美国陆军兵器修理部首创。它简单、方便、易于理解、使用，富有启发意义，广泛应用于创新活动，对于决策和执行性的活动措施也非常有帮助，也有助于弥补考虑问题的疏漏。

创新者用 5 个以 W 开头的英语单词，和 2 个以 H 开头的英语单词进行设问。发现解决问题的线索，寻找出创新和发明新项目的思路，更进一步进行设计构思，从而创造出新的发明项目。

（1）WHY——为什么？为什么要这么做？理由何在？

（2）WHAT——是什么？目的是什么？做什么工作？

（3） WHERE——何处？在哪里做？从哪里入手？

（4） WHEN——何时？什么时间完成？什么时机最适宜？

（5） WHO——谁？由谁来承担？谁来完成？谁负责？

（6） HOW ——怎么做？如何提高效率？如何实施？方法怎样？

（7） HOW MUCH——多少？做到什么程度？数量如何？质量水平如何？费用产出如何？

（一） 提出问题的重要性

提出疑问对于发现问题和解决问题是极其重要的。创造力高的人，都具有善于提问题的能力。众所周知，提出一个好的问题，就意味着问题解决了一半。提问题的技巧越高，越可以发挥人的想象力。相反，有些问题提出来，反而挫伤我们的想象力。

创新者常常会提出：为什么（Why），做什么（What），何人做（Who），何时（When），何地（Where），如何（How），多少（How much）。这就构成了5W2H法的总框架。如果提问题中常有"假如……""如果……""是否……"这样的虚构，就是一种设问，设问需要更高的想象力。

在创新中，对问题不敏感、看不出毛病，是与平时不善于提问有密切关系的。对一个问题追根刨底，才有可能发现新的知识和新的疑问。所以从根本上说，学会创新首先要学会提问，善于提问。

阻碍提问的因素有很多：一是怕提问多，被别人看成什么也不懂的傻瓜。二是随着年龄和知识的增长，提问欲望渐渐淡薄。如果提问得不到答复和鼓励，反而遭人讥讽，结果在人的潜意识中就形成了这种看法：好提问、好挑毛病的人是扰乱别人的讨厌鬼，最好紧闭嘴唇，不看、不闻、不问。但是这恰恰阻碍了人的创造性的发挥。

（二） 5W2H法的应用程序

1. 检查原产品或想法的合理性

（1） 为什么（Why）？为什么采用这个技术参数？为什么不能有响声？为什么停用？为什么变成红色？为什么要做成这个形状？为什么采用机器代替人力？为什么产品的制造要经过这么多环节？为什么非做不可？

（2） 做什么（What）？条件是什么？哪一部分工作要做？目的是什么？重点是什么？与什么有关系？功能是什么？规范是什么？工作对象是什么？

（3） 谁（Who）？谁来办最方便？谁会生产？谁可以办？谁是顾客？谁被忽略了？谁是决策人？谁会受益？

（4） 何时（When）？何时要完成？何时安装？何时销售？何时是最佳营业时间？何时工作人员容易疲劳？何时产量最高？何时完成最为时宜？需要几天才算合理？

（5） 何地（Where）？何地最适宜某物生长？何处生产最经济？从何处买？还有什么

地方可以作销售点？安装在什么地方最合适？何地有资源？

(6) 怎样(How)？怎样做省力？怎样做最快？怎样做效率最高？怎样改进？怎样得到？怎样避免失败？怎样求发展？怎样增加销路？怎样达到效率？怎样才能使产品更加美观大方？怎样使产品用起来方便？

(7) 多少(How much)？功能指标达到多少？销售多少？成本多少？输出功率多少？效率多高？尺寸多少？重量多少？

2. 找出主要优缺点

如果现行的做法或产品，经过七个问题的审核已无懈可击，便可认为这一做法或产品是可取的。如果七个问题中有一个答复不能令人满意，则表示这方面有改进余地。如果哪方面的答复有独创的优点，则可以扩大产品这方面的效用。

3. 决定设计新产品

根据前面的分析，克服原产品的缺点，扩大原产品独特优点的效用，对原产品进行升级换代，设计出新的产品。

成功要诀

其实不仅仅针对创新活动，今后做很多工作时，都可以采用 5W2H 方法来思考问题和解决问题，这样能有助于我们的思路清晰并有条理。

三、和田技法

上海市和田路小学将检核表法加以改造、提炼和通俗化，逐渐形成了“和田创造十二技法”，由于它“简单”“易记”“实用”，现在已经闻名全国。“和田技法”包括十二个“一”：

联一联、扩一扩、加一加；
缩一缩、仿一仿、减一减；
变一变、改一改、代一代；
反一反、搬一搬、定一定。

1. 联一联

某件事情的结果跟它的起因有什么联系？能从中找到解决问题的办法吗？把两样或几样似乎不相干的事物联系起来，会发现什么规律？把几样东西联系在一起，或几件事情联系起来，能帮助我们解决什么问题？

2. 扩一扩

把某样东西放大、扩展来达到你想要达到的目的。

这样东西如果放大、扩展(声音扩大、面积扩大、距离扩大……)，它的功能与用途会有哪些变化？这件物品除了大家熟知的用途外，还可以扩展出哪些用途？

3. 加一加

在这件东西上添加些什么或把这件东西跟其他东西组合在一起，行不行？加一加后会变成什么新东西？这新东西有什么新的功能？

4. 缩一缩

把某件东西压缩、折叠、缩小，它的功能、用途会发生什么变化？

5. 仿一仿

有什么事物可以让自己模仿、学习一下？模仿它的某些形状、结构或学习它的某些原理、方法。这样做，会有什么良好的效果？这样会创造出什么新的东西？

6. 减一减

能在某件东西上减去什么部分吗？能把某样东西的重量减轻一点吗？在操作过程中减少次数行不行？这些从形态上、重量上、过程中的“减一减”能产生什么好的效果吗？

7. 变一变

改变原有物品的形状、尺寸、颜色、滋味、音响等，从而形成新的物品。它也可以从内部结构上，如成分、部件、材料、排列顺序、长度、密度、浓度和高度等方面去变化；还可以从使用对象、场合、时间、方式、用途、方便性和广泛性等方面变化；也可以从制造工艺、质量和数量，对事物的习惯性看法、处理办法及思维方式等方面去变化。

8. 改一改

某件东西在使用过程中，还有哪些缺点或不足？把这些缺点与不足列一列，再分析一下，看看哪个缺点是主要的或必须马上解决的，怎样改进才能克服或尽量减少缺点，给人们带来方便。

9. 代一代

用其他的事物或方法来代替现有的事物，从而进行创新的一种思路。有些事物尽管应用的领域不一样，使用的方式也各有不同，但都能完成同一功能。因此，可以试着替代，既可以直接寻找现有事物的代替品，也可以从材料、零部件、方法、颜色、形状和声音等方面进行局部替代。

10. 反一反

将某一事物的形态、性质、功能及其正反、里外、横竖、上下、左右、前后等加以颠倒，从而产生新的事物。“反一反”的思维方法又称逆向思维，一般是从已有事物的相反方向进行思考。

11. 搬一搬

将原事物或原设想、技术移至别处，使之产生新的事物、新的设想和新的技术。即把一件事物移到别处，还能有什么用途？某个想法、原理、技术搬到别的场合或地方，能派上别的用处吗？

12. 定一定

对某些发明或产品定出新的标准、型号、顺序，或者为改进某种东西，为提高学习和工作效率及防止可能发生的不良后果作出的一些新规定，从而进行创新的一种思路。

任务五 逆向转换法

思维热身

现有的键盘该如何创新？

与键盘相关的产品有哪些？它们该如何创新？

一、逆向思维技法

逆向思维技法是指以逆向思维的方式进行创新的开发思路。逆向思维又称反向思维、乘负法、反面求索法，通俗地讲，就是“反过来想一想”的意思。这就是为了达到某一目标，人们将通常思考问题的思路反转过来，以背逆常规、常理或常识的方式，去寻找解决问题的新途径、新方法。

它主要是针对一般的产品，就其原理、需求、结构、功能等从相反方向进行思考探索，将思路从固有的习惯性思维观念中引导出来，从而获得崭新的启迪。

（一）基本原理

根据辩证法的基本原理，任何事物都包含对立的两方面，这两方面既相互依存又相互排斥地存在于一个统一的整体中。

人们在认识事物的过程中，会同时与其对立统一的两方面打交道。只是由于日常生活中人们往往只采用一种习惯性思维的方向，只看到其中的一方面。比如，认为模范人物、先进人物必然完美无缺，什么都好。罪犯一定什么都坏，丑恶无比。其结果是按正向思维去思考问题成了习惯，所形成的认识、设想越来越平庸，且无法全面地认识、考虑事物。

成功要诀

要想创造性地解决问题，采用辩证思考的方式，逆转一下正常的思路，从反面换个角度想想，很可能会产生突破性的成果。

由于对立统一的形式有多种多样，相对于一种对立统一形式，便有一种反向思考的角度。反向思考主要有如下形式：

(1) 性质上对立两极的转换，如软与硬、优点与缺点等。

(2) 结构、位置上的互换、颠倒，如上与下、左与右等。

(3) 功能或过程上的逆转，如电转为磁与磁转为电，做功与蓄功，气态变液态与液态变气态。

(4) 缺点逆用。有意识地开发利用事物的缺点，变短处为长处、变缺陷成优势、变废为宝等。

(5) 破坏。创新的实质是破与立，有意突破看似权威、典范的事物，以质疑的眼光寻找创新契机。

(二) 特点

1. 普遍性

对立面在现实世界中可以说是无处不在、极为普遍的。只是对立面往往处于背景之中，使人们不易察觉，缺乏鲜明的认识。要想创新，就必须将对立面从背景中拉出来，将其推向前台，使之鲜明突出，一目了然。

对立面不仅普遍存在，也是构筑现实事物的素材，支配着现实世界的变化。无论多么微小的粒子，还是浩瀚无际的宇宙，都是由于对立面的存在而存在的，在与对立面的吸引与排斥的相互作用得以发展和变化。

人的心理和行为同样存在爱与恨、理智与迷信、纪律与放纵、希望与失落、竞争与合作等“对立”。在商业系统有买与卖、雇佣与解雇、消费与积蓄、生产与消耗等“对立”。

技术产品的设计也普遍存在反向思考的痕迹，是矛盾着的统一体。家用钉锤一头用来敲钉子，另一头则用作起钉子；橡皮头铅笔既可写字，又可将字擦掉；百叶窗让空气流动而把光线挡住；螺帽和螺栓是在彼此往对方相反的方向拧入，才能发挥其应有的功用；空调或冰箱的技术核心是变冷才会制热、变热才会制冷。

2. 批判性

反向思考是与正向思考相比较而言的。正向是指常规的、常识的、公认的或习惯的想法与做法。反向思考当然就是对传统、习惯、常识常理的反叛，是对天经地义、绝对正确的挑战，其显而易见的好处是可以克服思维定势，破除由经验和习惯造成的僵化的认识模式。

被世界尊为“杂交水稻之父”的袁隆平的创新成果，是以“杂交”为手段获得的。然而育种专家早就有的定论是：凡自体授粉的植物没有杂交优势。水稻恰恰就属于没有杂交优势的自体授粉类植物。袁隆平以批判的眼光感到此话依据不足，通过艰辛的考察调查，发现了有杂交优势的“叛逆者”。于是，袁隆平为全人类作出了巨大的贡献，袁隆平的名字就价值 1 000 亿元人民币。

3. 新奇性

循规蹈矩地按传统习惯方式去解决问题虽然轻车熟路、简单易行，但容易使思路僵化、刻板、陷入思维定势的桎梏，所得的结果也是预料之中的。反向思考既然是从人们并非熟悉的反面去思索，其结果显然也会是人们不易想到的，能出人意料，使人耳目一新。

19 世纪 70 年代，英文打字机问世初期，制造厂商经常接到用户来信，抱怨打字的速度一快时，字母键对应的连杆和打字头会纠缠在一起，无法打字。为此，技术人员想方设法进行改造研究，可没有成功。显然，这种故障是因打字速度快而引起的。

后来，有人大胆建议，让打字员速度降下来，就没有问题了。这确实是个新奇而反常的主意。打字希望越快越好，怎么可以要打字员故意"磨洋工"呢？除非改变机器的设计，让打字员操作不方便而不得不减缓打字速度。为此，技术人员将键盘的字母排列重新考虑，让几个常用的字母键移到边上，使打字人员操作不顺手而自然降低了速度。打字杆与打字头纠缠的难题也就不复存在了。事实上，适当限制打字速度是有必要的，打字速度过快、出错率也会加大，这也并不是很划算的。

（三）逆向思维技法分类

1. 结构逆向

结构逆向就是从已有事物的结构形式出发所进行的逆向思维，以通过结构位置的颠倒、置换等技巧，使该事物产生新的性能。

在日常生活中，煮饭做菜都是锅架在火的上方，因此，夏普公司开发的电烤箱同样是热源在下面，需烤制的鱼或肉放在上面。这种结构在加热过程中必然会产生这样的问题：鱼、肉经烘烤而析出的油脂要下滴，掉在电热丝上便产生大量焦烟，污染环境。技术人员想了不少办法，最好的方法就是作简单的结构变换，让加热用的电热丝装在烤箱上部，所烤食品置于下方，这样即便鱼、肉掉下去也都不会接触电热丝。

建筑技术的变迁也含有结构性反转的贡献。在先期的建筑中，墙壁有着双重的功能：既是分隔作用，又有承重作用。这后一种功能迫使建筑师在设计高层建筑中得用厚厚的墙，以支撑整个建筑物的累积重量。这不仅异常笨重，也限制了高层建筑的进一步发展。为此，不得不考虑结构承重的转换：让构架来支撑建筑物，每层楼板由框架梁来承载，而墙壁仅起分隔空间的作用。如此，内墙可以采用轻质材料，并能在工厂预制，不仅重量减轻、隔音隔热效果提高，还可减薄壁厚提高使用面积比例，施工也非常方便快捷。而外墙则可以采用玻璃幕墙，整个建筑物便更加漂亮壮观。

2. 功能逆向

功能逆向是指从原有事物功能上去进行逆向思维，以寻求解决问题、获得新的创造发明的思维方法。

1877年,爱迪生在试验改进电话时,发现传话器里音膜随着声音能发生有规律的振动。那么,同样的振动能不能转换成原来的声音呢?依据这一逆向思维的思路,爱迪生终于发明出了人类历史上第一台会说话的机器——留声机。

索尼公司总工程师井深大有一天去理发。他一边理发,一边在玻璃镜子里看电视。但是他看到的电视图像正好相反,眼睛很不舒服,心里很别扭。突然,他计上心来:如果设计一种反向画面电视机,那么,就能在镜子里看到正面画面。于是,他回到公司,利用既有的设计、生产、经营正面电视的独家优势,设计、生产、经营反向画面索尼电视机,生意还非常兴隆。

3. 状态逆向

状态逆向是指人们根据事物某一状态的反面来认识事物,从中找到解决问题的办法或方案的思维方法。

比如,木匠用锯和刨来加工木料,木料不动而工具动、人在动,体力消耗大,质量还得不到保证。为了改变这种状况,人们将工作状态反过来,让工具不动而木料动,设计发明了电锯和电刨,从而大大提高了效率和工艺水平,减轻了劳动量。

4. 原理逆向

原理逆向是指在运用某些原理上,作相反的思考。科技史上有些重大的创新发明,其起源就是在原理上作相反的想象。

1819年,丹麦的物理学家奥斯特,发现了通电导体可使磁针转动的磁效应;1820年,法国的安培发现通电的螺线管具有与磁石相同的作用。英国物理学家法拉第想:"为什么不能用磁产生电呢?"于是,法拉第开始做各种各样的试验。经过9年艰苦探索,终于在1831年获得了成功——发现了电磁感应现象,由此创制了世界上第一台发电机,为人类进入电气化现代文明开辟了道路。

5. 序位逆向

序位即顺序和方位。顺序又指时序或程序,方位又指方向和位置。序位逆向是指对事物的顺序和方位逆向变动,以产生新的较佳效果的思维。

在造船史上,"反向建造"法对造船的质量与速度有着重大影响。早先的船体结构装焊时,都是在同一固定状态进行的,这样就有很多部位必须作仰焊。仰焊的劳动强度大,质量不易保证,对快速发展的造船业造成制约。于是,有人便在船体分段结构装焊时将需仰焊的部位暂不施工,待其他部位焊好后将整个分段翻个身,变仰焊部位为俯焊位置。显然,装焊的质量与速度都有了保证。

火箭是向天上打的,能否向地下打?苏联工程师米哈伊尔于1968年研制成的钻井火箭,能穿透土壤、冰层、冻土、岩石,每分钟钻进10米,重量只有普通钻机的1/17,耗能少2/3,效率提高5~8倍,引起钻井、打桩手段的革命。

6. 方法逆向

方法逆向是指在解决问题时，采用与惯用方法截然相反的方法的思维。

意大利琴德餐馆别出心裁，想出了由顾客自定价格的经营方式。

店主将餐馆经营的菜肴、点心、饮料等分成五六种一套，每种套餐分别规定五种价格，由顾客自己认付。

实际情况如何呢？

据老板介绍，大部分顾客都付二等价格的，因为去餐馆就餐的顾客，认为自定价格偏低，有失体面。只有当顾客对餐馆的菜肴感到不合口味，或遇到质量不好的，才赌气付三等价钱。老板认为，让顾客自定价钱，一方面可招徕顾客，另一方面可以根据顾客付款情况，来反馈自己的服务质量，以便改进经营，提高菜肴制作水平。

7. 观念逆向

观念逆向是指在人的观念上作相反的思考。比如，以前很多人的饮食倾向于油水多，鸡鸭鱼肉一大桌，而现在作相反的思考，从健康的角度要追求清淡、天然、野生、粗粮和杂粮等。

思维链接

垃圾的作用

美国雪佛隆公司是家专门生产饮料的企业。在产品打入亚利桑那州土珊市之前，该公司先委托亚利桑那大学人类学教授威廉·雷兹对该市的饮料市场进行研究。

1 年之后，威廉·雷兹教授指着一大堆垃圾，按照垃圾原产品的分类、名称、重量、数量、包装，对雪佛隆公司的老板说："垃圾袋绝不会说谎和弄虚作假，什么样的人丢什么样的垃圾。查看人们所丢弃的垃圾，是一种最有效的行销研究方法。"

他通过对土珊市的垃圾进行研究，获得了有关当地食品消费情况信息，从而为雪佛隆公司作了这样的分析：

第一，劳动者阶层所喝的进口啤酒比收入高的阶层多。

第二，中等阶层人士比其他阶层消费的食物更多，因为双职工都要上班，而且太匆忙了，以致没有时间处理剩余的食物。依照垃圾的分类重量计算，所消费的食物中，有 15% 是可以吃的好食品。

第三，人们通过对这些垃圾内容的分析，了解到消费各种食物的情况，得知减肥清凉饮料与压榨的橘子汁，属高层收入人士的喜爱消费品。

雪佛隆公司老板依据威廉洁·雷兹教授的调查结果制订饮料的产销战略。最后的结果是威廉·雷兹教授成为雪佛隆公司的英雄，雪佛隆公司成了利润的英雄。

市场的真实信息在哪里呢？看来只有有智慧的人才能找到。

二、重点转移与问题逆转法

（一）重点转移法

俗话说：有心栽花花不活，无心插柳柳成荫。在科技创新中常有这样的现象，原定的目标久攻不克，而偶然冒出来的现象却导致重大成果的诞生，如青霉素的发明即属此例。细菌学家弗莱明正在做培育葡萄球菌的实验，偶然发生有器皿中的葡萄球菌成片死亡，研究发现是青霉孢子在作怪。于是，他将目标转向青霉孢子的杀菌研究，最终发明了青霉素，这一发明使人类的平均寿命延长了10年！

类似地，英国化学家帕金致力研究人工合成奎宁药物，但奉献给人类的却是合成染料——苯胺紫。

成本最低，赚钱最多的一种糖水——可口可乐，其实是配错了药方的头痛药水。

在宇航开发中，碰到这样的一个难题：宇航员穿上了盔甲似的宇航服，其头部活动不便，以致于无法观看自己胸前之物。如何克服这一障碍，采用现代技术诸如摄像系统装置是可以解决的，然而，对宇宙飞船重量的严格限制不允许采用复杂的附加设备。专家们致力于改进宇航服的努力毫无希望，有人便抛开现代技术，仅在宇航员手腕上戴块小镜子，依靠镜子的反射便使之视野开阔，一览无余。

（二）问题逆转法

当一个问题难以解决时，可试着将问题转移，变换成与之相关的另一个问题，甚至是完全相反的问题，然后集中精力来思考解决。一旦新问题得到解决，原来的老问题也不复存在了。

汽车被盗是各国都存在的社会问题。为此，许多发明家都动了不少脑筋，研制发明了各种各样防盗的锁具与报警装置，但这些技术不久便会被盗贼们破解。怎么办？一位技术人员突发奇想，既然防不胜防那就不去设防，让小偷去偷。问题在于车被偷后主人能找到它不就行了。于是，从发明防盗装置改为发明寻找车踪的装置。

据此思路，一种车装信号发送装置问世了。将它隐藏于汽车的任一部件，一旦车子被盗失踪，利用警察局的电脑就能启动该装置，在5千米范围内了如指掌，一部带有跟踪设备的警车很快就能将车找回来。

洗碗是个麻烦事，很多人不愿意干。一些发明家努力发明各种洗碗机以代替人力洗碗。而一位商人却把问题逆转为让碗不用洗。他想到东南亚一带的热带雨林有大量藤子，便用其编织成碟子，吃饭时先用一片圆纸衬在碟子里，再放上食品，饭后将碟内的纸片揭去，收回藤碟便行。

另一位发明家受此启发，直接用层压纸制造出“不用洗的碗”，每次用餐后，只要撕去一层纸，就会露出干净的下一层。这种碗对缺水的地方及勘探、旅游很合适。

在澳大利亚，公共服务业工会为维护工人合法权益常举行罢工。但公共服务业与一般工厂不同，罢工会引起公众活动的不方便而不被支持。

墨尔本的汽车司机工会却出奇招，不罢工而照常上班，公交车辆正常行驶载客，只是拒绝收取乘客的车费，让乘客白乘车。这一方式当然受民众支持，但资方的损失和压力更大。

三、还原分析法

还原分析法是把创造的起点移到创造的原点，即先暂时放下所研究的问题，反过来追本溯源，分析问题的本质，然后从本质出发，另辟蹊径，寻找新的创造方法。即把创新对象最主要的功能、要素抽象出来，回到根本抓住关键。此法有“后退一步，海阔天空”的功效。

还原分析法有两种方式：还原换元法与换元还原法。

（一）还原换元法

还原换元法即先还原后换元。还原就是在做发明创造时，不以现有事物为起点，继续沿着原有思路同向探索，而是先摆脱思维惯性和传统影响，反向还原。

换元是指改变原有的方法或材料等。此法创造性极强，是开辟发明创造新路的一种有效方法。

还原换元法的特点与步骤如下：

（1）还原换元法适应于一切领域中的创造活动，其目的是谋求发明创造的新途径。

（2）还原换元法是对原有事物原理上的更新换代，以便有所创造，取得新发明。

（3）还原是此法的第一步，要领是克服思维的惯性，回到创造原点。

（4）对某事物作还原换元创造，并非要改变服务目的，而是改变服务形式，即不是顺着该事物的现有技术思想进行发明的革新，而是按照创造原点寻求新的技术思想。

例如，要设计一种新电扇，设计师多以目前的电扇为起点，搜集资料、精心设计，力争荟萃各扇之长。这样的创造成果，一般是继续完善和提高电扇的性能，降低成本，并不触动电扇的基本工作原理。而用还原换元法指导设计时，则先还原分析发明电扇的最初目的，无非是要引起空气快速运动，然后以此为原点，考虑下一步创新。

（5）返回原点后的下一步工作是换元。

（6）评价还原换元的可行性。换元应该是多方位的，尽量搜集各种换元因素。然后逐项分析评估，看换元后比之原有事物是否更质优价廉、易于实用。

（7）按优选的最佳方案，具体实施之。

对于电扇来讲，就是要寻找某种能促使空气运动的新方法。

比如下面的压电陶瓷风扇（见图 4-1），主要是利用材料本身的逆压电效应制作而成，具有体积小、无噪音、节能高效、寿命长等优势。大体结构为两个弯曲变形器的组合，变形器由两片压电陶瓷片夹一金属薄片构成，接通电源后，两叶片作往复振动，从而产生风量。

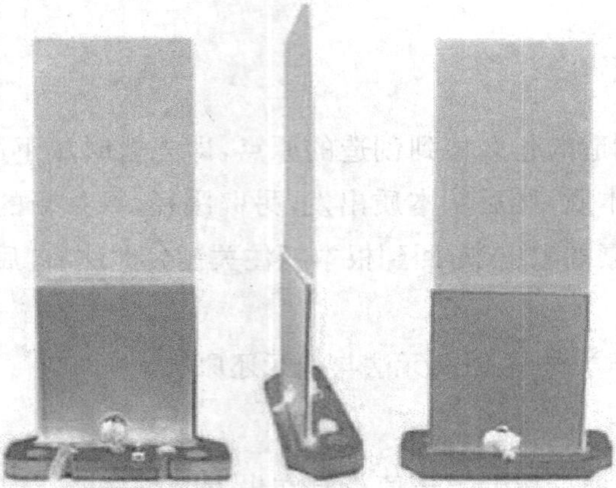

图 4-1　压电陶瓷风扇

下面是一款新型电风扇，独特的工作原理让它摆脱了风扇扇叶这个部件，革新了风扇造型。实际上，它通过底座上的机关吸收空气，然后再将空气高速压缩，并通过环状部件释放出来，如此一来，徐徐凉风飘然而至。这种新造型风扇不仅外形靓丽，清理起来十分方便，安全性也得到了提高。

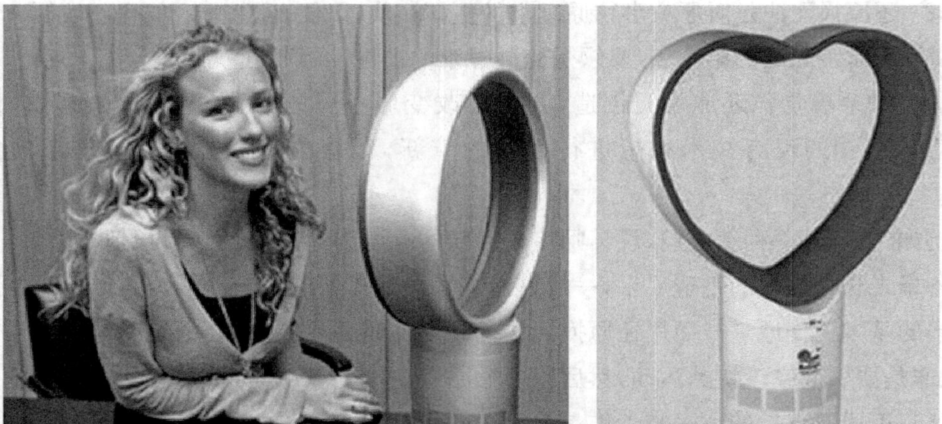

图 4-2　无叶电风扇

无叶电风扇（见图 4-2）最初是由一位叫詹姆士·戴森的英国发明家发明的，这种新型的风扇因为没有叶片所以被称为无叶电风扇，又称空气增倍机，因为是戴森发明的，所以又称戴森无叶风扇。无叶电风扇于2009年10月12日首次推出。

无叶电风扇基座中带有的40瓦电力马达，每秒钟将33升的空气吸入风扇基座内部，经由气旋加速器加速后，空气流通速度最大被增大16倍左右，经由无叶风扇扇头环形内唇环绕，其环绕力带动扇头附近的空气随之进入扇头，并以每秒405升的速度向外吹出。

（二）换元还原法

换元还原是数学运算中常用的解题方法，如直角坐标与极坐标的互相变换以及换元积分法。此法着重于解决具体问题的方法，并非是提出问题的方法。

在飞机驾驶员训练时，初期先在模拟飞行环境中（先换元）训练，再过渡到实际（还原）环境中作训练。

科学研究中的模拟试验，也都是先换元取得有关参数、经验或方法后，再还原。

应用换元还原法的关键在于换元，即发现并决定可以互相代替的事物及其等值关系，和实施代替的具体方法。在发明创造活动中，换元还原就是用一事物代替另一事物，通过代替事物来研究被代替事物，从而使常规方法所难以解决的问题被解决，或者发现新的办法，或者进一步改进完善被代替的事物。

思维链接

气泡室的发明

探测高能粒子运动轨迹的仪器——“气泡室”的发明过程，就是美国核物理学家格拉塞尔在喝啤酒时，看到杯中一串串上升的气泡，猛然受到了启发，便将啤酒看作高能粒子要穿越的介质，随手拣起几粒鸡骨代替高能粒子，待酒杯中碎骨沉落，周围不断冒出气泡，气泡清晰地显示了碎骨下落的轨迹。

换元实验是成功的，能否还原呢？格拉塞尔经过反复实验，终于发现，当带电粒子穿过液态氢时，所经路线同样出现了一串串气泡，由此找到了能呈现粒子飞行轨迹的良策，荣获诺贝尔物理学奖。

创造与创新的本质是破与立，只有突破传统与规范才能产生新奇的创造。居里夫人指出：“你所发现的东西离传统理论越远，你就与诺贝尔奖越近。”破的关键在于大胆质疑。

创新鼓励人们敢于疑别人之不疑、善于想别人所未想的问题。人才成功的经验表明，人才的开拓创新是离不开独立思想品格的。人云亦云，不敢于提出问题、不善于提出问题和缺乏怀疑精神的人，是绝不会取得创新成果的。

疑问、矛盾、问题常常是开启思维的金钥匙。破的关键在于大胆质疑！

思维延伸

如何培养质疑精神？

质疑精神的培养可从以下几方面进行：

(1) 可以与自信心的培养相结合进行培养，有了坚强的自信心，怀疑精神自然就会产生。

(2) 遇到问题，注意自觉地进行独立思考。

(3) 理智地控制自我，在未发现自己错误之前，尽量做到坚持己见而不随波逐流。

(4) 在争论问题时，尽力避免从众心理，不要屈从于群体压力，更不应盲目地模仿他人而放弃自己的观点。

四、缺点逆用法

缺点逆用法是指在创新中，利用事物的缺点，化弊为利进行创新的方法。

任何事物都具有双重性，即利弊并存。利弊关系的这种统一属性是创新的理论基础和实践基础。

莎士比亚有句名言，“事情没有好坏，只在于如何看待”。而中国西汉时期的刘安也有句名言，“塞翁失马，焉知非福”。

缺点的作用：一方面，可以引导研究者通过克服缺点进行革新；另一方面，可以引导研究者去寻找化弊为利的途径，产生新的技术发明。

它的实施步骤如下：

(1) 探寻事物可以利用的缺点，此乃缺点逆用法的前提。应该说，一般地发现事物的缺点并不难，但要从中找到可以利用的缺点则不太容易。这既有赖于研究者的科学素养，知识结构与实践经验，也取决于社会需要所提出的技术要求和科学发展水平。

(2) 透过现象，认清缺点的本质，抽象出这种被视为缺点的现象背后，所隐藏的可以利用的基本原理，或表现为缺点的现象本身的特性、行为、作用过程等。这一步是判断缺点是否具有可利用性，为下一步寻找利用的途径和方法提供科学依据的重要环节。

这一环节最理想的目标，是要彻底揭示出缺点现象背后的本质或起支配作用的原理。对于限于科学技术的水平而较难达到理想目标，通常不去探究现象的本质，只把精力集中在把握现象本身的特性、行为、作用过程等宏观规律，据此判定缺点的可利用性并设法驾驭它化弊为利。

例如，当钢被加热到300℃～400℃时便产生蓝脆性。但对于这种蓝脆性产生的内在原因和变化机制，众说纷纭，并无统一定论。然而，人们仅仅凭借对于现象本身特性的了解，就创造了利用蓝脆性制造铁粉的新方法。

(3) 根据所揭示的现象背后的基本原理，或对现象本身特性等的认识，研究利用或驾驭缺点的方法。在此，要综合运用各种提出设想和形成发明构思的创造技法，以尽可能多地获取锦囊妙计。

“以毒攻毒”就是我国中医宝库中出奇制胜的方略。令人感兴趣的是，技术史上一些别具一格的创造发明，也不乏采用这种“以毒攻毒”思路者。例如，金属的腐蚀本来是件坏事，但有人却利用腐蚀的原理发明了蚀刻和电化学加工工艺；机械的不平衡转动，会产生剧烈的振动，利用它，有人发明了夯实地基的蛤蟆夯等。

英国的泰坦尼克号邮轮在起航后不久，就遇险沉没了，此事使许多人感到震惊。这一事故是由于从北冰洋漂过来的冰块使船底的局部出现低温，船底的焊接部分产生低温脆性而造成的。

含碳量高的钢，在－100℃左右时，其耐冲击强度接近于零，这时的钢韧度几乎完全丧失。这正是泰坦尼克号沉没的根源。这说明，低温脆性导致了不幸，是缺点。

但是，今天人们却利用低温脆性，创造了低温脆性切削法。当钢在－150℃～－100℃时失去韧性，在这样的低温下进行切削，比在常温时要容易得多。

思维训练营

一、头脑风暴法

1. 分组讨论手机的用途。

2. 美术老师要求你在50厘米大小的纸上，画出1米高的人像，如何做到？

3. 马路对面的草丛里有很多美味的虫子。小鸡很想去吃，但现在马路被太阳晒得很烫，而且马路上还有很多汽车来来往往。

可是虫子真好吃呀……

如果你是这只聪明的小鸡，你有什么办法？

二、组合创新法

1. 请你把台灯与别的东西组合在一起发明新产品。

2. 请你提出一个旅行式钱包的发明设想。

3. 请你把伞与别的东西组合在一起发明新产品(太阳灶、剑、警报器、催泪器、收音机、手电筒)。

三、列举分析法

1. 用特征列举法进行电风扇创新设计。

2. 用缺点列举法进行雨衣的创新设计。

3. 用希望点列举法进行雨伞的创新设计。

四、设问检查法

1. 用奥斯本核检表法设计自行车。

2. 用和田十二法改进玻璃杯。

3. 用 5W2H 法分析改进学校食堂的业务范围。

五、逆向转换法

1. 老张喜欢安静，退休后，在学校附近买了一间简陋的房子。前几个星期还很安静，不久，有 3 个小孩开始在附近踢易拉罐瓶闹着玩。老张受不了这些噪音，出去跟小孩谈判。

请大家帮忙想想办法，怎么在不发生冲突下，使他们不再来踢易拉罐？

2. 有一块形状如图 4-3 所示的木板，准备把它切成 2 块做一个十字架，该怎样做？

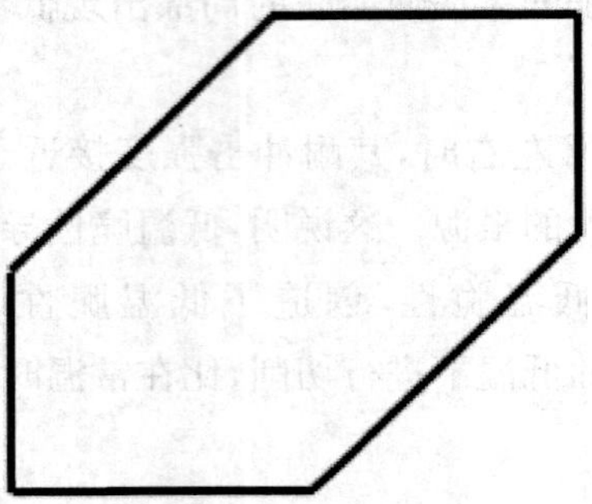

图 4-3　木板

3. 举出几个常用物品，用还原分析法或缺点逆用法改革它们。

项目 5

投身创新思维实践

训练目标

掌握激发思维潜能的方法；

学会创新思维的日常训练，学会激发自己的灵感，学会从抱怨中发现商机，学会从街头观察中提取有价值信息；

能用创新的方式解决日常问题。

任务一　激发创新思维潜能

思维热身

人生在世，当持有什么样的信念？

人类的大脑是世界上最复杂的，也是效率最高的信息处理系统。它的重量只有1 600克左右，其中却包含100多亿个神经元。在这些神经元的周围还有1 000多亿个胶质细胞。人脑的存储量大得惊人，在从出生到老年的漫长岁月中，我们的大脑足以记录每秒钟1 000个信息单位，也就是说，我们能够记住从小到大周围所发生的一切事情。

头脑像一台信息处理机，其运算速度同样快得惊人。据实验证明，大脑能在几百分之一秒的时间内，接收外界传来的一个人脸的映象，并在1/4秒的时间内，分析这张脸的详细情况，把这些情况综合成一个整体。然后，大脑便从它的“记忆库”里边所储存的几千个脸孔中识别这一张特定的脸孔，看看以前是否见过它。如果曾见过这张脸孔，大脑还能够回忆起与这张脸孔有关的言谈举止、思想观念、交往的经历等资料。

人和其他动物最大的不同之处是，其他动物只长有两只眼睛，而人却长有“三只眼睛”。这也许是造物主的有意安排，是对人类的无比恩宠吧！人的“第三只眼睛”就是思考，它与智慧相通，与创新思维相连，它比另外两只眼睛看到的更多、更远、更深刻。

人的大脑有无限的潜能。潜能就是潜在的能量，正常情境下并不显现出来，只在一些特殊的情境下被激发。

当我们在创新的时候，经常会遇到很多暂时无法解决的问题，这时候能否激发潜能就显得尤为关键。

一、抑制创新思维潜能的几种心态

人生到底是喜剧收场，还是悲剧落幕；是丰丰富富的，还是无声无音的，全在于人们所持有的信念。信念可以使人前一刻得病，而后一刻不药而愈；信念不仅能促使我们采取行动，相反也会削弱我们行动的念头。信念可以开发潜能，也可以抑制潜能。而信念则决定了我们待人接物时的心态，消极的心态毫无疑问会抑制潜能的出现，我们应时刻提醒自己加以避免。

1. 浮躁

“浮”指性情飘浮、不能深入、浮光掠影、不踏实。“躁”指脾气急躁、自以为是、骄傲自满。浮躁其实是一种病态心理表现，其特点有：

(1) 心神不宁。面对急剧变化的社会，不知所为，成天无所事事，做事无恒心，见异思迁，不安分守己，对前途毫无信心。

(2) 焦躁不安。不能静下来踏踏实实地学习、工作，而是求多、求快，希望一口吃成个胖子。在情绪上表现出一种急躁心态，急功近利。在与他人的攀比之中，更显出一种焦虑的心情。能耐小，脾气大。

(3) 盲动冒险。浮躁的人急于求成，由于情绪取代理智，使得行动具有冲动性和盲目性。行动之前缺乏思考，为图一时之快，将可能的后果置于脑后。比如，现在有一种叫“闪辞族”的，连同事还没有来得及认识就跳槽了，1 年之中跳槽七八家单位，成为了名副其实的“职业跳蚤”。

“非宁静无以致远，非淡泊无以明志。”浮躁心理的存在必然对一个人的人生产生严重的不良后果。急功近利的心态会导致心理紧张、烦恼、易怒，降低注意能力、思维能力；浮而不实使知识与工作技能无法提高，仅局限于表面，以至于业绩平庸或者无法有效地履行责任。

2. 消极抱怨

成功人士与失败者的差异是：成功者将挫折、困难归因于个人能力、经验的不完善，他们乐意不断向好的方向改进和发展；而失败者则怪罪于机遇、环境的不公，强调外在、不可控制的因素造就了他们的人生位置，总是抱怨、等待与放弃。主要表现是：

(1) 愤愤不平。好像整个国家、社会、企业、团队都亏欠他一样，整天牢骚满腹，甚至骂声连连。

（2）悲观厌世。在这些人的心目中，这个世界一无是处，简直没法活了。他们总是用消极悲观的眼光看待社会，看待别人，看待工作。

（3）推脱借口。一有风吹草动张口就抱怨环境，抱怨别人。完不成任务？公司的政策有问题，不是我的责任；客户投诉？那是服务流程有问题，和我没有关系。

消极抱怨不仅导致自己整日生活在灰色的哀怨、萎靡之中，也让身边的团队、身边的人深受其害，他们成了腐蚀美好环境和氛围的瘟疫传播者，所到之处肃杀一片，毫无生机和活力。

3. 斤斤计较

斤斤计较本身并没有什么过错，人应该为自己的利益计算清楚，不会算计自己利益的人也就没有办法生存和生活。我们讲的斤斤计较是过分地斤斤计较，过于算计自己的得失，这样的人无论是在工作中还是在生活中都是有问题的。

美国心理专家威廉通过多年的研究，以铁的事实证明，凡是对金钱和物质利益太能算计的人，实际上都是很不幸的人，甚至是多病和短命的。他们90%以上都患有心理疾病。这些人感觉痛苦的时间和深度，也比不善于算计的人多了许多倍。换句话说，他们虽然会算计，但却没有好日子过。

爱算计的人，心胸常被堵塞，每天只能生活在具体的事物中不能自拔。习惯看眼前而不顾长远。在工作中表现为“给多少钱，干多少活儿”，这本身并没有错，问题是过于计较自己的得失，就会错过了知识与技能成长的机会，他们宁愿自废武功，也不多干一点儿。

斤斤计较的人，计较了眼前，失去了长远；计较了现在，失去了未来；计较了薪酬，失去了能力；计较了自己，失去了别人。斤斤计较的一生，反而是一无所获的一生。

4. 投机取巧

投机取巧心态，往轻里说，是指不愿意付出艰苦劳动，靠小聪明以取得成功；往重里说，是指用钻空子的办法和狡猾的手段，来获取不正当的利益。投机取巧的人希望取得卓越的绩效，但不愿意付出相应的努力；希望到达辉煌的巅峰，却不愿意经过艰难的道路；他们渴望取得胜利，却不愿意作出牺牲。工作中的投机取巧心态表现为：

（1）善于找“窍门”、走“捷径”，目的是少出力、少干活儿，但是工资报酬不少得。

（2）干面子活儿，领导或者别人在的时候奋不顾身，一旦没人监督则偷懒耍滑，惜力如金。

（3）喜欢花拳绣腿，表面功夫。比如，练习一项技能，有些人在练习之前，总想找一个讨巧的方法来练习，他们认为，勤学苦练不应该是自己的选择。于是，总是把心思用在找捷径上，东走走西转转，而不是沉下心来认认真真去学，其结果是不仅耽误了时间，而且技能不牢、不扎实，最多成为“半瓶子醋”，正所谓“聪明反被聪明误”。而那些认为自己比较笨的人，也找不到捷径，于是“笨鸟先飞、埋头苦干、老老实实”，所下的功夫比别人多，最终把一件简单的技能练成了绝活儿。

投机取巧说白了就是想“不劳而获”。懒惰是人性的弱点，而投机取巧恰恰暗合了人的这一弱点。海尔 CEO 张瑞敏先生说过这样一件事情：要求一个中国人每天擦六遍桌子，也许他第一天能做到，过了几天他无论如何也做不到一天擦六遍，而日本人可以做到。因为在中国人的思想意识里，认为桌子擦一遍或两遍就可以擦干净，为什么要擦六遍？其实这种思想就是投机取巧。

投机取巧的心态会使人堕落，在无所事事中令人退化。投机取巧也许能让人获得一时的便利，可能表面上看来会节约一些时间和精力，但却在心灵中埋下隐患，从长远来看，是有百害而无一利的。一旦养成投机取巧的习惯，一个人的品格会大打折扣。

郎咸平教授指出：由于依靠投机取巧所获得的成功是小概率事件，因而风险极大。如果一个人有了投机取巧的心态和习惯，不会永远取得真正的成功；如果一个企业有了投机取巧的做法，这个企业永远只能做产业链里附加值最低的制造环节，而无法脚踏实地地走向产业链价值更高的其他环节；如果一个民族存在投机取巧的文化，那么这个的民族就很难屹立于世界之巅。

古罗马人有两座圣殿：一座是勤奋的圣殿；另一座是荣誉的圣殿。他们在安排座位时有一个秩序，就是必须经过前者，才能达到后者。勤奋是通往荣誉的必经之路，那些试图绕过勤奋，靠投机取巧寻找荣誉的人，总是被排斥在荣誉的大门之外。

5. 好高骛远

拿破仑有句话：“一个不想当元帅的士兵不是一个好士兵。”这句话有一定的道理。士兵有雄心壮志是走向元帅的首要条件。但是在当下，很多人自我期望太高，有的甚至严重偏离实际，于是便出现眼高手低、好高骛远的情况。其主要表现为三个方面：

(1) 工作时，这山望着那山高，脚踏两只船甚至几只船，左顾右盼，定不下心来，没有清晰的方向，在频繁的跳槽中浪费了大好光阴。从职业的角度来看，一个人难免要调换几种工作。但是，这种转换必须依托于整体的人生规划。盲目跳槽，虽然在新的工作环境里收入可能有所增加，但是，一旦养成了这种习惯，跳槽就不再具有目的，而是成为一种惯性。

久而久之，自己就不再勇于面对现实，积极主动地克服困难了，而是在一些冠冕堂皇的理由下回避、退缩。这些理由无非是不符合自己的兴趣爱好、老板不重视、命运不济、怀才不遇、别人不理解等，整天幻想着跳到一个新的单位后，所有的问题都迎刃而解了。其实，这往往导致了工作中的问题越来越多，而忠诚敬业的精神却渐渐消逝了。

(2) 总想做大事，一上来就想干大事。对于一些繁琐的、日常的、枯燥的工作看不上眼，好像这不是自己该干的。殊不知，小事都干不好的人，大事如何干得了，一屋不扫，何以扫天下？

(3) 目标远大,却舍不得做眼下脚踏实地的努力。很难把事情做精、做细、做到位。而且,这样的人盲目的自信,甚至是自负,对自己缺乏清晰的认知和定位,整天琢磨着要干大事,不鸣则已,一鸣必要惊人。结果往往是眼高手低,高不成低不就,到头来一事无成。

6. 冷漠麻木

这种心态时常表现出一种冷淡、消沉、怠惰、萎靡、不在乎、无所谓等冷漠情绪和消极态度。一些人在碰了几次钉子以后,便心灰意冷起来,自以为看破了"红尘",看透了人生,热情消失了,兴趣没有了,对一切表现得很漠然。这种冷漠心态对自己有着极大的危害。

(1) 冷漠麻木心态长期发展下去,就有可能转化为他的性格特征。由于对周围一切的人和事物都有漠视的冷淡态度,因而,不能深入团队生活中去,不能和周围的人心灵相沟通,他们看不到真正的生活和真正的人生,看不到本来的希望和曙光。跟随冷漠而来的,必将是内心深处的孤寂、凄凉和空虚。

(2) 冷漠心态好似一种心灵上的麻醉剂,会使心灵变得麻木。古人云:"哀莫大于心死。"一个对什么都激不起热情和兴趣,对什么都冷漠的人,内心生活必定是暮气沉沉,死水一潭。一些人在经受了挫折或打击之后,也像《红楼梦》中的李纨那样,来个"万念俱灰""心如死灰",压抑热情、活泼的天性,对周围的一切采取漠然视之、麻木不仁的态度,这无疑是自己压抑自己,是一种可悲的自我摧残和自我埋葬。

(3) 冷漠麻木心态标志着责任感的泯灭。如果对他周围的人或事都表现出冷漠,那么,就会把自己从人与人之间互相依赖的密切联系中割裂开来,以超脱的"看透者"自居,以一种不以为然的、讥讽的、嘲笑的眼光看待一切。在他看来,自己和集体、和他人是不相干的,是没有义务和责任的,自己可以漠视他们、不关心他们。

我们每个人都应该检讨自己,在平常的工作、学习、生活当中是否存在这样的消极心态。如果存在,则应主动避免,才能在需要时激发自己的思维潜能。

二、激发创新思维潜能的要素

要想激发潜能,必须要具备以下几个要素。

1. 高度的自信

高度的自信是一切成功的基础。如果你对自己非常自信,以致你的激情被彻底唤起的时候,你就会进入一种特殊的功能状态。这时你的思维和精神力量的速度和数量都会大大增加,在这种状态下,你的精神力量好像增加了数倍思维机器这部无比精密的仪器以神奇的速度顺利地运转,此刻你会真正感觉到灵感四溢、随心所欲的心理状态。可以说,信心是成就一切事业的根本。大家无论在学习工作,还是创业上,都要想到信心,要使自己充满必胜的高度信心,因为信心是潜意识能量的精髓、灵魂,没有信心,你将一事无成。

2. 坚定的意志

意志,是为了达到既定目标而自觉努力的心理过程。简单地说,意志就是坚定的决心。一位哲人说过,大多数失败因软弱的意志造成。一切成功创业也是如此,坚定的意志是事业出成效的一个重要因素。

我们的意志,是一种很奇怪、很微妙、无法触摸但却非常真实的特殊能量,它与人类潜意识深层次的力量有着非常紧密的联系,当潜意识的神奇力量被激发出来的时候,通常是意志在起作用。

3. 强烈的愿望

一位著名的成功学家说过,一个人在其梦想、雄心、目标、表现、行为和工作中显现的精力、能量、意志、决心、毅力和持久的努力的程度主要是由"想"和"想要"某件事的程度来决定的。这句话可谓是放之四海而皆准的真理。世上任何人做任何事都是如此。当人强烈渴望某个事物,尤其当这种渴望的强烈程度已深入影响到潜意识时,他便会求助于潜意识中的意志和智慧的潜在力量,这些力量在愿望的推动和刺激下,会表现出不同寻常的超人力量。

三、激发创新思维潜能的方法

1. 不要过于限制

过多的限制会阻碍创新、阻碍思维的潜能,我们可以:

(1)不要事先考虑你想要说些什么,张开嘴巴说出来就行。

(2) 不要做计划(不要考虑明天),不要在有行动前考虑,先行动。

"行动——在行动中纠正你的行为"。这个模式看来有些偏颇,但事实上它符合机制开动的原则。一枚鱼雷绝不事先行动,它直接朝目标进攻,然后纠正行进过程中可能产生的一切偏差。

(3) 停止批评自己。潜能受压抑的人经常沉溺在自我的批评中,不管做出多么简单的举动,事后他都会对自己说:我真不应该这样做!

在鼓足勇气说完一句话之后,他立刻对自己说:"也许我不应该这么说,也许别人会有错误的理解。"心理学家奉劝每一个受压抑的人再也不要这样折磨自己,因为有意识的自我批评、自我分析和反省虽然也是必然的,但是作为一种经常不断的、每日每时都进行的自我猜测或者对过去行为的无休止的分析,最终只能导致你行动的失败。要注意这一类的自我批评和自我责备,要使他们立即停止下来。

2. 循序式肌肉放松

身心处于放松状态下是非常有利于形成创新的。这里介绍一种有效的循序式肌肉放松法。初步的肌肉放松运动并不难学，跟着下列的要点练习大约一星期，就可以掌握到放松的要诀。

(1) 安排30分钟时间。

(2) 安排一个宁静且最好是黑暗的房间，内有一张舒适的床或沙发。

(3) 穿着宽松的衣服(如睡衣)，或将自己的紧身衣裤解松，然后睡或躺在床或沙发上。

(4) 深呼吸3次，每一次吸气之后，尽可能憋住不立刻呼出，并全身紧张，然后握紧拳头，这一过程是让你体会到紧张的感觉。在每一次忍受不住时，再将气缓缓呼出，尽管能引导自己有“如释重负”的感觉，这一过程是让你体会到松弛的感觉。

(5) 尽量感受紧张的不适感觉与松弛的舒适感的强烈对比。

(6) 按身体部位逐一发布“松弛的自我催眠命令”。这些部位依次是手指及手掌、前臂、手臂、头皮、前额、眼、耳、口、鼻、下颚、颈、脖、背、前胸、后腰、肚、臀、耻骨以及大腿、膝、小腿、脚及脚趾。你依照这些部位的秩序，发布以下的指令：“放松松弛，我现在感到非常舒畅。我的(部位)现在是非常的松弛，我明显感觉到这部位有一种沉重而舒服的感觉”。

(7) 在向自己发布这些命令的同时，你要尽量体验全身松弛的感受。

(8) 在完成手指到脚趾的松弛的过程中，想象一股暖流，由头顶缓缓地流经你的脖子、胸、肚、腿以及脚尖。这暖流带来的舒适感，大大地加深全身的松弛程度。

(9) 静静地躺在床上或沙发上，尽情享受这难得的松弛，体会这状态的美好。

除了第9步没有时间限制外，前面由手至脚整个逐步放松的过程需6～7分钟。如果你在不到6分钟的时间内完成，那说明你还未能达到松弛状态。要保证在这段时间内没有外界的骚扰。

3. 良性暗示

暗示又可分为积极的暗示即“良性暗示”和消极的暗示即“负面暗示”。学者们认为，暗示通过显意识进入潜意识，到达意识的深层部分。从这个方面讲，潜意识乃是暗示的积累与沉淀。它深刻地且从根本上影响着、折射着、塑造着人的生命。

暗示在深层潜意识中深沉地潜伏着，广大地弥漫着，持久地延续着，多方地沟通着。与显意识相比，潜意识平时处于压抑状态，暗示积淀的各种各样的图景处在被压抑、被封锁、被束缚、少自由、被控制的状态。遇到偶然的机会，也会冒出来，在意识中出现，其表现形式即为灵感、直觉、想象等。

积极的暗示能够开发头脑中的思维潜能，应该尽可能多地从周围环境和别人那里得到积极暗示，或者直截了当地对自己进行良性暗示，同时要拒绝和抛弃那些压抑思维潜能的消极暗示。

思维链接

放血实验

心理学中有一个实验。以一死囚犯为样本，对他说："我们执行死刑的方式是使你放血而死，这是你死前对人类做的一点有益的事情。"这位犯人表示愿意这样做。

实验在手术室里进行，犯人在一个小间里躺在床上，一只手伸到隔壁的一个大间。他听到隔壁的护士与医生在忙碌着，准备对他放血。护士问医生："放血瓶准备5个够吗？"医生回答："不够，这个人块头大，要准备7个。"

护士在他的手臂上用刀尖点一下，算是开始放血，并在他手臂上方用一根细管子放热水，水顺着手臂一滴一滴地滴进瓶子里。犯人只觉得自己的血在一滴一滴地流出。

滴了3瓶以后，他已经休克了。滴了5瓶以后，他已经死亡了，死亡的症状和因放血而死一样。但实际上他一滴血也没有流。这就是暗示的力量。

在进行自我暗示的时候，要牢记5个原则：

(1) 简捷。你默念的句子要简单有力。例如："我一定有办法！""我肯定能解决这个问题！"等等。

(2) 积极。这一点极为重要，如果你说："我不要失败！"虽然你说的是"不要"失败，但这种消极的语言会将"失败"的观念印在你的潜意识里。因此，你要正面地说"我一定能成功"。

(3) 信念。你的暗示要有可行性，以避免与心理产生矛盾与抗拒。如果你觉得"我会在今年年内挣到100万"是不太可能的话，选择一个你能够接受的数目。例如，"我1年内会赚到50万或30万。"

(4) 想象。默诵或朗诵自己定下的语句时，要在脑海里清晰地形成意象。

(5) 感情。想象自己健康，你要有浑身是劲的感觉。成功学之父拿破仑·希尔博士也指出，"当你朗诵(或默诵)你的句子时，要把感情灌输进去，否则光嘴里念是不会有结果的，你的潜意识是依靠思想和感受的协调去动作的"。

4. 幽默的氛围

幽默，是个人生活中的"味精"，对于缓解生活紧张、调谐人际关系，都有重要的作用。引发幽默和欣赏幽默的能力，是个人修养水平的一个标志。从创新思维的角度来说，各种类型的幽默都是言谈举止方面所表现出来的一种创意。也就是说，能够引我们发笑的地方，一定是出乎意料的新东西，对于众所周知的陈旧的事物，人们是不会发笑的。

幽默与创新思维之间存在着密切的关系。一个人为了激发出幽默，必然要摆脱理性思考和固有结论的束缚，而这正是创新思维的必要条件。

幽默故事的构成通常都是这样的：起初是一连串合乎逻辑的情节发展，并让听众产生紧张感，急于知道结局；然后，一条出人意料的线索突然插进来，形势便急转直下，使原先那条线索成为一个虚假的问题，原先的紧张感突然消失，听众便不由自主地笑起来。

激发思维潜能的一种重要方法，就是让专家学者以及各行各业的顶尖人物聚集一堂，不预设什么严肃的课题，而是充分发挥想象力，鼓励他们胡思乱想，越逗人笑越好。

5. 快乐心灵

“快乐”与“幸福”含义相同，在许多种语言中，两者都是使用同一个词来表示的。快乐在我们看来是有价值的东西，是人生追求的重要目标，甚至可以说是最重要的目标。中外历史上很多著名的伦理学家，都把“最大多数人的最大幸福(快乐)”当作全社会的追求目标，用来衡量各类事物是否有价值及其价值大小的最终标准。

快乐，说到底是心理快乐，是主体自我感觉到的一种自在、舒服的心理状态。快乐自身与引起快乐的原因是两回事，快乐可以由物质性的东西引起，但是快乐本身却不是物质性的东西，而是精神性的东西。既然人们都认为快乐是有价值的，那么，怎样才能得到快乐呢？初看起来，这个问题很简单。快乐是由许多不同的事物引起的，只要我们确认了那些作为快乐原因的事物，并且想方设法得到它们，我们不就能够在那些事物的刺激下获得快乐了吗？所谓“寻找快乐”，不过是寻找那些能够引起快乐的事物罢了！

人生万事，都能引起我们的快乐，关键是去寻找。而寻找快乐的最好工具，就是创新思维。新的思维视角能够引发快乐，而旧的思维定势则能够导致痛苦，许多科学实验都已经证明了这一点。

6. 右脑思维

大脑的左、右两个半球分别称为左脑和右脑。它们表面有一层约3毫米厚的大脑皮质或大脑皮层。两半球在中间部位相接。1981年，美国神经生理学家斯佩里发现了人的左脑、右脑具有不同的功能。右脑主要负责直感和创造力，或者称为司管形象思维，判定方位等，左脑主要负责语言和计算能力，或称为司管逻辑思维。一般认为，左脑是优势半球，而右脑功能普遍得不到充分发挥。

从创新思维的角度来说，开发右脑的功能是意义十分重大的。因为右脑活跃起来有助于打破各种各样的思维定势，提高想象力和形象思维能力。近年来，不少人对锻炼、开拓右脑功能发生浓厚兴趣。提倡开拓右脑，正是为了求得左、右脑平衡，沟通和互补，以期最大限度地提高人脑的效率。两个大脑半球的活动更趋协调后，将进一步提高人的智力和创新能力。

7. 梦境顿悟

梦会将毫不相干的事物联系在一起，而这可能恰恰是你的正常思维所忽略的。

“刚才的梦真是太美妙了！赶快记下来。”平时想不明白的问题，做梦时却常常会“顿悟”。为什么我们常常在梦境中顿悟？

诺贝尔奖获得者 laureate Otto Loewi 梦到了一个实验，证明了神经冲动是化学信号传递的；《科学怪人》的作者 Mary Wollstonecraft Godwin 梦见了一个可怕的幽灵瘫在桌子上，产生了这本书的灵感。

思维链接

苯环结构的发现

19 世纪中叶，随着石油工业、炼焦工业的迅速发展，有机化学的研究也随之蓬勃发展。我们知道，苯是一种重要的有机化学原料，它是从煤焦油中提取的一种芳香的液体。当时，化学家们面临着一个难题，那就是如何理解苯的结构。苯的分子中含有 6 个碳原子和 6 个氢原子，碳的化合价是四价，氢的化合价是一价，那么，1 个碳原子就要和 4 个氢原子化合，6 个碳原子该和 12 个氢原子化合(因为碳原子和碳原子之间还要化合)。而苯怎么会是 6 个碳原子和 6 个氢原子化合呢？化学家们百思不得其解。

这时，德国化学家凯库勒也着手探索这一难题。他的脑子里始终充满着苯的 6 个碳原子和 6 个氢原子，他经常每天只睡三四个小时，一干起来就不歇手。他在黑板上、地板上、笔记本上、墙壁上画着各种各样的化学结构式，设想过几十种可能的排法，但是，都经不起推敲，被自己否定了。

一天晚上，凯库勒坐马车回家。也许是由于近日来过度用脑，他在摇摇晃晃的马车上睡着了。在半梦半醒之间，凯库勒发现碳原子和氢原子在眼前飞动，变幻着各种各样的花样。忽然，原子变成了一条白蛇，这条蛇扭动着、摇摆着，最后咬住了自己的尾巴，变成了一个环……

“先生，您到家了！”马车夫大声叫醒了睡眠中的凯库勒。他揉揉眼睛，白蛇不见了，环不见了，原子也不见了。原来是“南柯一梦”！清醒过来的凯库勒马上想起苯的结构，对，它一定像白蛇那样头尾相接，构成环状结构！

凯库勒立即奔向书房，迫不及待地抓起笔在纸上画了起来。一个首尾相接的环状分子结构出现了。经过进一步论证，凯库勒终于第一个提出了苯的环状结构式，解决了有机化学上长期悬而未决的一个难题。

心理学告诉我们，日有所思才会夜有所梦。凯库勒受到梦境的启示，发现苯的环状结构，从表面上看，是一种偶然，但实际上这正是他连续几个月来日夜思考而导致的必然。

但是梦境顿悟不是名人的专利，我们普通人的生活中也常常遇到：

几何题算了一天不会做，晚上就梦见自己还在做几何题，第二天突然有思路了；写作文没思路，晚上梦见自己还在写作文，第二天突然有灵感了；想了一天表白不知道怎么说，晚上梦见自己还在琢磨，第二天突然思路清晰了。

什么情况下做梦会顿悟？

要想在梦境中有什么重大的发现，那么首先要满足的条件就是处在“清醒梦”的状态中。清醒梦就是一种半梦半醒的状态，跟白日梦不同的是，前者是做梦的时候有点清醒，后者是清醒的时候有点睡意。

2015 年发表在 *Neuroscience* 杂志上的一篇文章研究了清醒梦和元认知的关系：清醒梦和元认知的过程都使用的同样的神经系统，尤其是在思维控制方面（元认知：对自己认知状态的意识，也就是“知道自己知道”）。

文中还提到，清醒梦其实就是元认知的其中一个形式。那么这意味着，你在清醒梦中实现了更高层次的思考。白天你只是停留在问题本身进行思考，但是清醒梦中你跳出了问题本身这个局限，对困惑的问题有了定义更广的理解。举个简单的例子，比如我白天做几何题一直在几何图形内画辅助线，清醒梦中我可能就开始天马行空地画辅助线，最终找到解题办法。

8. 冥想境界

冥想就是让自己的心灵进入一个全新的空间，跳出曾经的框框，静思。

冥想太重要了！在潜能开发、打开个人生命能量、天人合一、获得大智慧等方面，都有非常多的神奇效果。但就这么简单又神奇的改变，却很难让人重视。

有很多改变很容易做，很容易改变我们生命质量的方法就在我们身边，只要去做，就会有改变，就会有收获，就如冥想。可惜现代人，太多的人被工作、被娱乐、被烦心的事，挤得没有一点时间静下来，好好地发现自己内在的能量。

很多人会说，我很忙，我要忙工作、忙赚钱、忙这忙那，什么是忙啊？心亡则忙，中国的字太有文化了，不要再忙了，给自己的内心留下一点清静的空间，比如说每天抽出一点点时间，静静地坐在那，冥想一会儿，你就会收获巨大的能量。无论从潜能开发的冥想、从瑜伽术的冥想、从佛家的禅修冥想、道家的冥想，还是人体科学的激发大脑潜能等，都可看出冥想具有太多各个学派和文化思想的共识。

所谓冥想就是停止知性和理性的大脑皮质作用，而使自律神经呈现活络状态。简单地说就是停止意识对外的一切活动，而达到“忘我之境”的一种心灵自律行为。这不是要消失意识，而是在意识在十分清醒的状态下，让潜在意识的活动更加敏锐与活跃，进而与另一次元的宇宙意识波动相连接。

宇宙本身充满着波动，波动即是资讯，充满着未知的构想。藉由冥想开启右脑的人，能够自由自在地使用宇宙的资讯与构想。人类的脑，受到天体星球运动的支配，是宇宙的一部分，而且具备和所有波动同频道的机能。如同收音机一样，调对了频率，就能清晰的接收到讯息一般，冥想就是调整自己与宇宙波动的一个方式。

冥想原本是宗教活动中的一种修心行为，如禅修、瑜伽、气功等，但现今已广泛地被运用在许多心灵活动的课程中。以研究超导体而获得诺贝尔物理学奖的布莱恩教授，也是养成了藉由冥想收取心灵讯息的人，他曾说过：以冥想开启直觉，可获得发明的启示。

虽说是冥想，但其方法很多，不胜枚举。有坐禅的冥想，也有站立姿势的冥想，甚至舞蹈式的冥想。还有，祈祷也是冥想，读经或念诵题目也是冥想的一种。《脑内革命》的作者春山茂雄认为，看部喜欢的电影、听听最喜欢的音乐（古典、爵士）或是兴奋地计划自己的未来，都可以算是冥想的方式。如果采用不合乎自己的冥想法时，不但有痛苦，而且更是白费心力，最后只有带来身心的疲劳。

冥想可使得新皮质熟睡，藉由旧皮质的功能，提高我们潜在意识的力量。为了进入冥想状态，我们必须使全身的肌肉、细胞以及血液循环等作用都缓慢下来，只要是任何能使身心感觉舒适的方法都可以。

可以尝试按以下步骤来学习冥想：

（1）找一个无人干扰安静的地方，如卧室、没人的教室、操场上的草坪等。

（2）冥想的姿态很重要，可以坐在干净的地面上，也可以坐在凳子上，尽量是有靠背的凳子，而且是 90 度形成一个直角。坐下来，关键是，背一定要直，挺起胸膛，和后脑勺形成一条直线，头保持水平或轻微向上一点点。

（3）保持坐姿适应两三分钟，什么都不要想，让身心保持平静和清净，同时心里默念着“放松、清净、放松、清净”如此反复，直到心里和大脑没有了杂念为止。

（4）通过上面的步骤身心已经放松了。开始想象一切美好的画面，想象的重点就是：一定要是美好和谐宁静的画面。比如，“满池荷花遍开”，让这个画面一直在脑海里，只有一个念头，就是荷花，花的数量多少都可以，不影响效果，但荷花要在自己的上方。

再比如，太阳。闭眼，保持清净心，开始冥想在自己的上方，太阳慢慢地、慢慢地靠近自己。太阳从头顶再到脑中央，太阳光充满着能量在照耀着自己，那能量从大脑一直向下传遍全身各处，一波连着一波。这样持续三五分钟，停止冥想后，深呼吸数次，回想整个过程，再睁开双眼，你会感觉全身充满着能量。

（5）谨记冥想是想一些美好的画面，或者保持整个过程什么都不想，深度静坐，都可以。

成功要诀

你只要多用脑去想，多动手去干，就能扩展自己的思维视角、激发自己的思维潜能。这样你即便是一个资质平庸者，也会变得像天才一样，又聪明又有本事。

任务二　创新思维日常训练

思维热身

随机想出四件没有联系的物体，两两配对，找出它们之间的相同点和不同点。

现在的社会是一个不断发展的社会，每一天都在不断地创新、不断地进步。我们每个人都知道这个社会需要一些新的东西来推动其发展，同时要想取得成功也就一定要有足够的创新思维。如果一味地模仿前人的脚步，只能落后于人，很难取得突破。所以，我们要在生活中培养良好的创新思维，只有这样，我们才能引领时代的发展，取得成功。

无论做什么事都要坚持，持之以恒才是做事成功的法宝，进行创新思维训练也是一样，绝不是一朝一夕即可成功的。这一点我们都知道，但是真正能做到的却没有几个人。因为我们在坚持了一段时间后，就会找各种理由让自己放弃，这就是我们人类的本性。

成功者之所以能够成功，就是他们不会找理由为自己开脱，他们会把更多的时间用在坚持做自己的事上，而不是去考虑别人会如何看自己。真正的赢家就要有一种忘我的精神。

一、求同求异求合思维训练

从字面上我们也大概能够理解这个方法的含义。大体思路就是培养一个善于发现的习惯，善于在生活中找到不同事物的相同点和相同事物的不同点，并且发现生活中各事物的联系，以创新的视角来看待事物。具体的方法如下：

第一步，每天早上起床的时候，在脑海里想出四种完全没有联系的事物。比如一本书、金项链、一瓶可乐、一台电视。在我们睡醒的时候头脑里是很空旷的，这时进行思维训练就好像新生儿一样，能极大程度地锻炼你的思维，使你的神经在昏昏欲睡中清醒过来。在你醒来后想到的任何事物，都可以进行创新思维训练。抓住你的第一感觉，不用特意去想某个事物，生活中任何事物都可以。

这时你要做的就是将他们进行分类，每两种事物都要能归到一类且与另外两类不同。比如：

(1) 金项链和电视属于贵重物品，书和可乐比较便宜。

(2) 书和电视可以承载大量的信息，戒指和可乐不能。

(3) 电视和可乐属于新兴事物，书和金项链很久以前就有了。

开始我们进行训练的时候会感觉很费力，这是因为，我们生活的环境长时间束缚了我们的思想。只要我们去想，就一定会找到它们的异同点。万物之间都是有联系的，无论是什么联系，只要你能找到的就是。在这个训练中没有绝对的对与错，只要你自己能够解释清楚就可以了。

每天早上，对你想到的事物寻找共同点来分类，你的思维一整天都会非常地开阔。这样，久而久之，我们在看待事物的时候，就可以将两个不同的事物之间的联系很容易地找到，非常有助于我们创新。

第二步是求异，方法与求同恰好相反，类似于我们玩的游戏找不同。在一天之中去不断发现相同事物的不同点，从不同的角度去审视同一个问题。所谓“一千个观众眼里就有一千个哈姆雷特”。

在别人发表完观点的时候不要急于肯定回答，而是要想一想从你的角度来看的话，会是怎样的观点。人与人是不同的，你的观点不一定和某个人完全相同，只是你让你自己屈服于别人的观点，只去跟着别人的想法走，没有求异。

求异是非常重要的一个方法，是树立创新思维必不可少的。

例如，有两家咖啡公司，一家依靠自己悠久的历史，打出了“爷爷在喝，父亲在喝”的广告。而另一家咖啡公司另辟蹊径，找到和对手不同的一面进军市场，打出“年轻的一代，激情的一代”，受到了年轻消费者的追捧。

第三步就是求合。求合就是在求同和求异的基础上，将我们发现的不同事物的相同点和不同点结合起来，创造新事物的一种思维方式。生活中很多创新的事物都是来自于多种事物的结合。

比如铅笔和橡皮，正是人们找到两者的共同点（在写字的时候用），所以有了铅笔上面的橡皮。两者结为一体使得我们用起来非常地方便。

求和的思维是创新的一个很高的境界。把不同事物的优点结合于一身发明创造出新的事物，这是时代和社会所需要的思维。在我们日常的生活中，同样会用到这种方法将一些复杂的事情简单化。

无论做什么都是贵在坚持，创新训练也是一样，要想培养出良好的创新思维，就要每天坚持去做，坚持去想。只有这样，我们的大脑才能不断地开发，思维不断地创新，在未来的某一天创造出全新的事物。

二、激发右脑思维训练

人的左脑是“逻辑脑”，而右脑是“创新脑”。要想提升创新思维能力，必须要对右脑进行训练。

（一）每天诵读“成功语录卡”

如果你在心中想着“我一定会成功”，大脑就会为你的成功制定出一套行动计划。相反，如果你整天抱怨“我什么都不顺利”，大脑就会制定出一套让你无法成功的行动计划。

请自己制作一份成功语录卡，然后复印几份，贴在记事本里，每天几次大声朗读它的内容，那么你的生活中一定会开始出现许多让你惊喜的事情。

范例：成功语录卡

- 我有伟大的理想。
- 我一定能够实现理想。
- 我能力出众。
- 无论做什么事，我都能全力以赴。
- 我会真诚地对待每个人。
- 我能尽情享受每一天。
- 我充满活力。

当然，你也可以根据自己的情况，写下属于自己的成功语录卡。

思维链接

吸引力法则

有一种我们看不见的能量，一直引导着整个宇宙规律性地运转，正是因为它的作用，地球才能够在46亿年的时间里保持着运转的状态；也正是因为它的作用，太阳系乃至整个宇宙中，数以亿计的星球，都能相安无事地停留在各自的轨道上安分地运行，这样一种能量引导着宇宙中的每一样事物，也引导着我们的生活，这种能量就是——吸引力。

现代量子力学表明，世上的万事万物都是由能量组合而成的，而能量就是一种振动频率，每样东西都有它不同的振动频率，所以才出现了那么多不同事物的面貌，无论是像桌子、椅子等有形的物体，还是思想、情绪等无形的东西，都是由不同振动频率的能量组成的。比如一排音叉，当你敲响其中一个，音叉发出清脆的高调乐声，没多久，其他的音叉也会发出同样高调的乐声，它们的声音会互相应和，产生共鸣，甚至愈来愈大声。

振动频率相同的东西，会互相吸引而且引起共鸣。我们的意念、思想是有能量的，脑电波是有频率的，它们的振动会影响其他的东西。大脑就是这个世界上最强的“磁铁”，会发散出比任何东西都还要强的吸力，对整个宇宙发出呼唤，把和你的思维振动频率相同的东西吸过来。

你生活中的所有事物都是你吸引过来的！是你大脑的思维波动所吸引过来的！所以，你将会拥有你心里想的最多的事物，你的生活，也将变成你心里最经常想象的样子。这就是吸引力法则！

你可以这样来理解吸引力法则：无论你的注意力，或者能量集中在哪个方面，也无论这种注意力或者能量是消极的还是积极的，你都在吸引着它们成为你生活的一部分。

（二）镜子技巧

这里介绍的镜子技巧，是由美国心理学家布里斯托总结而成的。方法简单有效，可以使你充满信心和激情。具体做法如下：

站在镜子前，镜子不需要很大，但至少能看到你自己身体的上半部分。

笔直站立，后脚跟并拢，收腹挺胸抬头，再做三四次深呼吸，直到对自己的能力有了信心。然后凝视眼睛深处，告诉自己“会得到想要的东西”，大声说出想要东西的名字。要看得见嘴唇的动作，听得清所说的话语。

这种做法要成为一种固定的仪式，每天至少早晚两次，还可以增加内容，将喜爱的口号或精彩的格言写在镜子上，只要它们确实代表你内心希望实现的事情即可。用不了几天，你的自信心必将会增强。

如果你准备去访问一个极其固执的人，或拜见一个曾使你感到害怕的上级，那么请运用镜子技巧，直到你相信能够做到不慌不忙；如果你被邀请去作演讲，那么务必对着镜子做一番练习，用拳头敲击另一个手掌，或其他自然洒脱的手势使观众接受你的观点。

思维链接

自我激励成就大事业

1926 年，毕业于东京大学法律系的大村文年进入三菱矿业集团，成为一名小职员。当公司举行新人欢迎会时，他对同时进入公司的同事说：“我将来一定要成为这家公司的总经理。”

豪言壮语之后，他开始了自己的长远计划。他凭旺盛的斗志与惊人的体力，孜孜不倦地工作，数十年如一日，远远超过众多资深的同事。在毫无背景的情况下，他完全凭借自己的实力，终于在 35 年后当上三菱矿业的总经理。在三菱矿业的历史上，不到 60 岁就成为直系公司的总经理，可以说是史无前例。他的就职惊动了日本工商界人士，他们内心无不感到惊讶，并深感佩服。

无独有偶，在 1949 年，一位 24 岁的年轻人，充满自信地走进美国通用汽车公司，应聘会计工作。

罗杰去通用公司应聘时，只有一个职位空缺。招聘人员告诉他，工作很艰苦，对一个新人来说会相当困难。罗杰信心十足地对招聘人员说：“工作再难我也能胜任，不信我干给你们看……”

进入通用工作第一个月后，罗杰就告诉他的同事：“我想我将成为通用公司的董事长。”他的上司对这句话不以为然，甚至嘲笑他自不量力，逢人就说：“我有一个下属说他将来会成为通用公司的董事长。”

这位年轻人就是从1981年起出任通用汽车董事长的罗杰·史密斯。

正是高度的自我激励，指引他永远朝成功迈进，引导他由财务会计登上董事长的宝座。

（三）想象训练

想象能够帮助我们树立成功的信心。不仅如此，还会对我们行动的成败产生巨大的影响。脑海中的想象不仅反映在人的精神上，还反映在人的实际行动中。当某种行为发生时，其实我们已经事先通过大脑的想象，描绘出了该行为成功几率的大小。如果脑海中浮现出成功的情景，那么实际行为的成功几率就增加；相反，如果想象的是失败的情景，实际行为失败的几率就会增加。即使同样的行为，由于其事先的想象不同，其结果也会完全不同。

想象训练的基本练习只要利用空闲时间就可以进行了。无论是在公交车还是出租车里，在办公室还是自家的起居室，甚至在卫生间或浴室里，都可以简单地完成这一训练。

1. 放松情境训练

放松情境训练，就是通过想象使人心情愉快的情境来进行放松。有许多种放松情境训练，下面介绍其中几种：

有一种情境是“潜水之旅”。想象自己在大海里潜水，像海豚一样在海中漫游。即使没有玩过潜水，也会在电视里见过海洋世界很多次了，那样的情景应该会自然地浮现在脑海里吧。真实地回味一下与热带鱼嬉戏，和海豚在海中畅游的情境吧，你能享受到的不只是视觉上的图像，而且还包括与那个图像交织在一起的声音和气味。

或者，想象自己像小鸟一样在天空中自由地飞翔，这种“天空之旅”也是一种有效的放松。现在你自己就想象站在高高的悬崖上，感受着让人心旷神怡的风。忽而你变成一只小鸟，自由地翱翔在碧空中，去任何你想去的地方吧。或者，想象自己在所居住的城市上空飞翔，这也挺有趣。一边欣赏着自家周围的景色，一边愉快地在空中漫游。不要局限于这里介绍过的几种情境，你还可以选择任何让你心情愉快的画面，以放松的心态发挥自己的想象力，这样一切压力都能够轻松地消除。

2. 图像想象练习

所谓的图像化，是指闭上眼睛后，脑海中所显现的图像在任何时候都能再现。体育运动员在开始比赛之前，先想象自己取得胜利时的样子，这就是利用图像化来发挥能力。不过，并不是每个人都可以再现脑海中曾经显现的图像，但是我们可以通过做残像训练来锻炼我们的图像化能力。

第一步，准备好O形、△形卡片，将卡片放在眼前30厘米处。也可以自己用笔在纸上画出同样的形状。

第二步，目不转睛地注视O形卡片30秒。要将注意力集中在卡片上，此时尽量不要眨眼睛。

第三步，闭上眼睛，注视残留在眼帘背后的残像。残像消失后，继续睁开眼睛注视O形卡片。如此循环往复，最少做5次。

第四步，用形状不同的卡片做训练。当O形卡片的残像停留时间越来越长时，用△形卡片继续作同样的练习。当△形卡片的残像越来越不易在眼中消失后，接下来用菱形卡片做练习。

3. 感官想象训练

想象训练基本练习的目的，是掌握进行清晰想象的能力。选择合适的训练素材是保证训练成功的重要因素。这里推荐的想象对象是交通信号灯、时钟、柠檬，以及自己喜欢的明星面孔等。

交通信号灯是很常见的东西，所以，能比较容易地想象出它的样子，并且红、黄、绿这几种颜色是很好想象的颜色。时钟的指针有长有短，非常适于进行不同的想象，而且当你想不出来的时候，还可以快速地看一眼自己的手表，再把眼睛闭上在脑海里想出它的样子。柠檬也是初练者很喜欢的想象材料。柠檬鲜艳的颜色和光滑的手感，以及若有若无的香味和放入口中时那种酸酸的味道，不仅从视觉上，还从嗅觉、触觉和味觉上全方位地帮助你完成想象。从这一点来说，柠檬真是绝好的想象对象。

可以按照下面的方法来训练：

第一步，凝视手中的柠檬，反复仔细地观察它的形状、颜色、纹理；然后用手触摸它的表面质地，是光滑还是粗糙；再闻闻它有什么气味。

第二步，闭上眼睛，回忆柠檬给你留下了哪些印象。

第三步，放松肌肉，排除杂念，想象自己钻进柠檬里。里面是什么样子？你感觉到了什么？里面的颜色和外面的颜色一样吗？想象你尝了这个柠檬，记住它的滋味。

第四步，想象自己从柠檬的内部走了出来，记住刚才在柠檬里面看到的、尝到的、感觉到的一切。

或者，试着想一下自己喜爱的明星的表情和动作吧。因为想象遵循“对有兴趣的对象才能清晰地想象”的基本原则，所以明星也是很好的想象训练素材。

总之，想象自己喜爱的东西是提高想象力的原动力。

（四） 集中力训练

你想要完成的任务越难，就越需要集中精神。换句话说，当你要完成一项不集中精神就无法进行的任务时，就会自然而然地提高自己的集中程度。

要想获得集中力，就要进行具体的训练。做法很简单，除了准备每个项目所必需的物品以外，只要准备一个时钟就可以了。请记录下完成竞技所用的时间，只有不断更新记录，你的训练劲头才会越来越大。你一定会惊讶地发现，自己在无意中已经获得了优秀的集中力。

1. 夹大豆

准备两个盘子和一双筷子，以及10颗大豆。做法很简单，在一个盘子里放进10颗大豆，再用筷子一个一个地夹起来，移到另一个盘子里去。如果大豆在中途掉了下来也不要紧张，用筷子重新把它夹起来，继续比赛。要想在短时间内完成这个项目，就要集中精神注意筷子尖，同时一定要放松。

2. 叠硬币

准备200枚硬币，面向桌子，保持心情放松，把200枚硬币一枚枚叠起来。一次叠几枚都可以。

一次叠放150枚还是比较容易的。最初100枚的叠放方法对后面100枚是否能叠放好会产生巨大的影响。要缩短叠放时间，秘诀是：巧妙地运用指尖，把硬币笔直地叠放在一起。

3. 穿针引线

准备一根30厘米长的线和一根针。这个项目极其简单，只要尽快地把线穿过针眼就可以了。穿针10次，这个比赛就结束了。需要注意的是，由于线的粗细和针眼的大小对穿线的时间有极大影响，所以要保持高度集中，掌握好穿线所需的时间。

4. 笔尖对笔尖

准备两支铅笔，两手各拿一枝放在胸前，使它们笔尖对笔尖。闭上眼睛，消去关于两手位置的视觉记忆，完全凭感觉让两只手摸索到笔尖的位置。不要预先睁着眼睛记下铅笔的位置，否则这个项目就失去了意义。从两只手之间较远的距离开始，最终让两支铅笔的笔尖碰到一起。这样重复5次。

计算一下全部完成以上4个项目所使用的时间，它就是你的成绩，把4个项目的时间值汇总。每周3次左右，利用晚饭后休息的时间来挑战一下这个训练，两三个星期以后，你的集中力一定会有所提高。

（五）获得灵感训练

首先要准备一些便签和笔。可以放一些在衣服口袋里，另外在卫生间、卧室、放物品的台子等几个地方也放置些。决定你是否能够抓住灵感的关键，是在灵感出现后最初的10秒内，过了这个时间，我们的大脑里又会出现新的念头，丢掉了之前宝贵的灵感。所以，无论如何要做好在灵感出现的瞬间就能够把它记录下来的准备。

从零到产生灵感是相当困难的。因此，平时就要多训练自己从关键词开始自由地思考并获得灵感。

先在一张便签上写下3个关键词，它们可以是任何当时出现在你脑海里的事物。一般来说，普通的日用品、商品或者我们经常使用的工具等比较合适。当然，也可以是自然界的动植物。

实际上，这种做法存在一个缺点，就是脑海中出现的事物往往包含相关性内容。要想找到完全没有关联的关键词，可以把手机作为一种工具。打开手机微信中的某个公众号，记下立即出现在眼前内容中的一个关键词，然后再打开新的一篇文章，记下第二个关键词。把3个关键词写在一张便签上，这样就可以轻松地找到3个完全没有关联的事物。

选定3个关键词后，再另外准备3张新的便签，每次挑出那3个关键词中的两个写在这3张便签上，每张便签上的关键词都要与其他两张上的不同。

比如，现在选了"手表""高尔夫"和"消防队员"这3个词。在每一张便签上分别写下两个词，然后把由这两个关键词所联想到的东西写在卡片的背面。

最先的一组关键词是"手表"和"高尔夫"。出现在脑海里的想法可能是：高尔夫是比较花时间的运动，能否再缩短一下比赛时间？难道没有比赛时间限制在2个小时以内的吗？"慢跑高尔夫"怎么样？上述几种想法既增加了运动量，又可以缩短时间，也许高尔夫球场就可以在周末多容纳一些客人了。给手表增加记录得分的功能怎么样？或者增加一种用表盘对准球柱就能够计算出到球柱距离的功能如何？

第二组关键词是"手表"和"消防队员"。比如首先想到的是，能否按一下手表的时间调整旋钮就可以接通119。如果心脏病患者或老年人带着这种手表，在出现意外情况时就能够立刻叫来救护车。或许还可以增加一项功能，只要按一下旋钮就可以让救护车司机正确得知手表主人所在的位置。最后一组是"消防队员"和"高尔夫"。如果研究出一种"击球不正确时就会响警报的球棒和球"怎么样？在球棒的棒尖安装按钮，按下"低速球"的按钮后，如果打出的是直线球或擦边球，蜂鸣器就会响起来；或者，按下直线球专用的按钮，如果没有打出直线球，蜂鸣器就会报警。

如果灵感迟迟不肯出现，保持沉默也不是什么坏事，这时大脑在拼命寻找灵感。

每天在查看手机时，顺便把写有3个关键词的几张便签，和其余更多尚未使用的便签一起，装到上衣口袋或手提包里，每天利用碎片时间最少做3次这个游戏，这样你就能真正提高自己提出创意的能力。你也可以借助灵感清单(见附录II)进行专项训练。

（六）发现抱怨训练

很多伟大的发明来自抱怨。你一定早就知道爱因斯坦的惊人才智了吧，但是你可能不知道他还有另外一个特点，那就是凡事都爱问为什么。即使对已经很明确的事实也要追究一下，直到完全没有疑问为止。

诺贝尔奖得主阿尔巴托·赞特·格尔吉曾经说过："发现就是从大家都看得见的东西中，找出别人想都没想到的东西。"从抱怨中想出其他人想不到的点子是最简单的方法。许多伟大的发明都是在发明家解决自己的不满的过程中实现的，抱怨正是发明的起点。

例如，有一次，宝丽莱公司一次性成像照相机的发明人兰德博士，用照相机给自己的女儿照相，照完后女儿无意中说了一句："爸爸，早点儿让我看到照片吧。"这句话成就了一次性成像照相机的诞生。

发明即时贴的契机也是不满。开发出这种商品的3M公司的员工有一次发现，自己夹在记事本里的便笺纸都丢了，就自言自语地抱怨道："真是的，重要的记录都弄丢了。要是有一种能粘在纸上的便笺就好了。"就是这种抱怨为他提供了发明即时贴的基本想法。

太花时间、太麻烦、不方便、每次用的时候都让人着急等，在你的周围一定充满了这样的抱怨，认真地把你收集到的抱怨都写下来吧，你会发现创意就在其中。

准备一张"抱怨清单"（见附录III）。把你平时心中的抱怨以及别人的抱怨写在上面。列完抱怨后，再把解决办法写在纸上。各种想法间的跳跃性越大越好，即使不可能实现也没关系。重要的是要变得对抱怨敏感起来，挖掘出平常没注意到的、细微的抱怨，往往就是创意的源泉。

（七）街头侦察训练

街头永远充满了各种最新的信息，当你在街上散步的时候，一定能发现点什么。如果只是漠然地行走，就什么也发现不了。带着解决具体问题的目的，寻找与主题相关的灵感，就会发现一些别人没有注意到的东西。

有一种人喜欢"街头巡逻"，他们只是在街上漫无目的地东张西望一番，这样是收集不到任何有用信息的。在街上行走时，要注意有目的地获取自己所需要的信息，我们把这种获取信息的行为称为"街头侦察"。

比如，商场里哪个柜台前站的人最多？哪一类顾客群是消费主流？带着这些问题在商场里转来转去，就会不断产生出各种宝贵的想法。使用一张"街头侦察记录卡"（见附录IV）。把它多准备几份，夹在记事本里，到街上走一走，然后把在街头获得的有关主题的信息都记录下来。街头侦察是一种非常有用的信息来源。

街头侦察记录卡的信息栏里可以放诸如文章、照片或图画等。信息主要用照片或图画来表现，用文字作补充说明。进行街头侦察，让左右脑一起工作起来，这样你就会不断获得重要的信息。

三、"思想实验"训练

思想实验是指利用想象力去进行的实验，所做的都是在现实中无法做到（或现实未做到）的实验。

例如，爱因斯坦有关相对运动的著名思想实验。又如，在爱因斯坦和英费尔德合著的科普读物《物理之演进》中，就有一个实验要求读者想象一个平滑、无摩擦力的地面及球体进行实验，但这在现实（或暂时）是做不到的。思想实验需要的是想象力，而不是感官。

我们这里只是借助“思想实验”这个概念，提出一种创新训练的方法。

我们现在要来做“思想实验”，意思是说，我们现在有了一个好的想法，但并不一定马上就要动手去做，我们可以从头至尾将整个思路理出来。先做什么，再做什么，最后做什么。如果过程中出现这样、那样的问题，我们应该怎么办？这种结果怎么解释，这个解释有什么意义，等等。思路理出来后，写出一个研究方案，形成文字性的材料。

这样做有个好处是，至少你有很多的时间花在想问题上。现在很多学生，习惯于老师告诉我做什么，我就去做什么。但事实上，你今后遇到的很多事情都不是别人能够告诉你的，而是你要自己去想的。同时，不光是要想到这个东西，还要从头想到尾。所以，这个训练对我们来说有着非常重要的意义。

思维延伸

有一种思维方式，成功者一辈子只用一次，但天天在训练

作者：人神共奋的李刚

创新的机会一辈子也许只有一次，但创新思维需要长期训练，想要作出颠覆式的创新，首先要会问出“元问题”。

在特斯拉之前，所有人都认为新能源汽车应该是经济的、小型的、家用的汽车，而马斯克用 Roadster 的问世，证明了电动汽车以前走过的路，都是错的！

这是一款超级跑车，它的前五名用户除了他自己，还有拉里·佩奇、谢尔盖·布林以及 eBay 的共同创始人杰夫·斯科尔，量产客户从布拉德·皮特、乔治·布鲁尼到施瓦辛格，几乎就是一张全球名人榜。

为什么马斯克会敢把电动车做成跑车？他有一段阐述：“我们运用‘第一原理思维’而不是‘比较思维’去思考问题是非常重要的。我们在生活中总是倾向于比较——别人已经做过了或者正在做这件事情，我们就也去做。这样的结果是只能产生细小的迭代发展。‘第一原理’的思考方式是用物理学的角度看待世界的方法，也就是说，一层层剥开事物的表象，看到里面的本质，然后再从本质一层层往上走。”

想要作出颠覆式的创新，首先要用“第一原理思维”，问出“元问题”，之后所有的技术方向都围绕这个“元问题”。

电动汽车的“元问题”是什么？

电动汽车是一个词组，从语法上分析，汽车是中心词，电动是限定词。

比较思维就是从“限定词”入手，电动嘛，清洁能源、节能环保、经济……于是，我们的思维就被这个“限定词”限定住了。

而“元问题”，是回到“汽车”这个中心词，汽车的发明就是为了让人类拥有更快的速

度，汽车消费的本质不是为了省油，而是跑得快——更恰当地说，是追求跑得快的感觉，尤其是那种一踩油门的强烈推背感。

为什么电动汽车要做成超级跑车？电动车最大的好处就是不需要挂挡、换挡，一脚踩下去，电流就上去了，加速特别快。最新的ModelS的百公里加速超过了惊人的3秒，价格却比其他超级跑车便宜很多，岂有不让人心动之理？

马斯克通过"元问题"的思考，把电动车做得比大多数汽车都接近车的本质，这就是特斯拉的成功之道。

元问题思维，不仅仅用于理论研究和产品开发。

垃圾处理问题，一直是全球大城市的难点，而台北市在此方面的成功经验受到广泛关注，被誉为"台北经验"，也是马英九引以为傲的政绩之一。

在台北垃圾新政之前，垃圾回收费是按照水费的一定比例征收的，这是一种典型的"比较思维"，都是公共服务嘛。但效果并不好，不但有失公平，而且完全没有主动培养市民的环保意识。

台北垃圾新政的核心是垃圾从量计费，市政垃圾车只收取环境保护局指定的垃圾袋，价格为每升新台币五毛，分类垃圾免征处理费，使用非专用垃圾袋会被重罚。

垃圾新政的妙处在于，用市场激励手段推行环保，垃圾分类做得越好，垃圾产生得越少，越省钱，所以效果非常明显，人均垃圾量减少了65.2%！

我们看看台北市政府是如何定义垃圾处理的"元问题"的。

是的，我们是要向市民收费处理垃圾，但这是"元问题"吗？再想一想，我们是要减少垃圾排放？不错，这进了一步，可这仍然不是"元问题"。再进一步，我们是希望市民减少生活垃圾，保护环境？没错，这非常接近了，可这是市政府的"元问题"，却不是市民的"元问题"，再想一想，如何离用户需求更进一步？

"元问题"就是：如何让市民从垃圾分类中获得实实在在的利益，而不是空言环保？

不过，事后诸葛亮简单，找到"元问题"却很难，因为比较思维是人类的思维惯性，下面是四个找到"元问题"的思维方法。

【找到"元问题"的思维方法之一：回到需求本身，而不是改进现有方案】

2010年，我还在房地产广告行业，因为政策的影响，当时房地产市场发生了一个延续至今的变化——主力户型从改善型、大户型变成首次置业的紧凑户型产品，这对于户型设计的收纳功能提出了很大的挑战。

如果使用"比较思维"，很容易想到的是把储藏室变小，或者与其他空间功能合并，但这是一个好的解决方案吗？

即使是改善户型，收纳也是个以前没有解决的问题。很多消费者换房子，都觉得原来的房子"不舒服"，至于什么样的房子舒服，消费者不清楚，开发商也不清楚，给出的解决方案就很粗暴——换大房子。

当你仔细研究消费者的日常生活，你会发现，收纳的问题不在于“收纳”，而在于寻找。据统计，我们生活中至少有10%的时间浪费在找东西上。也就是说，收纳的核心不是空间，房子越大越难找东西，我们都有为了找一样东西，而把家里翻个遍的经历。

这就找到了“元问题”——消费者并不一定需要一个专门的储藏空间，而是让“放东西”和“找东西”更方便。

从这个“元问题”产生了“根技术”：家庭收纳的重点在于“把东西自然摆放在平常会经过的动线上，让收纳成为家人随手就能办到的事情”。

2010年后，很多新户型都取消了储藏室，变成了玄关柜、衣柜、储藏柜、橱柜、清洁镜箱等若干部分组成的收纳系统。

接下去，就是很多设计原则，比如：在哪里使用，就在哪里存放；最好的位置，留给经常会用到的物品；不太会用到的物品，放到比较高的位置，或者柜子比较深的地方……

再下去，要考虑很多细节，比如鞋子，既要考虑当季与过季的鞋子的位置，也要考虑高帮和低帮对高度的要求……

甚至有很多情感需求，比如爱买名牌包包的女士，如何让包包放在最显眼的位置。

我刚刚服务房地产时，因为太暴利，这个行业比种田还粗放，到我离开时，因为限购提高了入住率，因为消费者的觉醒，这个行业的产品已经相当人性化，这正是得益于放弃改造现有方案，而回到消费者需求的“元问题”思考。

【找到“元问题”的思维方法之二：比较思维仍然重要，但重点在于找到“例外”】

我在《你那不是知识，顶多是横店的布景》中提出，知识管理方法是利用比较的方法建立“知识系统”，但如果我们的现有解决方案都不理想时，“比较思维”的重点就不是寻找类似的解决方案，而在曾经出现的“例外”中淘金，甚至是寻找打破常规的“黑天鹅”。

《汉书》里讲了一位叫丙吉的宰相的故事。外出巡视时，遇到一宗杀人案，他看都懒得看，但在路边看见一头牛不断地喘气，他却立刻停下来仔细询问附近的村民发生了什么事。

丙吉说：人命关天的事，地方政府一定会管，我不必去过问；但牛喘气是一件不寻常的事，说不定会发生牛瘟或者别的事情，地方政府又不一定会注意到。

这正是管理学的原则，也是找到“元问题”的思维方法：用制度去管理正常现象，而管理者的大部分精力应该放在“例外”现象上。

你有一个很麻烦的客户，总是投诉奇怪的问题，你会觉得他很烦，还是把他当成一个有价值的“例外”去研究？

你管理的销售区域，有一个小区成绩一直很好，你是凭直觉认为小区经理有能力，还是该“例外”的区域可能有不同寻常的机会？

法国科学家庞加莱有一段话：“正是例外让事情变得重要起来。我们不去寻求相似，我们尤其要全力找出差别，因为它们最富有启发性。”

【找到“元问题”的思维方法之三：把自己放在新人的位置上】

商业史上的大部分创新都是由外来新势力实现，这是一个发人沉思的现象。

经历过早期 Windows 系统的人，一定玩过“扫雷”或“纸牌”游戏，为什么做操作系统的微软要做这样的小游戏？

因为 Windows 系统引入了一个前所未有的新设备——鼠标，它首先必须改变用户的行为。微软把自己当成一个电脑行业的新势力，希望通过这两款游戏，训练用户使用鼠标，学习单击、双击和拖拽等操作。

遗憾的是，当微软处于这个行业的垄断地位时，它也丧失了把自己当成一个“新手”去改变用户习惯的动力。

早在1998年，微软内部就开发出了采用触摸屏产品，但盖茨不喜欢它，因为它的界面“不像 Windows”，不是为鼠标键盘输入设计的。

Windows 就是上帝，一切创新都必须兼容 Windows。这个标准扼杀了微软内部的许多创新。

思考“元问题”需要资深人士的经验，但从“元问题”出发的“根技术”又会危害资深人士的既定利益。大公司的创新如此之难，以至于微信成为一个绝无仅有的例外，但如果微信是出自 QQ 团队，那么它从一开始就不会是现在这个样子。

同样的问题，我曾经问过护肤品项目的合作伙伴，“安翠×佰能研究所”首席科学家周嘉伟：

“既然你使用的是成熟的无防腐技术，为什么那么多顶尖国际品牌没有使用？”

他的回答是：“在这个美容护肤行业，最创新的产品都不是来自大公司的实验室，而是来自于一个作坊，一个小的制剂厂。加防腐剂的做法已经如此通行，已经构筑了巨大的市场，无添加只是里面非常小的分支。那么，谁会愿意去革自己的命呢？”

事实上，我们的无防腐护肤产品的“元问题”，并不是“不添加防腐剂”那么简单，消费使用一款护肤品绝不仅仅因为它无防腐剂，那么它到底是什么？

【找到“元问题”的思维方法之四：专注思维与发散思维结合】

萨尔瓦多·达利，看过他的作品，也许你会觉得这是一个天才。但他的灵感并不是从天上掉下来的，为了想象组合、具象化，达利有一套创意训练方法。

他在经过长时间的构思，极度疲倦的时候，坐在一把椅子上，手里握着一把钢勺，全身尽可能地放松，让思维在发散模式下四处游走，你担心他会睡着吗？要的就是这个效果，这时钢勺会掉在地上，忽然醒来的达利就进入专注模式，迅速把刚刚的想象到的画面记录下来。

当你长时间用专注模式考虑一个问题时，你会有许多想法，有一些是造成问题的思维，有一些是解决问题的思维，但你找不到它们之间的联系，因为元问题常常以变形的方式隐身其中。

达利的方法，就是把专注思维与发散思维的结合，让我们把造成问题的思维和解决问题的思维分离开来。

创新思维从来就没有什么武林秘籍，即使日常工作中绝大多数时候不需要“元问题”思考，你仍然需要大量的训练，跳离“舒适区”。

好的思维方式都是逼出来的。

任务三　用创新思维解决问题

思维热身

如何用四根火柴棒摆成一个“田”字？（不得折断火柴棒）

一、解决问题的创新方法

创新思维主要是为了解决问题，它是我们的一种手段，而解决问题才是我们真正的目的。在工作和生活中，我们往往容易犯的一个错误就是经常为了手段而放弃了目的。所以，不要为了创新而创新，应该是为解决问题而创新。

（一）如何看待问题

“问题”是我们个人能力范围以外的一些东西，是用来扩大个人能力范围的。它指的是当现状与标准或期望发生了差距，有差距就是遇到了“问题”。也就是说，现在的表现，跟你当初想要的不一样，那就是有“问题”了。

我们要养成善于发现问题的习惯，要有问题意识。能够发现问题、找出问题并解决问题的人，就是愿意进步的人；反之，就是不求上进的人。所谓问题意识，就是具有否定现状的态度和改善的意愿，并运用其综合判断力，从现象中抽象出其特质及重点。具有问题意识的人才会发现问题，有问题就一定会发现差距，而发现差距必定有比较的过程以及相关的结论。

世界唯一不变的东西就是“变化”，世界不断地变化就会不断地产生问题，而人脑必须与问题“结合”才能够实现其思考的价值。只要人以生命的状态存在，就应该不断思考和解决问题。问题不仅是成功的向导，还是成功的催化剂，是衡量成功质量的重要指标，解决问题是我们的重要使命。

（二）如何发现问题

在日常工作生活中，发现问题的方法一般有以下几种。

1. 突破常规

常规是指事物的一般规律性。遵循常规就是遵循一般规律性。但是，事物中除了存在一般规律性，还有特殊性。这种特殊性发展到极点，就成为例外。面对例外，有两种态度：一种是把例外当作不正常而加以抛弃或置之不理，只想守着常规，这就不能发现问题。另一种是不受一般规律性约束，紧抓例外不放，甚至还要主动去发现例外和创造例外，这就会暴露出许多问题，引发人们的创新活动。

2. 主动改变情景

变换情景是指变换环境条件。每一事物都存在于特定环境条件之中，每一项工作都在特定环境条件中进行。客观的环境条件是经常变化的。这里讲的主动变换情景，是指客观环境条件还没有变或没有大变，我们就要主动去思考，一旦环境条件变化了，将会导致什么结果。事物总是要发展前进的，所以在思考问题时，可以大胆假设，当某一情况发生后，其发展趋势会是怎样，这样也有可能导致产生新观念、新设想、新创造。

3. 主动变换思考角度

有些问题，站在原来的角度上不是问题，或者没有问题，而站在新的角度上来看，则可以发现问题。

角度之一是现有的东西可否由别的东西代替？例如，在汽车中用液压传动来代替金属齿转动；用充氩的方法来代替电灯泡中的真空，使钨丝灯泡提高亮度？角度之二是调换排序。例如，通过改变不同企业的作息时间来缓解交通。角度之三是向相反方向思考问题：倒过来会怎么样？火箭是地面向空中发射的，但是我们要了解地下的情况，那么将火箭向地下发射，就发明了一种探地火箭。角度之四是从综合与聚拢的角度考虑问题：组合起来怎么样？例如，衣柜等组合在一起变成组合家具，把几种金属组合在一起变成种种性能不同的合金，把几个企业组合在一起构成横向联合的股份公司。

(三) 问题的原因分析

很多时候，往往我们只看到问题的现象，就像冰山一样，只看到了露出水面的部分，而忽略了问题发生的近因及远因，其实那可能才是问题发生的最主要原因。所以，对原因的分析非常重要。对问题原因的分析方法有很多，我们介绍其中两种。

1. WHY—WHY 分析法

WHY—WHY 分析法又称“剥离法”或“5WHY 分析法”，它是一种诊断性技术，被用来识别和说明因果关系链，它的根源会引起恰当地定义问题，也就是一层一层找到问题产生的最终原因。

思维链接

一名员工把铁屑洒在地上，生产部主管与该员工的对话：

"为何你将铁屑洒在地面上?"

"因为地面有点滑,不安全。"

"为什么会滑,不安全?"

"因为那儿有油渍。"

"为什么会有油渍?"

"因为机器在滴油。"

"为什么会滴油?"

"因为油是从联结器泄漏出来的。"

"为什么会泄漏?"

"因为联结器内的橡胶油封已经磨损了。"

2. 鱼骨图法

鱼骨图又称特性因素图,是由日本管理大师石川馨先生所发展出来的,故又名石川图。鱼骨图是一种发现问题"根本原因"的方法。

鱼骨图的使用步骤如下:

(1) 查找要解决的问题。

(2) 把问题写在鱼骨的头上。

(3) 召集大家共同讨论问题出现的可能原因,尽可能多地找出问题。

(4) 把相同的问题分组,在鱼骨上标出。

(5) 根据不同问题征求大家的意见,总结出正确的原因。

(6) 拿出任何一个问题,研究为什么会产生这样的问题。

(7) 针对问题的答案再问为什么,这样至少深入 5 个层次(连续问 5 个问题)。

(8) 当深入到第五个层次后,认为无法继续进行时,列出这些问题的原因,而后列出至少 20 个解决方法。

(四) 为问题设定合理的目标

当你研究一位成功人士的时候,他一定都会谈到设定新目标的功效。但遗憾的是,我们发现有不到 5%的人会设定目标。有人说那些不设定目标的人,是被诅咒终身都得为有目标的人工作,所以设定目标的能力,以及拟定能达成目标行动方案的能力,是你能否成功的最重要的技巧。

假如你能够对所面临的问题设定目标,你就启动了所谓的目标设定的人机组合装置,这个装置会自动地带领你朝向你的目标移动,同时也使你的目标也向你移动,以促使你毫无失误地达到你的目标。

然而,在我们的生活中,都有一个失败的机械装置,称为舒适空间。大部分人都没有办法发挥他们的潜能,就是因为他们受到这个失败机械装置的控制。当你将自己的目标写下来的时候，你就关闭了你的失败机械装置，而开启了成功的机械装置。当你设定目标的时候，你就是积极的能力启发出来的，使你的思想明确，使你挣脱舒适空间的限制。

为问题设定合适的目标，首先要定义需要缩小的差距，要正确地阐述问题，同时要分析自身所拥有的资源来设定目标。

问题目标的设定，同样可以遵循“SMART”原则，即目标要“具体、可衡量、可达到、相关和有时间限定”。

（五）寻找多种解决问题的创新想法

目标设定好后，我们就可以寻找多种解决问题的创新方法。比如，我们前面提到的头脑风暴法和逆向思维法等。这里我们再给出一种打破思维惯性的创新方法——金鱼法。

金鱼法源自普希金的童话故事《渔夫和金鱼的故事》，故事中描述了渔夫的愿望通过金鱼变成了现实。映射金鱼法是让幻想部分变为现实的寓意采用金鱼法，有助于将幻想式的解决构想转变成切实可行的构想。

比如，小时候我们都玩过摆火柴棍的游戏，这游戏给我们的童年带来了无限的乐趣。现在让我们重温一下这个游戏。怎样用四根火柴棍摆成一个“田”字呢？

由于思维惯性的影响，大家可能觉得组成一个“田”字至少得6根火柴棍，而现在只有4根火柴棍，该怎么办呢？大家也许都会想将其折断来组合，可将火柴棍折断可以组成任何一个字，这就失去了游戏的趣味性。

下面我们看看金鱼法能否回答这个问题。金鱼法是从幻想式解决构想中区分现实和幻想的部分，然后从解决构想的幻想部分再分出现实与幻想两部分。这样的划分不断地反复进行，直到确定问题的解决构想能够实现为止，所以称之为幻想分析仪。现在用金鱼法来解决这个问题：

（1）首先将问题分解为现实部分和不现实部分。

现实部分：4根火柴棍、组成一个“田”字的想法。

幻想部分：4根火柴棍在不损折的情况下组成一个“田”字。

（2）幻想部分为什么不现实？因为思维定势的影响，4根火柴棒只是4条线段，而组成一个“田”字至少需要6条线段，并且火柴棍不能折断。

（3）在什么情况下，幻想部分可变为现实？

借助他物：火柴棍上自身含有组成“田”字的资源。

（4）确定系统、超系统和子系统的可用资源。

超系统：火柴盒、桌面、空气、重力、灯光等。

系统：4根火柴棍。

子系统：火柴棍的横端面和纵端面。

（5）利用已有的资源，基于之前的构思（第三步）考虑可能的方案：

4根火柴棍借助火柴盒或者桌角的2条边就能摆成一个“田”字。

4 根火柴棍借助 2 条直光线也可以组成一个“田”字。

火柴棍的横断面是个矩形，而 4 个矩形就能组成一个“田”字。

（六）评估和选择合适的创新想法

经过上述步骤，我们可能产生了若干个创新的想法。在这些大量创新的想法中，如何选择合适的想法，作出科学的决策，并最终付诸实施，才能最终实现创新的目标。

如何从众多的备选方案中，选出最适合的方案，我们可以运用六顶思考帽。

六顶思考帽是英国学者爱德华·德博诺博士开发的一种思维训练模式，或者说是一个全面思考问题的模型。它提供了“平行思维”的工具，避免将时间浪费在互相争执上。强调的是“能够成为什么”，而非“本身是什么”，是寻求一条向前发展的路，而不是争论谁对谁错。运用六顶思考帽，将会使混乱的思考变得更清晰，使团体中无意义的争论变成集思广益的创造，使每个人变得富有创造性。

六顶思考帽思维方法使我们将思考的不同方面分开，这样，我们可以依次对问题的不同侧面给予足够的重视和充分的考虑。就像彩色打印机，先将各种颜色分解成基本色，然后将每种基本色彩打印在相同的纸上，就会得到彩色的打印结果。同理，我们对思维模式进行分解，然后按照每一种思维模式对同一事物进行思考，最终得到全方位的“彩色”思考。

黑色思考帽：黑色是逻辑上的否定，象征着谨慎、批评以及对于风险的评估，使用黑帽思维的主要目的有两个：发现缺点，作出评价。思考中有什么错误？这件事可能的结果是什么？黑帽思维有许多检查的功能，我们可以用它来检查证据、逻辑、可能性、影响、适用性和缺点。

通过黑色思维也可以让你作出最佳决策；指出遇到的困难；对所有的问题给出合乎逻辑的理由；当用在黄色思维之后，它是一个强效有力的评估工具；在绿色思维之前使用黑色思维，可以提供改进和解决问题的方法。总而言之，黑帽子问的是“哪里有问题”。

白色思考帽：白色是中立而客观的，代表信息、事实和数据；努力发现信息和增强信息基础是思维的关键部分；使用白帽思维时将注意力集中在平行地排列信息上，要牢记三个问题：我们现在有什么信息？我们还需要什么信息？我们怎么得到所需要的信息？这些信息的种类包括确凿的事实、需要验证的问题，也包括坊间的传闻以及个人的观点等。如果出现了意见不一致的情况，可以简单地将不同的观点平行排列在一起。如果说这个有冲突的问题尤其重要，也可以在稍后对它进行检验。

白色思维可以帮助你做到像电脑那样提出事实和数据；用事实和数据支持一种观点；为某种观点搜寻事实和数据；信任事实和检验事实；处理两种观点提供的信息冲突；评估信息的相关性和准确性；区分事实和推论；明确弥补事实和推论两者差距所需的行为。

红色思考帽：红色的火焰，使人想到热烈与情绪。这是对某种事或某种观点的预感、直觉和印象；它既不是事实也不是逻辑思考；它与不偏不倚的、客观的、不带感情色彩的白帽思维相反。红帽思维就像一面镜子，反射人们的一切感受。

使用红色思维时无须给出证明，无须提出理由和根据。红色思维可以帮你做到：你的情感与直觉是什么样，你就怎么样将它们表达出来。在使用红帽思维时，将思考时间限制在30秒内就给出答案。红帽的问题是：我对此的感觉是什么？

黄色思考帽：黄色代表阳光和乐观，代表事物合乎逻辑性、积极性的一面；黄色思维追求的是利益和价值，是寻求解决问题的可能性。在使用黄色思维时，要时刻想到以下问题：有哪些积极因素？存在哪些有价值的方面？这个理念有没有什么特别吸引人的地方？这样可行吗？

我们通过黄色思维的帮助，可以深思熟虑，强化创造性方法和新的思维方向。当说明为什么一个主意是有价值的或者是可行的，必须给出理由。黄帽的问题是“优点是什么”或“利益是什么”。

蓝色思考帽：蓝色是天空的颜色，有综观全局的气概。蓝色思维是“控制帽”，掌握思维过程本身，被视为“过程控制”；蓝色思维常在思维的开始、中间和结束时使用。我们能够用蓝帽来定义目的、制定思维计划，观察和作结论，决定下一步。使用蓝色思维时，要时刻想到下列问题：我们的议程是怎样的？我们下一步怎么办？我们现在使用的是哪一种帽子？我们怎样总结现有的讨论？我们的决定是什么？

蓝色思维可以让你发挥思维促进者的作用；集中和再次集中思考；处理对特殊种类思考的需求；指出不合适的意见；按需要对思考进行总结；促进团队作出决策。用蓝帽提问的是“需要什么样的思维”“下一步是什么”“已经做了什么思维”。

绿色思考帽：绿色是有生命的颜色，是充满生机的，绿色思维不需要以逻辑性为基础；允许人们作出多种假设。使用绿色思维时，要时刻想到下列问题：我们还有其他方法来做这件事吗？我们还能做其他什么事情吗？有什么可能发生的事情吗？什么方法可以克服我们遇到的困难？绿色思维可以帮助寻求新方案和备选方案，修改和去除现存方法的错误；为创造力的尝试提供时间和空间。

绿色思维激发行动的指导思想，提出解释，预言结果和新的设计。使用绿色思维，我们寻找各种可供选择的方案以及新颖的念头。用一句话来说，与绿色思维密切相关的就是“可能性”。“可能性”也许就是思维领域中最重要的词语。可能性包括了在科学领域使用假设的工具。可能性为人类感知的形成、观点与信息的排列提供了一个框架，包括了不确定性的存在，可能性也允许想象力的发挥。绿色思维提出了“我们有什么样的想法”的问题。

在实际应用中，可遵循这样的步骤：

(1) 陈述问题事实(白帽)。

(2) 提出如何解决问题的建议(绿帽)。

(3) 评估建议的优缺点：列举优点（黄帽）；列举缺点（黑帽）。

(4) 对各项选择方案进行直觉判断（红帽）。

(5) 总结陈述，得出方案（蓝帽）。

(七) 为方案的实施制订计划

在作出解决问题的决策后，需要为之后的行动执行作详细的计划，并且非常清楚地知道行动计划的主要内容，从而让我们在解决问题的过程中做好充分的准备。

在计划中，我们还需要评估方案的风险，找出风险可能的原因，提出预防措施与应变策略并对风险进行管控。当然，最好还要对方案的实施结果进行评估。

二、解决日常难题的基本工具

我们通过前面的学习，可以总结出一些基本的工具，用来帮助自己解决日常生活中遇到的各类问题，而且往往给出的解决方案颇有创造性。

(一) 巧妙联系

我们可以用来帮助自己解决生活中一些棘手问题的第一个工具，便是巧妙联系。这种工具非常容易运用，你只要问问自己这个问题就行了："假如我将这个与那个联系起来，创造出某种新东西，结果会怎样？"

思考链接

前人曾经运用过巧妙联系的例子，结果他们想出了各种各样的新点子，出现了各种各样的巧妙发明。

将锡与铜联系起来，会得到什么呢？……青铜

将女人和鱼联系起来呢？……女人鱼

将锯木屑和胶水联系起来呢？……刨花板

将小船的帆与冲浪板联系起来呢？……风帆冲浪板

几乎在任何地方，我们都会看到巧妙联系所起到的作用。所以，我们在碰到某个日常问题的时候，何不让思维如章鱼的触手般向四面八方延伸。如果此时我们能够突发奇想，把这个问题与某种不同的或料想不到的事物混搭起来，结果会如何？

当然，不要指望一下子就会出现奇迹，此时我们只要试一试，看看可能会出现什么结果就行了。你要问自己："在这种情况下，我可以添加什么东西，这种东西是我在正常情况下，绝不会想到要加进去的？"这样，你就可以用一种全新的方式来思考了。这就像是在摇晃一棵大树，而不是去修剪它的树枝，两种做法是有本质区别的。

此外，在开始尝试进行新联系之前，我们要确定保证安全，如果像古代炼丹术那样，把硝石、木炭和硫磺混合起来，那你就得到了火药，可以像爆竹一样把你送上天。所以，

我们只能去关注那些有助于让生活变得更好，而不是更糟糕的巧妙联系方法。

比如，我每天的时间都不够用，什么重要的事情都干不了。面对这样的问题，解决办法同样需要把在通常情况下不会结合的那些事情联系起来。

对很对人来说，时间管理是个大问题。原因主要在于，这并不是一个真正和时间相关的问题，这是一个与如何管理我们自身相关的问题。也就是说，它跟我们的性格类型、价值观等密切相关。

时间管理专家通常给出的最好建议，是让我们把正常情况下分开来干的事情“聚合”起来。例如，他们建议说，我们应当一举打完所有的电话，或者一次性处理完所有的电子邮件，或者一下子解决掉所有的烦恼。很显然，这种方法有时会管用，但也并非始终可行。

有的人平时烦心事很多，结果影响了工作业绩，而这又反过来让他更加烦恼了。等他真正坐下来，想要搞清楚平均每天有多少时间花在烦恼上时，发现所得的数字是相当惊人的。每天起码都有1个小时，有时晚上常常还会烦上2个小时，晚上睡得也很不好。换句话说，就是他根本没有意识到，自己每周浪费在烦恼上的时间就超过了8小时。

后来，他用了一个方法，每天在一个固定的时间里处理烦心事，每天安排专门的时间称为“烦恼半小时”。期间，他把每种烦恼都写下来，然后再去逐一探究解决这些烦恼的可行步骤。结果，他开始觉得更能控制自己，不那么紧张了。最后，他每天终于有更多的时间去干自己要干的事情了。

无论在生活中面临什么，你都会发现，去探究以前没有想过的、其他可供选择的联系是很有益处的。倘若你是位化学老师，发现很难调动班上那些深感厌倦的学生的积极性，那么把“化学”和“舞蹈”结合起来会怎样？

在南非的一所学校里，有位老师正是这样做的。孩子们身穿不同颜色的T恤，不同颜色代表不同的化学元素，然后在教室里到处走动，一会儿聚集起来，一会儿又分开，形成新的化合物。这样做，不但让孩子们觉得课堂生动有趣很多，而且还有助于对化学知识的理解。

所以，下次再觉得自己被难住了的时候，可以问问自己下述三个巧妙联系的问题，帮自己打破僵局：

(1) 我可不可以给正在做的事情增添点什么，来解决这个问题呢？

(2) 我可以把什么东西与这个融合起来，使之得以改善呢？

(3) 要是我最终能够两全其美的话，又会怎么样呢？

(二) 巧妙改变

思维链接

或许你可以像哈利·波特那样，运用高超的本领来改变问题的形状、大小、速度、结构、方式、深浅或顺序。这听起来或许有点疯狂。但请你再想一想，如果过去的天才发明家们没有利用那些常见的产品，并用某种方式将他们加以改变的话，我们如今所用的无数创新产品就不会存在了。

将咖啡加以改变之后，我们便有了从速溶咖啡（它冲起来不那么麻烦）到无咖啡因咖啡（它不会让我们晚上睡不着觉），再到其他的种种。

同样，将自行车加以改变之后，我们便有了从折叠式自行车（它能帮助员工通勤），到单轮脚踏车（马戏团小丑的演出道具），再到山地自行车（它能让许多人缓解压力，放松身体），再到其他的种种。

事实就是，生活中的许多东西，如面包或者帽子，实质上就是同一主题的不同变化形式。想想玻璃吧，它是我们日常生活中经常碰到的东西之一。我们会透过玻璃制成的窗户向外看，我们用玻璃杯喝酒，还有许多人在阅读时要带上玻璃做的眼镜。不过，虽说所有的玻璃制品从根本上来说都是玻璃，都是用加热了的沙子制成的，但想一想，多年以来为了解决不同种类的问题，它经历了多少种改变吧。

所以，当你下次再面对某个问题时，不妨试着把问题改变一下，看这样做的结果会是什么？

比如，我想要拆开这个封好的信封，但却不能撕坏它。而巧妙聪明的解决方法，就是改变信封的温度。大家都知道，解决这个问题的办法之一，便是把信封放在一个刚烧开的水壶上方，用蒸汽将信封口蒸开。不过，还有个好办法，就是将信封放在冰箱里，2 个小时后把它取出来，你就可以用刀子剔开信封口，过后再封上就行了。

又如，我有啤酒肚了，得节食才行。

如果仔细想一想，你就会明白，归根结底，减肥的关键就是在减肥过程中作出一些改变。要么改变我们所摄入的热量（即少吃），要么改变我们所消耗的热量（即多运动）。有些专业人士还建议说，可以试着改变吃饭时所用盘子的大小，彻底避免吃得过多。

其实，有一个巧妙聪明的解决方法，就是改变你吃东西的速度。慢慢地吃，最大程度地品尝每一口食物，每一口至少咀嚼 20 次，你会发现这种方法真的非常有效。

所以，下次需要用到一些新点子来解决问题时，不妨问问自己下述三个巧妙改变的问题，来帮助自己取得进展。

(1) 假如我可以改变手头之事的大小，让它变得更大或更小的话，会有什么结果呢？

(2) 假如我可以改变手头之事的速度，让它变得更快或者更慢的话，会有什么结果呢？

(3) 假如我可以改变方法，改变手头之事的式样、形状或结构，让它变得更简单、用起来更容易的话，会有什么结果呢？

（三）巧妙航行

第三种有效解决日常问题的创新之道，就是让自己的心灵踏上一次“发现之旅”，把自己想象成一个热爱航海、游走于神秘海域、不断探索新世界的船长。

这种航行，既可以回溯到古罗马或者北欧维京海盗横行的时代，也可以跳跃到《星际迷航》这样的未来时代；既可以漂洋过海到另一个国家去，也可以深入到一名整形医生或出租车司机的职业生活中去。老实说，只要这种航行可以将你带到别处，使得你能够在比喻意义上的镜子里好好看一看自己，并且自问："它们可以发挥什么样的作用，来解决这个问题呢？"那么，这些航行就会把你带到某处，至于去哪里其实并不重要。

假设你现在面临的一个问题，便是当众讲话时没有自信。你通过进入另一个世界，或许就会发现，自己可以用一种新的、更令人鼓舞的方式来重新审视这一问题。换句话说，通过有意识地改变思路，比如想象一下你是古罗马的一位将领，你正在向你的士兵们训话。这样，你就可以当众讲话时更加自信，你就会开启自己的心灵天赋，并从其他角度来考虑问题，而不是始终停留在老套的逻辑角度上。

此外，在解决日常问题时，倘若深入一点观察，我们就会看出，表面上并不相干的事物之间，往往有着种种联系。

思维链接

割草机的发明

19世纪以前，人们手握长柄大镰刀来割草。这是一种费力活，而且需要把草弄短等许多技能。

一个名叫托马斯·普拉克内特的英国工程师是第一个想出制造割草机的人。他在1805年获得了第一台割草机的发明专利。那是一台装有环形刀身的笨重机器，而且运转不很理想。

其他发明家看到普拉克内特的机器后，认为他们能够干得更好。这当中，最成功的是埃温·巴丁。他是一家纺织厂的工程师。他想知道，如果将工厂里"丝绒切割机"的技术，应用到修剪草地上去，会有什么结果出现。换句话说，他从丝绒之地"航行"到了青草之地！结果，他在1830年制造出了好用的割草机，非常类似于今天使用的那些机器。

下次你再感到迷茫无助的时候，不妨问问自己下面三个问题，来激发自己进行巧妙航行。

(1) 如果我能够暂时地抛开自己的问题，并且航行到一个模拟世界中去找寻新的想法，结果会如何呢？

(2) 那里还有没有别的什么东西，可以帮助我解决这一难题呢？

(3) 如果换成福尔摩斯、高晓松或者王宝强，他们又会怎样来解决这个特殊的问题呢？

(四) 巧妙换向

第四种工具,就是问问自己,如果你在突然之间转换、掉转或者改变方向的话,结果会怎么样?改变方向并非总是需要你改变自己行为的具体方向,还可以是让你心理上的方向来个 180 度的大转变。

例如,你开始将注意力集中在预防问题而不是解决问题上。你开始积极主动地去看牙医、做定期检查,而不是平时拖拖拉拉,等到迫不得已再去做那种昂贵又痛苦的根管治疗。

又或者,你这次面对的是一个令人遗憾的问题,你和一个好朋友关系破裂了,好朋友弃你而去,这时你又会怎么样呢?美国顶级潜能开发大师安东尼·罗宾斯(Anthony Robbins)则建议你不要这样想:“我不够优秀,所以他才离开我!”因为这种想法会让你感到沮丧,你应该将消极负面转化为积极乐观,应该这样来想:“谢天谢地,他终于离开了,让我的生活中又有了容纳更合适人选的空间。”

思维链接

克林斯曼的招牌动作

尤尔根·克林斯曼是他那个时代的最佳足球运动员之一,他曾为其效力的俱乐部和国家队都踢进了不少球。然而,克林斯曼之所以著名,并不仅仅是因为他的足球天赋。这位足球队的王牌还有在球场上“假摔”以获得罚点球或任意球机会的恶名。因此,他在 1994 年转到英国托特纳姆热刺队后,许多球迷都对他很冷淡。有些球迷认为,正是他的“假摔”行为,导致了英国无缘世界杯。

然而,克林斯曼运用了巧妙换向的技巧,将他们争取了过来。跟谢菲尔德星期三队打比赛时,在给热刺队踢进了第一个球后,他便做了一个滑稽的假摔动作来表示庆祝,而观众们也很喜欢这个动作。

从那时起,每次在比赛中踢进一个球,他和队友们马上就会做一个假摔动作,而这个动作也变成了他的个人标志,真是天才!

比如说,现在困惑你的有一个问题,就是你真的感觉好无聊!

巧妙聪明的解决办法,就是转换方向,开始从一种积极而非消极的角度来看待无聊。

假如我们可以控制的话,是没有人喜欢无聊的。但凡事有利则有弊,无聊也不例外。对有些人来说,无聊时刻通常都是极好的“想法时间”“思考时间”“计划时间”和“创造时间”。

1979 年,加拿大的克里斯·哈尼和斯科特·阿伯特,两个人厌烦了一遍又一遍地玩拼字游戏,便转而发明了他们自己的棋盘游戏,命名为“微迹追踪”,最终两人都因此成为了千万富翁。同样,亚瑟·柯南·道尔爵士,曾经极为厌烦在一家小诊所里做一名医生。

为了让自己的脑子不至于无所事事，他便开始转而写作《夏洛克·福尔摩斯》系列小说。所以，下次再觉得无聊的时候，何不利用你的这种“时间礼物”，想出一些真正神奇的东西来呢？

下次你再觉得“为难”的时候，不妨问问自己下述三个巧妙换向的问题，来帮助自己找出一条与以往不同的路径。

(1) 如果我可以改变方向，把这个问题的里外、上下或者前后颠倒过来的话，会出现什么样的结果呢？

(2) 如果我可以改变自己做事的顺序，使得结尾变成开头、开头变成结尾的话，又会怎么样呢？

(3) 如果我可以把这个问题转个方向，把它看成是一种潜在的机会，会有什么结果呢？

(五) 巧妙反对

第五种工具是，你确定了自己在某种特定情况下的通常做法，然后再想象一下自己采取完全相反的做法时的情形。

现在，要是你想写出一本畅销书，却又不知道如何起名字的话，可以参考下作家托比·扬的做法。他选择了众所周知的畅销书《如何赢得朋友和影响他人》，然后将书名改成了《如何失去朋友和疏远他人》。如果你正在为自己周末去哪里玩而烦恼的话，那就不妨问问自己，如果有意跟这种想法唱反调，哪里都不去，就待在学校里的话，又会怎么样呢？

这种工具好的地方就在于它给了你完全的自由，让你可以去考虑那些从前毫无可能出现的想法，并且极端地去挑战那些所谓的规则。

思维链接

卡地亚腕表

我们当中，有多少人会每天看自己的手表来确定时间呢？

以前的人最开始并非是这样做的。在19世纪，那些买得起怀表的富人，都是把怀表放在礼服背心的口袋里，并用一根金属链子拴着的。

然而，1904年出了一个极具逆反思维的天才刘易斯·卡地亚，他有意打破这一规则，想出了“腕表”这个点子。现在看起来，这个点子很普通，不过回到当时的社会，可完全不是那么回事啊！

有的人会面临这样的问题：我不停地发送简历，想要找份工作，却一直都在白费力气。

面对这样的问题，巧妙聪明的解决办法就是：停止发送简历，将自己变成自己的简历。有人提出了所谓的“创造性求职法”。英国有位名叫戴维·罗的历史系研究生，他身上挂着一个求职的广告牌，牌子的正面写着：我已经做好了工作的准备，第一个月不要工资，1个月后你来决定是雇佣我还是炒了我。牌子的背面是他的个人简历。他就这样挂着牌子沿伦敦舰队街走了一圈，马上就找到了一份工作，因为那家公司被他这种积极创新的精神所打动。

当你下一次再觉得自己的潜能被扼杀的时候，不妨问问自己下述两个能够激发出巧妙发对技巧的问题。

(1) 如果我不用正常情况下的做法，而是用一种有意思的、不同的方式来做这件事情，会怎么样呢？

(2) 如果我把此种情形下的所有规则都写下来，然后设想自己逐一打破这些规则，又会有什么样的结果呢？

思维链接

随时记录

唐代大诗人李贺常常早上出去，骑一匹瘦马，后边跟一个小书童，背上一个书包。他把看到的、听到的、想到的有意义的事，都随时记下来，放到书包里。凡事先写题目，回家以后再拿出来整理成完整的诗文。

因此，有了好的想法要及时记录下来，因为人的思维具有片段性与跳跃性，很可能几个偶发性的想法经过“排列组合”就是一个很伟大的创新性想法。

思维训练营

1. 为自己设计几个简单而有力的句子，尝试做自我暗示的练习。

2. 花30分钟，做一次循序渐进式肌肉放松练习。

3. 分4人小组，每人随机各写4个物体，将写下的物体随机两两配对，进行求同、求异、求合训练。

4. 分3人小组，取3张便笺纸，第一个人分别在3张便签纸上各写一个物品，传给第二个人。第二个人也分别在3张便签纸上各添加一个不相关的物品，传给第三个人。第三个人完成后，每人选一张，借助灵感清单进行灵感获得练习。

5. 借助抱怨清单，把你平时心中的抱怨以及别人的抱怨写在上面。列完抱怨后，再把解决办法写在纸上。

6. 借助街头侦察记录卡，到校园里走一走，然后把在校园里获得的有关主题的信息都记录下来。

7. 制作自己的成功语录卡，每天安排在固定的时间大声朗读。

8. 分4人小组进行头脑风暴，形成4个想法。每人负责将一个想法从头至尾的整个思路理出来。先做什么，再做什么，最后做什么？出现问题怎么办？等等。思路理出来后，写出一个研究方案，形成文字性的材料。

项目6 认识新兴创新方向

训练目标

了解创客及创客文化；

了解“互联网十”的核心及内涵；

了解《中国制造2025》的主要内容；

认识影响未来的科技应用。

任务一　认识创客与创客文化

思维链接

高档轿车有一种感应锁，只要主人把钥匙带在身上，离开车一定的距离车会自动锁上，开门时只需要靠近车就会自动打开，操作很简单方便。“创客”希望将这种技术用在自行车锁上，经过搜索发现没有类似产品后，“创客”提出了自己的设想，设计出了自行车感应锁。

二维码智能门——用手机代替门卡和钥匙。提供这个创意的“创客”希望通过手机扫描二维码的方式，免去人们随身携带房卡、钥匙的麻烦，出门只需一部手机。利用手机Mac地址的唯一性，二维码智能门的安全性能甚至可以超过传统的家庭或办公室门。

创客这个概念最近这几年比较火，尤其是李克强总理在考察了国内几个知名的创客空间后，这个概念更是屡屡进入大众的视野。“创客”也成为国内商业媒体中刷屏最多的关键词之一。张瑞敏在《致创客的一封信》中写道：“时代列车转入一个新的轨道，‘零距离’‘去中心化’‘分步式’的互联网思维把我们带进一个充满生机与挑战的人人时代，一个人人创客的时代。”

一个被时代催生起来的特殊群体——创客，正悄然崛起。

一、何谓创客

创客并不是今天才有的。“创客”一词来源于科利·多克托罗（Cory Doctorow）的一部科幻小说的名字。他在书中写道：“通用电气、通用磨坊以及通用汽车等大公司的时代已经终结。桌面上的钱就像小小的磷虾，无数的创业机会等待着有创意的聪明人去发现、去探索。”

科利·多克托罗的描述，给了美国《连线》杂志前主编克里斯·安德森（Chris Anderson）以灵感，让他写出了名为《创客：新工业革命》的畅销书。他在书中这样描述创客：他们使用数字工具，在屏幕上设计，越来越多地用桌面制造机器、制作产品。他们是互联网一代，所以本能地通过网络分享成果，通过将互联网文化与合作引入制造过程，他们联手创造着 DIY（自己动手制作）的未来，其规模之大前所未见。

创客是什么意思？什么是创客？如同创客群体的松散随性，创客的定义也不严格。仅从字面上翻译，创客就是 maker，意即做东西的人，泛指出于兴趣与爱好，努力把各种创意转变为现实的人。

创客以用户创新为核心理念，是创新 2.0 模式在设计制造领域的典型表现。创客们作为热衷于创意、设计、制造的个人设计制造群体，最有意愿、活力、热情和能力在创新 2.0时代为自己，同时也为全体人类去创建一种更美好的生活。

创客运动最重要的标志是掌握了自生产工具，他们是一群新人类。坚守创新，持续实践，乐于分享并且追求美好生活的人。简单地说，创客就是玩创新的一群人。

在中文里，“创”的含义是：开始做、创造、首创、开创、创立。它体现了一种积极向上的生活态度，同时有一种通过行动和实践去发现问题和需求，并努力找到解决方案的含义在里面；“客”则有客观、客人、做客的意思。客观，体现的是一种理性思维。客人、做客则体现了人与人之间的一种良性互动关系，有一种开放与包容的精神在里面，而开放与包容体现在行动上就是乐于分享。

如何让自己成为“创客”？“思而悟，悟而行，行必高远。”创新不仅仅是一种实践，同时在实践中也要不断地进行思悟：作为一个用户，会需要什么样的产品？需要什么样的感受和体验？要解决日常生活中的哪些痛点？如何做才能超越用户的心理预期，让用户尖叫？把手头上的每一件工作都切换到用户，从用户的角度思考如何工作，这就是“创客”思维。也只有成为这样的“创客”，才能实现最终超越于别人期望的工作结果，从而赢得先机，赢得未来。

把个体化的创新能量引入企业，是一种不可阻挡的趋势。对企业而言，培育让人人成为创客的氛围，搭建让人人成为创客的平台，是必须思考并且要有所作为的；对自己而言，努力让自己成为一个创客，而不是传统意义上的工作人，也是必须思考并且要有所作为的。

创客多则企业强。因此，《长尾理论》的作者，创客概念提出者克里斯·安德森预测：未来十年，"创客运动"将扮演助推器的角色，让个体和数字世界真正颠覆现实世界，掀起新一轮工业革命。而创客，正是新一轮工业革命的先声。

二、创客空间

创客之间需要有固定的场所经常互动交流，这些地方就被称为"创客空间"。创客空间是一个人们能分享兴趣——多数是电脑、技术、科学、数字或者电子艺术（也包括其他更多方面）——合作、动手、创造的地方。创客空间可以被看作开源社区创客能聚集在一起分享知识，创造新事物的实验室、厂房、工作坊、工作室等。很多创客空间参与自由软件、开源硬件、新媒体的活动。他们经常在大学、社区活动室、成人教育中心，但是有些需要更多空间的可以直接在厂房里。

不同创客空间的活动差别很大。创客空间是人们以工作坊、演讲、讲座等形式分享知识的地方。空间常常举办聚会等社会活动，他们为成员提供地点及设备供成员们进行个人项目，或者集体项目的创作。创客空间也可以运作物理或虚拟设备租借。创客空间的房间很重要，它提供创客们完成他们任务的基础设施。作为空间的补充，大多数创客空间提供电脑，设备好一些的创客空间提供机械工具、音箱设备、投影仪、游戏中心、电子设备（例如示波器和信号发生器）、电路元件和其他电子制造所需要的设备。一些创客空间提供食物储备，并举办厨艺讲座。

创客空间的组织形式由其成员决定，很多创客空间的组织者是有声望的人。被选中的工作人员需要帮助计划、决定，比如采购新设备、招募新人、制订计划和负责其他事物。会员费经常是创客空间最主要的收入来源，但是创客空间也接受外部捐助，在大学中的创客空间通常不直接收费，但是成员仅限学生，有些通过志愿服务换取会员资格。这里有一个不成文的传统，这些创客空间组织都非常开放、好客，他们非常欢迎来自其他类似组织的成员一起交换想法，技术或者知识。

美国"创客教父"米奇·奥德曼在他的文章《世界需要创客》里，提到过有关创客空间的一组数据："2007 年时，全球仅有 40 个创客空间，大部分在德国，如今这一数字已增长到 1 300 个，遍布世界各地。"作为融汇创客奇思妙想的大本营，世界各地的创客空间看似异曲同工却又大相径庭。

德国：混沌电脑俱乐部

全球第一家真正意义上的创客空间 Chaos Computer Club（混沌电脑俱乐部）于 1981 年在德国柏林诞生。

它也是全球最著名的黑客组织之一，以揭露重大的技术安全漏洞而闻名于世，从芯片到 PIN，再到智能手机等。作为创客空间，它是一个开放的实验室平台，里面有激光切割机、3D 打印机等基础设备，创客们聚集在这里，分享思想、技术，最终把好的创意转化为新产品。

美国：TechShop 和 Noisebridge

纸板雕塑、纸板椅子、定制的木头家具、竹制自行车、手工打造的滑雪球机器……自从 2006 年正式开张以来，美国最大的连锁创客空间 TechShop 目前在全美已有 6 家门店。

创客或者手工爱好者们每月支付 125 美元，就可以成为会员，获得各种软硬件资源的使用权。

TechShop 所提供的工具和设备包括焊接设备、金属板材加工设备、示波器和其他电子设备、塑料和复合材料等。TechShop 还会提供所有工具和设备的使用安全准则和基本使用培训。

而美国最著名的 Noisebridge 创客空间则由"创客教父"米奇·奥德曼于 2007 年在旧金山建立。

与 TechShop 的商业化不同，这家创客空间不收会员费，设置诸多课程和研讨会，目的是推广创客文化。

英国：Access Space

Access Space 是英国持续时间最长的多媒体实验室，位于英国南约克郡的谢菲尔德。

最初，该空间是以回收废旧电脑并再利用为主题，所有的公用电脑均为回收再组装利用，并全部安装了开源系统与开源软件。作为创客空间，机械加工设备、电子开发设备、3D 打印机以及激光切割机等也都是 Access Space 必备之物。经过十多年的发展，Access Space 现已涉及包括艺术、电子、科技、电脑、音乐、摄影等多个领域。

而创客在中国兴起并不晚于世界。2010 年 10 月，国内第一个创客空间在位于上海徐汇区长乐路的"新车间"诞生。目前，国内较为正式的、形成一定规模的创客空间有几十家，其中较为出名的是重庆电子人众创工厂、新车间、北京创客空间、柴火创客空间等，这几家创客空间也凭借其优势形成了自己的特色。

新车间是以社区方式运行的非营利创客空间，2010 年成立于上海。新车间的使命是支持、创建并推广物理计算、开源硬件和物联网。为了达成这个目标，新车间积极举办讲座、研讨、项目、初创推广、工坊、竞赛，同时新车间也会参与国际竞赛。新车间的长期目标是在中国各地传播创客空间的理念以及推广创客的文化。

作为新一代的大学生，如何给自身的才智找到一个发展的平台，实现自身的价值，相信创客空间是一个很好的地方。因为在这里，你可以跟志同道合的人一起努力，将脑洞大开的创意变成现实。

三、创客文化

（一）黑客伦理

首先谈黑客伦理，黑客伦理是伴随“黑客”（Hacker）一词诞生来的。最早的 Hacker 一词表示 50 多年前，在麻省理工（MIT）的一些学生，业余喜欢鼓捣一些计算机编程，且技术很强的人，也就是现在说的“老鸟”或者“大牛”。可以简单概括为一句话——要想称得起“hacker”，他必须有创新、有风格、有技术含量。后来成立了一个著名的“铁路模型技术俱乐部”（Tech Model Railroad Club，缩写为 TMRC），世界上最早的“黑客”群体就此诞生，从这里走出了世界上最著名的计算机科学家和程序员，包括有“人工智能之父”之称的约翰·麦卡锡（John McCarthy）和“自由软件之父”之称的理查德·斯托曼（Richard Stallman）。

40 年前，互联网的原型 ARPAnet 也诞生在这里！随着 ARPAnet 连接了主要的高校，这样的文化氛围也逐渐被大家接受，并最终形成了“黑客伦理”。黑客伦理和黑客文化紧密关联，其核心精神是“开放、共享、分权和对技术的崇拜”。而正是由于有这样的精神内涵存在，黑客文化开始广泛传播，并最终渗透到了全球互联网的每个角落。

而自由软件也正是这种精神的延续和“实例化”。当 1984 年理查德·斯托曼深刻地感受到自由开放正在远离这个世界，黑客伦理正在被商业化的拜金主义所取代的时候，深感自己身上的担子很重，并最终发起了 GNU 计划和自由软件运动。可以说，自由软件运动是现在一切开放、开源以及 CC（Creative Commons，创作共用）的理论基础，随着自由软件的传播发展，促生了带有商业化倾向的开放源代码软件，开源软件的诞生进一步拓展了自由软件的发展道路，迎来了开源大发展的 21 世纪。既然软件已经开源了，那么硬件呢？由此，开源硬件也就呼之欲出了！开源硬件特别是以 Arduino 为首的硬件产品催生了一个新的群体——创客。

（二）创客文化的本源

克里斯·安德森的《创客：新工业革命》一书中非常推崇互联网引发的社会变革。可是互联网最早是 ARPAnet，而 ARPAnet 则诞生在 MIT 的 TMRC——正是黑客的发源地！因此，互联网从一开始就充满了黑客文化，或者说现在的互联网文化，其本质不正是黑客文化的现代体现么！

互联网的开放共享为黑客精神的发展注入了新的活力，并产生了一种新的开发模式，一种不同于传统“大教堂”式集中开发的分散互联开发模式——市集模式。这种开发模式直接导致了 Linux 的大跨步发展和广泛应用。而开源硬件和创客群体也借着互联网和“市集模式”，仅用 5 年时间就快步发展成熟。

由上面的分析可以看出，创客群体的产生得益于开源硬件，而开源硬件继承自开源软件，开源软件脱胎于自由软件，而自由软件则凝聚了“黑客文化”。所以，简单地说,“创客文化”的本源与实质就是“黑客文化”。黑客文化的核心价值也依然适用于创客文化,“开放,共享,分权和对技术的崇拜”,也应该顺理成章地引入到创客群体中来,如果按照这个思路去发展,将 Hacker 一词翻译成“创客”实在是一种讨巧又明智的举动!

(三) 开放是灵魂

“开放”是黑客精神的灵魂,没有开放就没有共享,没有开放也就没有分权,没有开放就更别提对技术的崇拜!因此,无论是自由软件、开源软件、开源硬件还是 CC(Creative Commons,创作共用)都把“开放”当作协议的第一条,并且很多都强制要求开放。

因为有开放,开源软件才能发展到现在的程度,正是有了开放,开源硬件才能催生出创客群体,而得益于创客群体的开放共享,才让这种创客文化如此快地进入到流行文化领域。

国内创客运动的创始人李大维提出一种叫“新山寨”的概念。其实仔细想想山寨不就是对开放的渴求么?正是因为缺乏开放才催生了山寨。以前的山寨手机不都是仿照的封闭系统么?开源的 Android 系统出来以后,山寨厂立马纷纷倒闭或者干脆生产 Android 手机。因为开放,山寨没有了活路,但是创新却找到了生机。有创新就没有山寨,那么“新山寨”从何而来?

(四) 国内的创客文化

由于历史原因,中国没有产生黑客文化的土壤,也没有接受这种意识形态的思想基础,但是人们却发现创客是可以带来经济收益的一种“金饭碗”,于是,国内就掀起了轰轰烈烈的“拿来主义”。

1 年多的时间,创客空间在全国主要的一二线城市遍地开花。“创客群体”和“创客文化”很快就占领了流行文化领域,甚至在央视新闻里也出现了“创客”的身影,可谓实现了“跨越式发展”!

创客运动有几个文化基因,包括强调共享和攻克技术难题的黑客文化、让创意变成现实的 DIY 文化,以及强调批判性的设计和创造性的跨界合作。这些文化要素与科学文化之间存在共性,包括都追求一种理想的、兴趣驱动的生活方式,都通过创造发现新的可能性,都非常重视通过知识、创意的共享汇聚集体的智慧,都强调激发来自草根阶层的创造活力。

从动机的角度讲,创客和科学家实际上都有相当一部分人在追求一种理想的生活。科学实际上有理想主义的价值观和现实主义的价值观。理想主义的价值观,强调为科学而科学,强调兴趣的驱动,在创客运动中,实际上也有这部分理念。创客希望能够制造、创造,完整地表达自己,这个过程中并不是特别的追求经济或使用等功利的东西。

科学家和创客，其实都在不断地为创新者提供知识、技术以及新的制造品。有些创客可能就变成了创新者，但也有很多创客实际上没有变成创新者，他依然去追求那种感兴趣的生活，依然致力于发现新技术，致力于创造新物品。

反思中国创客运动的发展，更多的受 DIY 文化，就是个人制造的影响和来自于硅谷的这种创业文化的影响，但是较少受到黑客文化，以及开源共同体思想的影响。

这样的后果是中国创客运动迅速转向了创业和创新，这将给我们带来新一轮草根创新的热潮，但同时也可能会对社会持续创新能力的维系和发展带来挑战。

任务二　认识互联网＋与创新

思维热身

现在全社会都在提"互联网＋"，你理解"互联网＋"的含义是什么？

自动驾驶汽车、可穿戴计算设备、3D 打印、全息影像、替代支付系统……这些名词你听过吗？使用过吗？这就是瞬息万变的"互联网＋"时代发生在我们周围的新事物。那么"互联网＋"到底是什么呢？

"互联网＋"的理念，是在几年前易观第五届移动互联网博览会上，由易观国际董事长于扬先生在国内首次提出的。之后这个概念得到腾讯总裁马化腾先生的认可，并向全国人大提交议案，建议将"互联网＋"上升为国家战略。真正成为国家战略是 2015 年两会上李克强总理政府工作报告中首次提出"互联网＋"行动计划。2015 年 7 月，国务院印发《关于积极推进"互联网＋"行动的指导意见》。2015 年 10 月 29 日，中国共产党第十八届中央委员会第五次全体会议指出：实施网络强国战略，实施"互联网＋"行动计划，发展分享经济，实施国家大数据战略。

一、"互联网＋"的特点

互联网＋是以互联网为主的一整套信息技术（包括移动互联网、云计算、大数据技术等），在经济、社会生活各部门的扩散、应用过程。它利用互联网的平台，利用信息通信技术，把互联网和包括传统行业在内的各行各业结合起来，在新的领域创造一种新的生态。

"＋"不是搬家，不是把原来的业务搬到互联网，"互联网＋"真正的价值还是在于我们怎么去延展我们的市场空间，延展我们经济的容量。所以，我们需要的是用一种延展式的思维，而不是一种替代式的思维，不是搬家式的思维，而是创造式的思维，这样才有可能真正把这个"互联网＋"落实下来。

互联网+有以下特点。

1. 跨界融合

“+”就是跨界，就是变革，就是开放，就是重塑融合。敢于跨界了，创新的基础就更坚实；融合协同了，群体智能才会实现，从研发到产业化的路径才会更垂直。融合本身也指代身份的融合、客户消费转化为投资、伙伴参与创新等，不一而足。

2. 创新驱动

中国粗放的资源驱动型增长方式早就难以为继，必须转变到创新驱动发展这条正确的道路上来。这正是互联网的特质，用所谓的互联网思维来求变、自我革命，也更能发挥创新的力量。

3. 重塑结构

信息革命、全球化、互联网业已打破原有的社会结构、经济结构、地缘结构、文化结构。权力、议事规则、话语权在不断发生变化。“互联网+”社会治理、虚拟社会治理会是很大的不同。

4. 开放生态

关于“互联网+”，生态是非常重要的特征，而生态的本身就是开放的。我们推进“互联网+”，其中一个重要的方向就是要把过去制约创新的环节化解掉，把孤岛式创新连接起来，让研发由人性决定的市场驱动，让创业并努力者有机会实现价值。

5. 连接一切

连接是有层次的，可连接性是有差异的，连接的价值是相差很大的，但是连接一切是“互联网+”的目标。

二、“互联网+”的实际应用

(一) 工业

“互联网+工业”即传统制造业企业采用移动互联网、云计算、大数据、物联网等信息通信技术，改造原有产品及研发生产方式。借助移动互联网技术，传统制造厂商可以在汽车、家电、配饰等工业产品上增加网络软硬件模块，实现用户远程操控、数据自动采集分析等功能，极大地改善了工业产品的使用体验。

基于云计算技术，一些互联网企业打造了统一的智能产品软件服务平台，为不同厂商生产的智能硬件设备提供统一的软件服务和技术支持，优化用户的使用体验，并实现各产品的互联互通，产生协同价值。

运用物联网技术，工业企业可以将机器等生产设施接入互联网，构建网络化物理设备系统，进而使各生产设备能够自动交换信息、触发动作和实施控制。物联网技术有助于加快生产制造实时数据信息的感知、传送和分析，加快生产资源的优化配置。

（二）金融

“互联网＋金融”从组织形式上看，这种结合至少有三种方式：第一种是互联网公司做金融。如果这种现象大范围发生，并且取代原有的金融企业，那就是互联网金融颠覆论。第二种是金融机构的互联网化。第三种是互联网公司和金融机构合作。

从2013年以来，以在线理财、支付、电商小贷、P2P、众筹等为代表的细分互联网嫁接金融的模式进入大众视野以来，互联网金融已然成为了一个新金融行业，为普通大众提供了更多元化的投资理财选择，并进一步稳定客户、市场，走向成熟和接受监管的规范。

1. 互联网供应链金融

该业务与电子商务紧密结合，阿里巴巴、苏宁、京东等大型电子商务企业，纷纷自行或与银行合作开展此项业务。互联网企业基于大数据技术，在放贷前可以通过分析借款人历史交易记录，迅速识别风险，确定信贷额度，借贷效率极高。在放贷后，可以对借款人的资金流、商品流、信息流实现持续闭环监控，有力降低了贷款风险，进而降低利息费用，让利于借款企业，很受小微企业的欢迎。

2. P2P网络信贷

近几年，我国P2P网络信贷市场出现了爆炸式增长，无论是平台规模、信贷资金，还是参与人数、社会影响都有较大进步。据统计，2016年P2P平台数量已经达到1962家，成交额破万亿元。P2P规模的飞速发展为中小微企业融资开拓了新的融资渠道，也为居民进行资产配置提供了新的平台。

3. 众筹

众筹这种融资模式具有融资门槛低、融资成本低、期限和回报形式灵活等特点，是初创型企业除天使投资之外的重要融资渠道。我国已成立的众筹平台已经超过100家，其中约六成为商品众筹平台，纯股权众筹约占两成，其余为混合型平台。

4. 互联网银行

互联网银行提高了金融交易的效率。客户在任何地点、任何时间都可以办理银行业务，不受时间、地点、空间等的约束，效率大大提高。通过网络化、程序化交易和计算机快速、自动化等处理，大大提高了银行业务处理的效率。

（三）商贸

在零售、电子商务等领域，过去几年都可以看到其和互联网的结合。实体零售渠道通过“零售业＋互联网”变革来生存和提高。阿里巴巴、京东、淘宝等B2B、B2C电商业务已经培育了企业个人的在线交易和支付习惯。同时，一大批跨境电子商务平台走向成熟，跨境电子商务进出口额迅速提高。

（四）通信

在通信领域，“互联网＋通信”有了即时通信，几乎人人都在用即时通信 App 进行语音、文字甚至视频交流。然而，传统运营商在面对微信这类即时通信 App 诞生时简直如临大敌，因为语音和短信收入大幅下滑，但随着互联网的发展，来自数据流量业务的收入已经大大弥补了语音收入的下滑，可以看出，互联网的出现并没有彻底颠覆通信行业，反而是促进了运营商进行相关业务的变革升级。

（五）交通

“互联网＋交通”，如打车软件、网上购买火车和飞机票、出行导航系统等。从国外的 Uber 到国内的滴滴打车，移动互联网催生了一批打车、拼车、专车软件，虽然它们在全世界不同的地方仍存在不同的争议，但它们通过把移动互联网和传统的交通出行相结合，改善了人们出行的方式，增加了车辆的使用率，推动了互联网共享经济的发展，提高了效率、减少了排放，对环境保护也作出了贡献。

（六）医疗

现实中存在看病难、看病贵等难题。业内人士认为“移动互联网＋医疗”有望从根本上改善这一医疗生态。具体来讲，互联网将优化传统的诊疗模式，为患者提供一条龙健康管理服务。在传统医患模式中，患者普遍存在事前缺乏预防、事中体验差、事后无服务的现象。而通过互联网医疗，患者有望从移动医疗数据端监测自身的健康数据，做好事前防范。在诊疗服务中，依靠移动医疗实现网上挂号、询诊、购买、支付，节约时间和经济成本，提升事中体验，并依靠互联网在事后与医生沟通。

（七）教育

一所学校、一位老师、一间教室，这是传统教育。一个教育专用网、一部移动终端，几百万学生，学校任你挑、老师由你选，这就是“互联网＋教育”。在教育领域，面向中小学、大学、职业教育、IT 培训等多层次人群提供学籍注册入学开放课程，但是网络学习一样可以参加我们国家组织的统一考试，可以足不出户在家上课学习并取得相应的文凭和技能证书。“互联网＋教育”的结果，将会使未来的一切教与学活动都围绕互联网进行，老师在互联网上教，学生在互联网上学，信息在互联网上流动，知识在互联网上成型，线下的活动成为线上活动的补充与拓展。

“互联网＋”的本质是“互联网＋创新”的经济创新模式。加速国内相对落后的制造业的效率、品质、创新、合作与营销能力的升级，以信息流带动物质流，也与“一带一路”整体战略相结合，扩展整体产业的国际影响力。互联网成为最重要的基础设施被广泛地应用。借助互联网创造出无穷无尽的创新，是未来中国经济发展的最重要引擎。

任务三　认识《中国制造 2025》与创新

思维热身

如何理解中国制造和中国创造?

一、《中国制造 2025》的主要内容

《中国制造 2025》是我国政府实施制造强国战略第一个十年的行动纲领。

《中国制造 2025》提出,坚持"创新驱动、质量为先、绿色发展、结构优化、人才为本"的基本方针,坚持"市场主导、政府引导,立足当前、着眼长远,整体推进、重点突破,自主发展、开放合作"的基本原则,通过"三步走"实现制造强国的战略目标。

第一步:2015—2025 年,中国力争用 10 年时间迈入制造强国行列。其中,到 2020 年,中国基本实现工业化,制造业大国地位进一步巩固,制造业信息化水平大幅提升。到 2025 年,制造业整体素质大幅提升,创新能力显著增强,工业化和信息化融合迈上新台阶。形成一批具有较强国际竞争力的跨国公司和产业集群,在全球产业分工和价值链中的地位明显提升。

第二步:到 2035 年,我国制造业整体达到世界制造强国阵营中等水平。创新能力大幅提升,重点领域发展取得重大突破,整体竞争力明显增强,优势行业形成全球创新引领能力,全面实现工业化。

第三步:到新中国成立 100 年时,中国制造业大国地位更加巩固,综合实力进入世界制造强国前列。制造业主要领域具有创新引领能力和明显竞争优势,建成全球领先的技术体系和产业体系。

二、《中国制造 2025》提出的背景

制造业是国民经济的主体,是立国之本、兴国之器、强国之基。18 世纪中叶开启工业文明以来,世界强国的兴衰史和中华民族的奋斗史一再证明,没有强大的制造业,就没有国家和民族的强盛。打造具有国际竞争力的制造业,是我国提升综合国力、保障国家安全、建设世界强国的必由之路。

新中国成立尤其是改革开放以来,我国制造业持续快速发展,建成了门类齐全、独立完整的产业体系,有力推动工业化和现代化进程,显著增强综合国力,支撑世界大国地

位。然而，与世界先进水平相比，中国制造业仍然大而不强，在自主创新能力、资源利用效率、产业结构水平、信息化程度、质量效益等方面差距明显，转型升级和跨越发展的任务紧迫而艰巨。

当前，新一轮科技革命和产业变革，与我国加快转变经济发展方式形成历史性交汇，国际产业分工格局正在重塑，必须紧紧抓住这一重大历史机遇，按照“四个全面”战略布局要求，实施制造强国战略，加强统筹规划和前瞻部署，力争通过3个十年的努力，到新中国成立100年时，把我国建设成为引领世界制造业发展的制造强国，为实现中华民族伟大复兴的中国梦打下坚实基础。

(一)“中国制造”两头受压

整体上看，我国仍处于全球价值链的中低端。尽管我国有一些行业和领域是世界上最先进的，像航天、高铁、核电等，但同时在某些领域还十分落后，比如还有完全依赖人工作业的小矿山、小作坊等。

低端制造业，我们存在产能过剩问题，现在竞争不过东南亚等国家；而高端制造业，尽管发展很快，但和欧美等发达国家相比仍有很大差距。现在中国的工业处于中间地带，受到两头挤压。中国经济和产业结构处于空前的转型和调整压力之下，中国作为“世界工厂”的发展受到约束。

(二) 德国的“工业4.0”战略

德国制造业是世界上最具竞争力的制造业之一，在全球制造装备领域拥有领头羊的地位。“工业4.0”是由德国政府《德国2020高技术战略》中所提出的十大未来项目之一，旨在提升制造业的智能化水平，建立具有适应性、资源效率及基因工程学的智慧工厂，在商业流程及价值流程中整合客户及商业伙伴。

20世纪后期，信息时代的到来，劳动力成本高企等因素，促成了全球经济的再分工。“去工业化”中的美国，金融业突飞猛进和制造业蜂拥外迁，成了这一时期的两大突出现象。也恰恰由于金融衍生品的泛滥和第二产业的空洞化，导致美国陷入了自大萧条后的最大经济危机，导致失业率飙升到10%上下、房地产大面积崩溃等，即使是上百年来让美国人骄傲的汽车制造业，也面临着破产的现实威胁。奥巴马政府竭力寻找引领美国经济走出困境的突破口，最终把目光聚焦到“再工业化”。从远期看，美国真正的目标是要在世界经济领域掀起一场“战略大反攻”，以此作为抢占世界高端制造业的战略跳板。

德国“工业4.0”战略和美国“再工业化”战略，激发了中国强化工业能力的决心。

(三) 制造业科技创新

全球制造业与信息产业深度融合的发展趋势，以及各国制造业科技创新的影响。

当前，人工智能、移动互联、3D打印等新技术持续演进，推动产品、装备、工业、服务的智能化。随着互联网在制造业各领域深入渗透，以互联网为基础的新业态新模式密集涌现,“互联网+”成为推动建设制造强国的重要引擎。

在这样的背景下,中国需要找到一条新的发展之路。形成经济的增长新动力,塑造国际竞争新优势,重点在制造业,难点在制造业,出路也在制造业。因此,强化制造业应该成为中国未来宏观政策和产业政策的重点。

思维链接

尚品宅配:从 C2B 到工业 4.0

在家具行业,尚品宅配已经实现了大规模的家具定制,每天成千上万甚至几十万件不同的板材,基于每一个消费者的不同需求被加工成不同的家具。

C2B 定制设计

制造企业如果不做定制化产品,产品不仅难有“销路”,企业也会没有“出路”。尚品宅配的每一个顾客都能够参与方案设计,根据喜好与个性要求,在各种异形空间、犄角旮旯,完全根据消费者家的装修风格、空间支出、个人的喜好、功能要求等。

尚品宅配将订单中心里消费者的需求以及上门的需求通知到对应实体店,设计师上门提供测量与设计服务,不超过 3 天,免费设计出一套家具图纸方案。

消费者可以亲自到店里面看图纸,并可以参与设计。因此,也就有了各种异形的解决方案,其实已经不是传统意义上设计师做设计,是来自民间的真正高手提出的好需求,实现后的解决方案进入方案库,下次提供给其他消费者使用。

尚品宅配在全国各地有 6 000 名设计师做解决方案,设计师登录云设计中心,输入消费者的特征数据,比如男女、职业、收入、家庭成员等信息,系统就会根据北京地区有共同特征的顾客,在过去 1～3 个月甚至半年当中,最喜欢且卖的最好的方案提取出来,图纸在终端很快做成效果图,供设计师多中选优,设计师也会进行修改提供给用户。

同时,尚品宅配在家居定制设计过程中,也建立了面向设计人员的众包设计平台,设计师可以在平台上接不同的设计订单,然后根据房屋布局和消费者需求完成个性化的家居设计。

目前,在家具行业零增长或者负增长的情况下,尚品宅配近几年每年仍以至少 60% 的幅度增长。

工业 4.0 定制生产

工业 4.0 要具备两个核心:一是未来一定是大规模个性化产品生产,二是每一个零件会自己指挥机器把自己加工出来。尚品宅配的实践过程是:

第一阶段:由人指挥机器工作。引进先进的进口机械设备,由技术工人指挥机器工作,容易出错。

第二阶段:由程序员编制输入程序,机械设备按指令裁切板材,效率低。

第三阶段：由机器指挥工人工作，比如板材到达后，通过描述二维码，在屏幕上会显示现在要加工 10 个批次，板材是苹果木，需要的尺寸规格，横着放进，工人不需要知道为什么，机器设备就开始自动加工切割。

第四阶段：实现机器代替人，不需要工序，直接使用机器设备、机械手、机器人完成工作。

尚品宅配的软件团队从市场上招了专门做硬件的工程师，组成机器人团队，花了 4 个月时间就生产出了这样一个小板智能加工机器人。

上述过程是企业必须经历的阶段。那么，定制生产效率会低吗？不低！

第一，在不超过 100 个订单的时候，个性化生产方式比做成批量生产方式效率要高。现在，企业的批量化订单已经很难接近 1 000 甚至是 500 个订单。

第二，在个性化家具定制加工中，通过板材的大小拼合，材料利用率会更高，至少提高 3%～5%。

第三，定制家具行业的模式是零库存，按单生产，做完方案，收取订单费用，再进行生产就是零库存。加工完成的家具要求在 7×24 小时离开库房。

第四，所有相关数据都存储在订单管理系统中，每一个加盟店或加盟商都可以通过订单系统，看到每个顾客每个订单此时此刻的状况，包括所有的状态，甚至是家具在加工中的状态，钻孔还是封边。消费者也可以通过网络终端查看到自己的订单状态。

第五，精细计算成本。每一块板材真正的成本，包括使用的胶水都能够计算清楚，同时，每个工人中午下班的时候就可以知道自己的计件工资。

未来，C2B 一定是中国实现产业升级的一个突破口，但需要企业走进用户，从用户角度出发来改变，而且 C2B 也一定可以倒逼出来一个中国的“工业 4.0”。中国的制造业采用这样的方法不断解决问题，一定可以走到产业链的核心。

三、《中国制造 2025》的核心

《中国制造 2025》主要聚焦在这样一条主线上：

第一，互联网＋。借助互联网的思维和技术，与传统产业相互结合，从而催生出一些新的业态和新的商业模式。比如，线上电子零售业态和 B2B 的业务，社会化媒体和数字化营销，还有 O2O 生活服务圈，还有以第三方支付、P2P、众筹等为代表的互联网金融业务。

第二，信息化与工业化深度融合。这个深度融合不仅是对中国制造装备、制造工艺、核心技术攻关能力的全面提升，同时还要借助新兴电子与信息技术以及先进的管理方式，对中国制造企业自主创新能力、市场营销能力、品牌建设能力进行全面提升。

第三，智能制造。其跟“工业 4.0”所强调的内容有一些吻合，主要是指现代物联网和人工智能技术深度应用到生产制造各个环节当中，以取代或者延伸部分手工和脑力等劳动，从而能够全面提升生产效率，降低成本，使整个生产过程达到最优的状态。

四、《中国制造 2025》与创新

《中国制造 2025》提出，要完善以企业为主体、市场为导向、产学研用相结合的制造业创新体系，围绕产业链部署创新链，围绕创新链配置资源链，加强关键核心技术攻关，加速科技成果转化，提高关键环节和重点领域的自主创新能力。具体要做好以下几个方面的工作。

（一）加强关键核心技术研发

当前，核心技术对外依存度较高，拥有自主知识产权的技术与产品少，已成为制约我国制造业创新发展的"瓶颈"。可以看到，我国部分产业的核心技术严重依赖国外，高端芯片和通用芯片对外依存度超过 95%，95%的高档数控系统，几乎全部高档液压件、密封件和发动机要依靠进口。加强支撑产业技术发展和集成能力提升的关键核心技术及关键共性技术的研发，是提高我国制造业创新能力的当务之急。

《中国制造 2025》提出了要加强关键核心技术研发的任务，主要包括：推进国家技术创新示范企业和企业技术中心建设，充分吸纳企业参与国家科技计划的决策和实施；瞄准国家重大战略需求和未来产业发展制高点，定期研究、制定和发布制造业重点领域技术创新路线图；继续抓紧实施国家科技重大专项，通过国家科技计划（专项、基金等）支持关键核心技术研发；发挥行业骨干企业的主导作用和高等院校、科研院所的基础作用，建立一批产业创新联盟，开展产学研用协同创新，攻克一批对产业竞争力整体提升具有全局性影响、带动性强的关键共性技术，加快成果转化。同时，《中国制造 2025》提出了到 2020 年掌握一批重点领域的关键核心技术的战略目标。

（二）提高创新设计能力

企业之间、产业之间的竞争已不再停留在资金实力、产业规模、制造能力上，而演变成为创新设计、新技术、新商业模式之间的竞争。设计是技术创新的第一步，是制造的第一道工序，也是制造业产业链的龙头，产品设计决定了产品成本的 70%，我国与发达国家相比，设计理论与方法落后，设计工具软件大部分依赖国外，制约了制造业的创新发展，必须高度重视。

《中国制造 2025》中提出，提高创新设计能力要大力推广应用先进设计技术；在传统制造业、战略性新兴产业、现在服务业的重点领域开展创新设计示范，全面推广应用以绿色、智能、协同为特征的先进设计技术；攻克信息化设计、过程集成设计、复杂过程和系统设计等共性技术，开发适合我国制造业应用的设计工具软件；鼓励企业通过增加研发投入，向产业链的上游——研发设计拓展，实现由代加工向代设计和出口自创品牌产品转变。

（三）推进科技成果产业化

目前，我国产学研用结合不够紧密，科技成果向经济成果转化的比例低，企业的原创性科技成果较少，创新体系整体效能亟待提升。比如，科技投入迅速增长的同时，突破性原创性成果却不多；应用型科技成果产出不少，但整体转化率很低。据统计，目前我国科技成果转化率不到 10%，部分重点大学、科研院所科技成果产业化率不到 5%，而发达国家则普遍高达 40%～50%。科技成果产业化率低对制造业发展的支撑作用受到较大制约，只有尽快实现产业化，才能真正转化为强大的生产力，推动制造业的健康可持续发展。

《中国制造 2025》提出了推进科技成果产业化，要完善运行机制，健全以技术交易市场为核心的技术转移和产业化服务体系，多方式促进科技成果资本化、产业化；完善科技成果转化激励机制，健全科技成果科学化评估和市场化定价机制；完善科技成果转化协同推进机制，引导产学研用按照市场规律和创新规律加强合作；以及加快国防科技成果转化和产业化进程，推进军民技术双向转移转化。

（四）加快国家制造业创新体系建设

制造业创新体系是指推动制造业技术创新的组织系统、关系网络以及保证系统有效运行的制度和机制。当前，世界主要国家都在积极推动国家制造业创新体系由过去相对独立、离散的系统结构向由创新中心、服务平台和基础支撑组成的网络化协同创新体系过渡和转化，旨在进一步整合创新要素和资源，抢占未来经济和科技竞争的先机。如美国于 2013 年提出了要建立由制造业创新中心和协调性网络组成的“国家制造业创新网络”计划。

针对我国产业创新资源分散、体系不完善的问题，《中国制造 2025》提出了加快国家制造业创新体系建设的重点任务，包括要加快建立以创新中心为核心载体、以公共服务平台和工程数据中心为重要支撑的制造业创新网络。实施制造业创新中心建设工程，推动国家制造业创新网络建设。围绕重点行业转型升级和新一代信息技术、智能制造、增材制造、新材料、生物医药等等领域创新发展的重大共性需求，形成一批制造业创新中心，重点开展行业基础和共性关键技术研发、成果产业化、人才培训等工作。按照《中国制造 2025》的要求，到 2020 年，重点形成 15 家左右制造业创新中心，力争到 2025 年，形成 40 家左右制造业创新中心。

（五）加强标准体系建设

技术标准作为我国工业发展的重要技术基础，已经成为我国走新型工业化道路、推进信息化和工业化融合、提升产业核心竞争力和综合国力的关键支撑。由于多方面原因，目前制造业行业存在标准体系不完善、标准水平不高、自主创新技术标准匮乏、标准更新不及时等方面问题。加快建立满足产业发展需要的标准体系，提高标准水平，强化标准实施，建立规范、透明、高效的管理体制和运行机制，已经成一项十分紧迫的任务。

《中国制造 2025》提出了不断完善标准体系建设的重点任务。主要包括：组织实施制造业标准化提升计划，在智能制造等重点领域开展综合标准化工作，完善标准体系；发挥企业在标准制定中的重要作用，协同推进产品研发与标准制定；推动我国标准的国际化进程；推动国防装备采用先进民用标准，推动军用技术标准向民用领域的应用。

（六）强化知识产权运用

当前，知识产权日益成为全球科技和产业竞争中抢占战略高地的重要武器。发达国家和新兴经济体日益重视知识产权的战略资产价值，不断加强专利布局，提高知识产权保护水平和战略运用能力。而目前我国知识产权，特别是工业领域知识产权数量虽多但质量不高，大量知识产权处于“休眠”状态，对于提升企业市场竞争力尚未发挥应有作用。因此，在制造业领域深入落实国家知识产权战略，增强企业的知识产权运用能力，对于增强制造业企业的自主创新和风险应对能力、建设制造强国具有重要意义。

《中国制造 2025》对强化知识产权运用提出了明确任务要求：加强制造业重点领域关键核心技术知识产权战略储备，构建产业化导向的专利组合和战略布局；培育一批具备知识产权综合实力的优势企业，支持组建知识产权联盟，推动市场主体开展知识产权协同运用；建立健全知识产权评议机制，开展专利评估、收购、运营和风险预警与应对；建设知识产权综合运用公共服务平台，鼓励开展跨国知识产权许可等。

思维链接

万和燃气：把耐用品变为消费品

在河南一所大学的建筑学院，2 万多名学生的冲凉数据，包括学生什么时候用了热水、冲凉时间大概有多久等，通过具有 WiFi 功能的智能燃气热水器被收集起来，传送到广东万和新电气股份有限公司（简称“万和”）总部。这是万和打造的一个智能家电样板工程，也是万和 O2O 战略的一环。

“以前，我们只负责把产品卖出去，现在，有了消费者的数据，就可以根据消费者的生活习惯、应用习惯，不断升级我们的产品。未来，希望把以前的耐用品变为消费品，就像小米手机一样，不断更新换代。”万和总裁叶远璋说，“其背后的运营理念是如何把传统做产品的思维，转变成以客户为中心，从而实现 C2M 和 O2O。”

作为国内生产规模最大的燃气具专业制造企业，截至 2014 年年底，万和的年产能超过 1 500 万台，其燃气热水器市场占有率连续 11 年位居行业第一。最近 3 年，万和更是实现从 26 亿元到 40 亿元的跨越式发展。

从规模化、批量生产转向个性化、定制生产

经过20多年的市场竞争，燃气热水器市场正趋于稳定，逐步演变成国产、欧美、日资品牌三足鼎立的局面。最近2年，国内家电市场呈现出智能化和消费升级的明显趋势，包括万和在内的家电企业面临着产业升级的挑战。作为国产品牌的龙头，叶远璋表示，万和一直通过规模生产、技术创新、有效管理降低成本，形成自身的核心竞争力。

随着市场发展，未来万和的竞争策略，会从传统批量、规模化生产的思路转向怎么样以客户为中心、流程化生产，包括未来的定制生产以及DIY等，即从原来单一产品的生产转向整体解决方案定制，如根据消费者的不同需求、投入多少、个性等，万和会建议消费者可以定制太阳能与热泵组合的热水器产品，也可以定制太阳能、热泵与燃气组合的热水器产品等不同方案。

叶远璋表示，企业规模小，面向用户的定制化生产比较容易实现，但是把年产1 500万台的规模生产转向定制化很难，这对万和传统的供应链运营是个巨大挑战。

生产管理是传统供应链运营的核心。过去，万和的生产计划主要是根据以往的生产经验和销售部门提出的预测数据来提交，而销售预测往往根据销售部门和区域总代（包括各地代理渠道）、专卖店的个人经验和判断进行汇总和统计。其中，区域总代提交的销售预测数据再由下属二三级代理提交，因此，数据来源不够准确，而且逐层上报的数据存在失真情况，从而让销售预测数据与市场需求产生较大误差，导致生产的产品会大量积压产生库存。

以客户为中心的供应链运营则是按订单进行生产，这需要准确的销售预测、快速的订单反应能力和高效的生产管理能力。万和建立了一套集团统一的ERP系统，7家工厂的所有物料代码统一成一套，各事业部的考核指标统一，并且能够用数据清晰呈现；原材料的采购直接在U9系统中完成，下游渠道商通过U9系统直接下订单；U9系统也整合了万和的CRM系统、EHR、条码系统，使整个集团实现内部协同，达到抛单业务应用，这套系统成为万和定制化供应链运营的基础。

500家供应商、3 000家渠道的协同之道

准确的销售预测是科学生产的前提，能够大幅度降低库存。举例来说，假如每个月的库存误差是5 000台，每台按平均1 000元的批发价来算，这5 000台库存意味着至少500万元的资金占用。

过去，万和要收集各渠道商每天的销售情况、订单信息非常困难，导致销售预测不准确、库存积压。如今，万和新的ERP系统在准确预测市场需求方面发挥了重要作用。由于一部分上游供应商和下游渠道商与万和通过系统联网，万和可以清晰地掌握原材料的库存情况，产品库存和销售情况。

全国各地3 000多家渠道商的订单会实时地提交到万和的ERP系统中，由销售部进行统计汇总，销售部门按区域、库存量等信息，把订单进行分配，如北京周边地区分销商的订单会转给距离北京最近的工厂和仓储进行生产或调拨等。当分销商的订单经过ERP系统处理之后，ERP中的库存数据会自动减少，并显示当前各个工厂的库存量是多少；销售部门依据这些数据来分析是否要追加生产，该生产哪些型号，生产多少，需要采购哪些部件，采购多少等，采购订单也通过ERP系统提交给500家供应商。

在经过对库存量、往年销售数据等综合分析和按照一定算法计算之后，销售部门最后制定一个比较准确的销售预测数据，提交给生产管理部门安排生产。

“随着销售数据和生产数据逐渐沉淀，下一年我们能够更加准确地预计到什么时候可以多卖一点哪类产品，比如房屋装修高峰时间，高端产品会卖得多一点，因此会合理安排生产计划。”叶远璋在接受《商业价值》采访时说，“以前没有数据支撑，什么产品都生产一点，导致库存很大。”据介绍，目前万和基本实现零库存，包括配件的库存也很少。在年产160多万台的时候，万和的仓库曾达到3万多平方米，如今年产1 500多万台，但库存仓库有很大一部分是空的。

随着用户数据积累越来越多，叶远璋也在考虑如何挖掘数据的价值。比如，开展数据营销，在逢年过节时进行用户关怀，在新产品发布时的用户促销推广，对老用户的产品升级等，甚至把产品直接从工厂销售给用户(C2M)，消除中间环节，从而最大程度地提高产品竞争力。

随着互联网及电子商务的发展，万和线上渠道的营收成倍增长，传统渠道体系和线上渠道的矛盾也成为万和O2O承待解决的难题。未来，万和将在现有系统的基础上开发O2O系统，打通线上和线下。叶远璋思考是通过顶层规划包括产品方面的规划来解决O2O的利益分配矛盾——具体来说，在一台产品的销售收入中，总部该拿多少，多少钱该给物流，多少钱该给经销商，多少钱给销售终端等，O2O系统里面会直接分配好。所有这一切，还都是决定于IT系统的能力。

（七）五大创新

《中国制造2025》跟“工业4.0”对比，它涵盖的面更广，主要是集中在制造业产品研发与设计、市场营销、内部管理、服务管理等各个方面，体现为以下五个方面的创新：

第一，产品模式创新。众包设计模式，以及产品数字化的特征。例如，小米的粉丝参与产品设计、海尔商城所提供的个性化定制等。

第二，制造模式创新。讲到制造模式的创新，除了我们所熟知的机械手、机器人、机械化的生产线以外，目前3D打印的模式可能是现在新型工业模式的一个典型之一。因为它改变了传统加工思维。我们都知道，传统加工思维的一个典型特征主要是切除、消除，在加工过程中是对原材料不断地进行削减，是在做减法。3D打印的特点是通过材料一层一层叠加，打印多的时候，材料多，打印少的时候，材料少，通过材料叠加形成产品，它的加工过程思维是做加法，可以对材料的使用率达到最高。

第三，供应链模式创新。这主要集中在两方面：一是对供应链上下游之间的协同；二是还要大力发展智能物流，动态监控物流实施的信息，并且辅助于大数据分析的技术。比如，京东商城就是依靠对供应链数据的实时分析，准确预测要货信息，做到提前备货。

第四，营销模式创新。主要是结合移动互联网、社交网络、云计算等模式，大力推进社会化媒体和数字化营销。它的两个主要特征，一是传播速度非常快，典型是金字塔式和病毒式快速传播复制。二是传播对象聚焦性非常高，主要是通过点对点的传播、口碑营销、粉丝营销、朋友圈营销等。

第五，服务模式创新。制造业服务化是未来中国制造业发展的大趋势。这是必须要建立在产品数字化基础之上的。厂家可以对自己销售出去的产品实时获取使用信息，实时监控使用情况，并且能够提前诊断出该设备故障情况，远程发送指令，进行远程维修和维护，从而提供产品全生命周期的服务。今天的制造业是在卖产品，明天的制造业就是在卖服务。通过服务提升产品的附加值。

《中国制造 2025》表明，“中国制造”将日益成为“中国创造”。中国制造商常常被视为低成本的产业供货商，缺乏创新和研发能力，但随着时间的推移，这种看法越来越过时了。事实上，在竞争力和创新两个方面，中国将缩小与制造强国的差距，继续领先于所有新兴市场。

任务四　认识影响未来的创新应用

思维热身

分小组讨论，飞速发展的科技创新将会给我们人类的未来家庭生活，带来哪些积极而深刻的影响？

科技的发展总是会对社会带来深刻影响，其影响的深度和广度也恰恰是人类文明发展程度的重要依据。而且科技的发展也的的确确需要通过社会——包括每个人的生活和行为方式去承载。移动互联网，就是目前影响最深刻、最直接也是最广泛的创新之一。我们现在每天都能感受到移动互联网给我们带来的各种惊喜。

除了移动互联网，还有很多创新的技术，将在未来的一段时间持续影响我们的生活。我们必须充分认识并深刻理解这些技术，这样我们才能全身心地拥抱这些技术，在我们的创新实践中运用这些技术。

一、人工智能

2016 年 3 月，谷歌 AlphaGo 大战李世石展开对决，一场世界上最会下围棋的人与人工智能的超级对弈，将“人工智能”(Artificial Intelligence，AI)这个概念带进了公众视野。

在赛前，围棋界和科学界的很多人都对这场比赛作了预测。谷歌对自己开发的机器人信心很足，声称根据电脑计算的结果，李世石打败“阿尔法狗”的概率几乎为0，而围棋界则多数站在李世石这一边，中国棋圣聂卫平认为李世石败北是不可能的事情。

最终 AlphaGo 以总比分 4∶1 战胜李世石。

人类对人工智能的担忧由来已久。从 1997 年 IBM 超级电脑深蓝击败人类国际象棋冠军卡斯帕罗夫时起，围棋就被看作是人类智力的最后壁垒。棋圣聂卫平说，围棋需要强大的判断力，而电脑无法具有判断力，但结果人工智能还是赢了。

人类刚在围棋这里遭遇重挫，在《最强大脑》节目中，百度 AI 小度，又在人脸识别领域向人类的“最强大脑”发起挑战，并最终胜出。而由卡耐基梅隆大学开发的“Libratus”人工智能，又在一对一、无限制投注的“无限注德州扑克”比赛中，挑战人类顶级职业玩家并胜出。

人工智能是计算机学科的一个分支，20 世纪 70 年代以来被称为世界三大尖端技术之一(空间技术、能源技术、人工智能)，也被认为是 21 世纪三大尖端技术之一(基因工程、纳米科学、人工智能)。它是研究、开发用于模拟、延伸和扩展人的智能的理论、方法、技术及应用系统的一门新的技术科学。它企图了解智能的实质，并生产出一种新的能以人类智能相似的方式作出反应的智能机器，该领域的研究包括机器人、语言识别、图像识别、自然语言处理和专家系统等。

著名的美国斯坦福大学人工智能研究中心尼尔逊教授，对人工智能下了这样一个定义：“人工智能是关于知识的学科——怎样表示知识以及怎样获得知识并使用知识的科学。”而另一个美国麻省理工学院的温斯顿教授认为：“人工智能就是研究如何使计算机去做过去只有人才能做的智能工作。”这些说法反映了人工智能学科的基本思想和基本内容，即人工智能是研究人类智能活动的规律，构造具有一定智能的人工系统，研究如何让计算机去完成以往需要人的智力才能胜任的工作，也就是研究如何应用计算机的软硬件，来模拟人类某些智能行为的基本理论、方法和技术。

计算机科学的创始人图灵被认为是“人工智能之父”，他着重研究了一台计算机应满足怎样的条件才能称为“有智能的”。1950 年，他提出了著名的“图灵实验”：让一个人和一台计算机分别处于两个房间里，与外界的联系仅仅通过键盘和打印机。由人类裁判员向房间里的人和计算机提问(比如，“你是机器还是人?”或“你是男人还是女人?”等等)，并通过人和计算机的回答来判断哪个房间里是人，哪个房间里是计算机。

图灵认为，如果“中等程度”的裁判员不能正确地区分，则这样的计算机可以称为是有智能的。“图灵实验”是关于智能标准的一个明确定义。有趣的是，尽管后来有些计算机已经通过了图灵实验，但人们并不承认这些计算机是有智能的。这反映出人们对智能标准的认识更深入、对人工智能的要求更高了。

人工智能早期研究给人的深刻印象是博弈。1956 年，Samuel 研制了一个西洋跳棋程序，该程序“天生”下跳棋水平很低，远远不是 Samuel 的对手，但它有学习能力，能从棋谱中学习，也能在实践中总结提高。经过 3 年的“学习”，该程序于 1959 年打败了 Samuel。又经过 3 年，该程序打败了美国一个州的冠军。值得注意的是，虽然下棋至多只能算是一项体育运动，下棋的程序似乎只是一种游戏程序，但 Samuel 工作的意义十分重大，它同时刺激了“搜索”和“机器学习”这两个人工智能重要领域的发展。

人工智能的早期研究还包括自然语言理解、计算机视觉和机器人等。20 世纪 80 年代以来，随着计算机网络的普及，特别是 Internet 的出现，各种计算机技术包括人工智能技术的广泛应用，推动着人机关系的重大变化。据日美等国未来学家的预测，人机关系正在迅速地从“以人为纽带”的传统模式，向“以机为纽带”的新模式转变，人机关系的这一转变将引起社会生产方式和生活方式的巨大变化，同时也向人工智能乃至整个信息技术提出了新的课题，这促使人工智能进入新的发展时期。

现在，人工智能的研究涉及符号计算、模式识别、机器翻译、机器学习、问题求解、逻辑推理与定理证明、自然语言处理、分布式人工智能、计算机视觉、智能信息检索技术以及专家系统等。它在管理、工程和技术研究等领域均有非常广泛的应用。

技术的发展总是超乎人们的想象，要准确地预测人工智能的未来，目前来看是不大可能的。但是，从目前的一些前瞻性研究可以看出，人工智能作为一个整体的研究才刚刚开始，离我们的目标还很遥远，但人工智能在某些方面将会有重大的突破。

互联网进入下半场，其红利期正在逐渐衰退。有人认为，人工智能将会是下一个“风口”。

思维链接

美国最成功的 10 个人工智能应用案例

1. Siri

几乎人人都知道苹果的私人助手 Siri。她是一种声控的智能助手，声音亲和，能够在日常生活中给人类提供帮助。她可以帮我们查找信息，为我们提供指导，帮我们创建备忘录，帮我们发信息。Siri 其实是一种伪智能的数字私人助手，她运用机器学习技术来提高自身智能性，以预测和理解我们的自然语言问题和命令。

2. Alexa

Alexa 是新晋的智能家居中心，其发展速度令人瞠目。亚马逊刚刚推出 Alexa 项目时就在世界范围内获得了广泛关注。它的实用性极强，我们在房间内任意角落发出指令，它都能解读我们的话语，由此它被誉为是具有革命性的产品，能够代替我们上网获取信息、购物、安排日程、设置闹钟等，它还能为我们的智能家居提供能源，对于很多行动不便的人来说，这个产品确实是一大福音。

3. Tesla

如果你不曾拥有特斯拉，你就不会知道什么叫“曾经沧海难为水”。特斯拉可能是人类能够制造出来的迄今为止世界上最棒的车。不仅是因为全世界都对它大加赞赏，还因为它本身的预测能力、无人驾驶功能和绝对高端的技术“冷却”。不管你是科技迷还是汽车粉，你都应该拥有一辆特斯拉，特斯拉自身的无线信息更新特征也保证了它的智能性会不断提高。

4. Cogito

Cogito最初由其CEO约书亚(Joshua Feast)和桑迪博士(Dr. Sandy Pentland)联合创立。Cogito可能是最具影响力的行为适应案例，能够提高客服代表的服务水平。这家公司融合了机器学习技术和行为科学，提高电话客服中与客户互动质量。这家公司的产品已经在数亿语音通话中得到应用。

5. Boxever

Boxever的CEO为大卫·欧弗拉纳根。该公司依靠机器学习提高旅游产业的用户体验，为用户的旅途增加愉快的“微瞬间”和优质体验。这家公司通过机器学习和人工智能，已经成为这个行业的佼佼者，帮助他们的客户设计和体验他们的旅程。

6. John Paul

John Paul是一家高端豪华旅游礼宾公司，其创始人为大卫·安赛朗(David Amsellem)。John Paul是人工智能应用的另一成功案例，它运用预测算法来维护与现有客户之间的联系，能够准确明白和了解客户的意愿和需求。这家公司已经与VISA、Orange、法国航空等众多世界级大公司建立合作，日前还与雅高酒店集团商讨了合作事宜。

7. Amazon.com

亚马逊的交易人工智能已经推出很久了，它能处理线上大规模交易金额。每年它的算法都不断更新，在预测客户线上购物喜好行为上，亚马逊已经越来越智能。也许以后我们还没有决定下单，亚马逊就已经把商品快递到我们家门口了。

8. Neflix

Netflix基于用户对不同电影的反应，能够准确预测他们对视频的喜好。Netflix分析了数十亿的观看记录，根据你以往对电影视频的反馈和选择，为你推荐你可能会喜欢的电影。随着数据越来越多，Netflix的预测也越来越准确。但是这项技术也有一个缺陷，就是很多标签较少的电影会被人们忽视，而那些著名的电影会占据这个平台。

9. Pandora

Pandora的人工智能可能是当今最具革命性的技术之一。人们称之为音乐DNA。由专业音乐家组成的团队按照400个音乐特征，将每首歌进行了深入分析。这个系统能够根据人们对音乐的偏好，为他们推荐被他们忽略的好歌。

10. Nest

现在很多人都对Nest非常熟悉了，这个主动学习恒温系统在2014年1月份被谷歌以32亿美元的价格收购。Nest恒温系统现在也能用Alexa控制了，它运用行为算法来学习你的加热和冷却温度喜好，来预测和自动调节家里和办公室里的室温。当然这套系统还需要配套的其他设施，如Nest摄像头等。

二、物联网

物联网(Internet of Things, IOT)一直被认为是“下一个工业革命”，因为它即将改变人们的生活、工作、娱乐和旅行方式，甚至改变全球政府及企业之间的交互。而事实上，物联网革命已经悄然开始。

物联网在国际上又称为传感网，这是继计算机、互联网与移动通信网之后的又一次信息产业浪潮。世界上的万事万物，小到手表、钥匙，大到汽车、楼房，只要嵌入一个微型感应芯片，把它变得智能化，这个物体就可以“自动开口说话”。再借助无线网络技术，人们就可以和物体“对话”，物体和物体之间也能“交流”，这就是物联网。

物联网最早由麻省理工学院Auto-ID中心创始人Kevin Ashton于1999年提出，指的是一系列实物产品通过电子设备、软件、传感器和互联网组成的一个网络。物联网通过这些产品和生产商、运营商、终端用户或其他相互连接的设备之间的数据交换，将会给整个价值链创造出更大的价值和含金量更高的服务产品。物联网上的每一个实物产品都可以通过其内置的计算设备被独一无二地确认，而且可以在物联网内和其他实物产品交互操作。

智能手机的普及，通信技术的发展，使手机变相成为了人体的一个附属器官，使人始终能连上网。而今后很多物体，都能始终在线，如你家里的冰箱、你的智能手表，甚至你的自行车等，所有物品通过信息传感设备与互联网连接起来，进行信息交换，就是所谓的“万物互联”。这样，你能和身边的物体产生交互，物体和物体之间也能产生交互，以实现智能化识别和管理。所以，物联网技术的核心和基础仍然是互联网技术，是在互联网技术基础上的延伸和扩展的一种网络技术。其用户端延伸和扩展到了任何物品和物品之间，进行信息交换和通讯。

物联网系统有三个层次：一是感知层，即利用 RFID(无线射频识别)、传感器、二维码等随时随地获取物体的信息；二是网络层，即通过各种电信网络与互联网的融合，将物体的信息实时准确地传递出去；三是应用层，即把感知层的得到的信息进行处理，实现智能化识别、定位、跟踪、监控和管理等实际应用。

全球范围内物联网的产业实践主要集中在三大方向：

第一个实践方向被称作"智慧尘埃"，主张实现各类传感器设备的互联互通，形成智能化功能的网络。

第二个实践方向即是广为人知的基于 RFID 技术的物流网，该方向主张通过物品物件的标识，强化物流及物流信息的管理，同时通过信息整合，形成智能信息挖掘。

第三个实践方向被称作数据"泛在聚合"意义上的物联网，认为互联网造就了庞大的数据海洋，应通过对其中每个数据进行属性的精确标识，全面实现数据的资源化，这既是互联网深入发展的必然要求，也是物联网的使命所在。

比较而言，"智慧尘埃"意义上的物联网属于工业总线的泛化。这样的产业实践自从机电一体化和工业信息化以来，实际上在工业生产中从未停止过，只是那时不叫物联网而是叫工业总线。这种意义上的物联网将因传感技术、各类局域网通信技术的发展，依据其内在的科学技术规律，坚实而稳步地向前行进，并不会因为人为的一场运动而加快发展速度。

RFID 意义上的物联网，所依据的 EPCglobal 标准在推出时，即被定义为未来物联网的核心标准，但是该标准及其唯一的方法手段 RFID 电子标签所固有的局限性，使它难以真正指向物联网所提倡的智慧星球。原因在于，物和物之间的联系所能告知人们的信息是非常有限的，而物的状态与状态之间的联系，才能使人们真正挖掘事物之间普遍存在的各种联系，从而获取新的认知，获取新的智慧。

"泛在聚合"即要实现互联网所造就的无所不在的浩瀚数据海洋，实现彼此相识意义上的聚合。这些数据既代表物，也代表物的状态，甚至代表人工定义的各类概念。数据的"泛在聚合"，将能使人们极为方便的任意检索所需的各类数据，在各种数学分析模型的帮助下，不断挖掘这些数据所代表的事务之间普遍存在的复杂联系，从而实现人类对周边世界认知能力的革命性飞跃。

随着信息技术的发展，物联网行业应用版图不断扩大。例如，智能交通、环境保护、政府工作、公共安全、平安家居、智能消防、工业监测、老人护理、个人健康、花卉栽培、水系监测、食品溯源等。

全球都将物联网视为信息技术的第三次浪潮，确立未来信息社会竞争优势的关键。据美国独立市场研究机构 Forrester 预测，物联网所带来的产业价值要比互联网高 30 倍，物联网将形成下一个上万亿元规模的高科技市场。

思维链接

物联网技术在智能家居中的应用

在不久的将来,物联网技术将无处不在,你很难再找到没有连接互联网的设备,哪怕是一个最普通的水壶。即便是今天,我们已经可以通过手机来操控电灯、空调甚至是汽车,物联网正在以多样化的形式侵入我们的生活。仍然觉得不够具体?没关系,下面我们就以家居环境为例,告诉你物联网技术带来的10个应用实例,相信你在看过之后便会感叹:原来我们还可以这样生活。

1. 煮饭煮咖啡

为传统烤箱加入WiFi功能会有什么好处?你可以使用手机应用控制温度,包括预热和加温,更酷的是你还可以下载菜谱,实现更具针对性的烹饪方式。不仅仅是烤箱,一些高端咖啡机、调酒机也都配备了WiFi,厂商会不定期更新咖啡或是鸡尾酒菜单,让你在家就做出咖啡厅、酒吧的味道。

2. 空调及温控

没有什么比在炎热的夏季进入凉爽的室内更惬意的事情了。但如果家中无人,如何实现自动温控?答案就是智能温控。比如德国永诺的RCD智能面板,不仅可以通过手机实现远程温控操作,通过手机控制每个房间的温度、定制个性化模式,甚至还能感知室内温度自动调节到舒适的温度。

3. 马桶

马桶也可以很智能?是的,除了通过内置接近传感器实现自动开关盖操作,有的马桶还内置了智能分析仪,能够将排泄物的分析结果传输至手机应用中,让用户随时了解自己的健康状况。

4. 灯光

智能灯光也是一种非常直观、入门的物联网家居体验,任何用户都可以轻松尝试。我们可以通过手机应用实现开关灯、调节颜色和亮度等操作,甚至还可以实现灯光随音乐闪动的效果,把房间变成炫酷的舞池。

5. 插座

插座可以说是一切家用电器获得电力的基础接口,如果它具备了连接互联网的能力,自然其他电器也同样可以实现。它们不仅可以实现手机遥控开关电灯、电扇、空调等家电,还能够监测设备用电量,生成图表帮助你更好地节约能源及开支。

6. 音响系统

专业级的Hi-Fi音响,是高端家庭影院里的首选,配合智能系统的控制能够做到一键音量调节，同时还能够实现与智能灯光，窗帘等设备联动等功能。

7. 运动监测

科技为我们带来了全新的运动、健身方式，你可能已经使用运动手环或是智能手表来监测每天的运动量。不仅如此，在家中放置一台新型的智能体重秤，可以获得更全面的运动监测效果。有的产品已经内置了先进的传感器，可以监测血压、脂肪量甚至是空气质量，通过应用程序为用户提供健康建议，另外还可以与其他品牌的运动手环互联，实现更精准、更加无缝化的个人健康监测。

8. 个人护理

不仅仅是运动、健身监测，物联网技术已经辐射到个人健康护理领域。包括现在最新推出了智能牙刷，牙刷本身通过蓝牙4.0与智能手机连接，可以实现刷牙时间、位置提醒，也可根据用户刷牙的数据生成分析图表，估算出口腔健康情况。另外，类似血糖分析仪等家用自检设备，也在近期获得了实质性的进展，未来有望形成庞大的市场，届时老人、病患就可以足不出户，通过这些设备实现基础的自我护理及保健应用。

9. 养花花草草

如果你拥有一个大院子，那么还可以考虑智能控制家里洒水器，设定好程序到了时间它会自动启动然后计算出最佳的浇水量，智能地灌溉花园中的每一株花草。

10. 家庭安全

物联网的另一大优势就是将原本“高大上”的企业级应用带入到家庭中，如安全监控系统。现在，只要你选择几只家庭监控摄像头通过智能控制，就可以随时随地通过手机、Ipad查看家里的情况。除了智能监控，窗户传感器、智能门铃（内置摄像头）、烟雾监测器，都是可以选择的家庭安全设备，与监控摄像头配合，可以把你的家武装到牙齿，任何坏人都无法轻易构成威胁。这个功能很多智能家居安全系统可以实现。

三、虚拟现实

早在20世纪80年代，一系列科幻题材小说、电影就给我们这一代人勾画了虚拟现实(Virtual Reality，简称VR)技术的雏形。而随着电影版的《黑客帝国》三部曲上映，虚拟现实技术的概念也进一步普及。近年来，随着Oculus Rift等产品的出现，虚拟现实设备也逐渐走入人们的生活中。究竟这所谓的虚拟现实技术是什么呢？

虚拟现实是利用电脑模拟产生一个三维空间的虚拟世界，提供使用者关于视觉、听觉、触觉等感官的模拟，让使用者如同身历其境一般，可以及时、没有限制地观察三度空间内的事物。在20世纪八九十年代，发达国家就已开始研究该项技术，它是多种技术的综合体，包括实时三维计算机图形技术，广角（宽视野）立体显示技术，对观察者头、眼和手的跟踪技术，以及触觉、力觉反馈、立体声、网络传输、语音输入输出技术等。

虚拟现实是仿真技术，它的一个重要方向是仿真技术与计算机图形学人机接口技术、多媒体技术、传感技术、网络技术等多种技术的集合，是一门富有挑战性的交叉技术前沿学科和研究领域。

虚拟现实技术主要包括模拟环境、感知、自然技能和传感设备等方面。模拟环境是由计算机生成的、实时动态的三维立体逼真图像。感知是指理想的VR应该具有一切人所具有的感知。除计算机图形技术所生成的视觉感知外，还有听觉、触觉、力觉、运动等感知，甚至还包括嗅觉和味觉等，也称为多感知。自然技能是指人的头部转动，眼睛、手势或其他人体行为动作，由计算机来处理与参与者的动作相适应的数据，并对用户的输入作出实时响应，并分别反馈到用户的五官。传感设备是指三维交互设备。

简单来说，虚拟现实技术就是一种可以创建和体验虚拟世界的计算机仿真系统。它利用计算机生成一种模拟环境，是一种多源信息融合的、交互式的三维动态视景，和实体行为的系统仿真，使用户沉浸到该环境中，并使用户产生身临其境的感觉。

1935年，小说家Stanley Weinbaum在小说中描述了一款VR眼镜，以眼镜为基础，包括视觉、嗅觉、触觉等全方位沉浸式体验的虚拟现实概念，该小说被认为是世界上率先提出虚拟现实概念的作品。

1962年，名为Sensorama的虚拟现实原形机被Morton Heilig研发出来，后来被用以虚拟现实的方式进行模拟飞行训练。该阶段的VR技术仅限于研究阶段，并没有生产出能交付到使用者手上的产品。

1994年开始，日本游戏公司Sega和任天堂，分别针对游戏产业陆续推出SegaVR-1和Virtual Boy等产品，在当时的确在业内引起了不小的轰动。但因为设备成本高，内容应用水平一般，最终普及率并没有很大。

随着Oculus、HTC、索尼等一线大厂多年的付出与努力，VR产品在2016年迎来了一次大爆发。这一阶段的产品拥有更亲民的设备定价，更强大的内容体验与交互手段，辅以强大的资本支持与市场推广，整个VR行业正式进入爆发成长期。

2016年里约，在奥运赛场上，除了精彩的体育赛事，身临其境的VR技术首次在奥运直播上运用，也刷新了观众观看体育赛事的体验。

目前，VR行业仍处于起步阶段，供应链及配套还不成熟，但是发展前景引人想象，预计未来市场潜力巨大。

在我国，根据《国家中长期科学和技术发展规划纲要》(2006—2020)的内容，虚拟现实技术属于前沿技术中信息技术部分三大技术之一。艾媒咨询数据显示，2016年中国虚拟现实行业市场规模为56.6亿元，预计2020年国内市场规模将超过550亿元。而根据从国际各种资本涌动的方向来看,VR已成为未来10年内的快速发展阶段,未来15年内VR将成为主流。

思维链接

虚拟现实技术及应用

虚拟现实是利用电脑模拟产生一个三维空间的虚拟世界,提供使用者关于视觉、听觉、触觉等感官的模拟,让使用者如同身历其境一般,可以及时、没有限制地观察三度空间内的事物。

第一步,追踪。例如,利用头盔式显示器追踪一个人在现实世界中的运动轨迹,当他(她)走动时,我们可以追踪到他(她)的位置,不断测量他(她)在物理世界中的运动轨迹。

第二步,透视投影。这个词指的是重新绘制一个场景,并利用计算机图像将抽象信息从代码转化为有形的显示单元(如像素)。

第三步,展示。当他(她)处于新位置时,我们可以改变他(她)眼中看到的信息、耳中听到的声音,有时候,我们还会做出虚拟接触效果改变他(她)的手的位置,偶尔也会作出虚拟嗅觉。大脑的前部会告诉他(她)这不是真实的场景,而大脑后部却会说这是真的。

案例 NO.1:强化凝视

如果我凝视着你,你的心跳会加速,你会记住更多我所传达的内容。但要同时与200人保持眼神交流几乎不可能。而虚拟现实的魅力在于,我可以通过电脑,将虚拟化身显示在每个学生的显示屏上,每个学生都可以与我进行眼神互动交流,觉得我一直凝视着自己。在过去15年中,我们对几百名学习者做过试验。结果显示,如果学生认为他(她)一直是老师目光的焦点,他听课会更认真,成绩也会相应地得到提升。

案例 NO.2:动作和相貌模仿

心理学家认为一个人的受欢迎程度与他(她)的模仿能力成正比。例如,在面试中模仿面试官的姿势、动作,对方会更喜欢你。现在如果我要模仿你们,只能选择其中一人的动作来模仿,但虚拟现实可以改变这一状况。创建一个老师的虚拟镜像,电脑会根据每个学生的动作创造出一个与学生的相貌及行为举止更为类似,更具亲和力的老师,让学生觉得老师跟自己相像,从而更认真地听讲。同样,人们对于相貌更像自己的人也更有好感。

案例 NO.3:身份的转变

一个人走近一面虚拟镜子,看到了他的化身,发现镜中的自己是一名白人男性。这时突然有人按下按钮,镜中的形象变成了一名黑人女性,如非裔美国人。这种虚拟化身与本体的不一致对他将有何影响?我们知道有个词叫作“设身处地”,如果你和某人有类似的感觉，你的同理心反应会更强。

案例 NO.4：美丽的化身

社会心理学家发现，有魅力的美丽女孩通常更自信、更外向，求职成功率也更高。在虚拟现实中，美丽唾手可得，每个人都可以拥有完美的化身。当你的化身是美女时，你在上前与他人交流时会站在一个离对方相对较近的地方。此外，你的讲话方式、语音语调、词汇的选择，都会因为你的虚拟化身而发生变化。美丽的虚拟化身能激发你的信心。

案例 NO.5：高大的化身

在现实世界中，一个人的地位高度通常与收入、信心成正比，这是一种重要的社会暗示。在虚拟现实中，高大的形象也唾手可得，它甚至会影响到你的现实财务状况。

那么，这种美丽和高大的感觉会持续多久？有的人摘除头戴式设备回到现实后，虚拟现实仍会持续对他们产生影响。拥有美丽虚拟化身的女孩在现实生活中会更加积极地参与各类社交活动，拥有高大虚拟化身的男性在现实世界里也会变得更为自信，拥有更强的领导能力。

案例 NO.6：同理心和利他主义

在虚拟现实中，如果你的化身是视觉障碍者或残障人士，你会体会到各种不便，也会更加了解这些人的不易。对这种角色的扮演会提升你的同理心。而且人们在虚拟世界中更愿意帮助别人。

案例 NO.7：环境保护

人类的特定行为所造成的结果无法立刻呈现在人们面前，如气候变化。然而，如果使用虚拟现实技术进行模拟，无形的事物——如碳分子，就可以变成有形的，给人一种更直观的感受。在美国，厕纸通常是不可循环再利用的。为了减少这类纸张的使用率，有人做了一个实验，将测试对象分为三组：第一组成员拿到了一篇纽约时报的文章，讲述的是伐木的场景。第二组成员在视频上看到了树木砍伐的过程；第三组成员在虚拟现实中身临其境地体验了砍树的过程。一段时间后，我们对这三组成员进行了后续追踪调查，其中第三组成员的用纸量下降了 20%，而其他两组成员的行为基本没有改变。所以，虚拟现实技术在一定程度上有助于加强人们的环保意识。

案例 NO.8：养老金产品

在中国，20 多岁的年轻人可能都会进行储蓄。但在美国，人们更倾向于“及时行乐”，很少往银行存钱。虚拟现实技术可以让一名 20 多岁的年轻人，看到自己被老化处理后 65 岁的样子。当年轻人看到自己栩栩如生的老人形象后，会开始考虑现在应该如何为今后舒适的晚年生活作准备。

案例 NO.9：减肥产品

用虚拟化身来改变行为，在健康领域同样适用。在美国，肥胖已成为一种流行病，很多人都知道不运动、饮食不健康的生活习惯不对，但却难以改变。在虚拟现实中，你做三次抬腿运动，就会明显发现自己的化身轻了1磅。之前可能你不相信自己能做到，但虚拟化身给你的感觉是，只要我运动，我是真的可以瘦下来的，这就是社会认知理论中的“自我效能”概念。

案例 NO.10：体验式学习

作为老师，如何提升学生的学习效率是一直需要思考的问题。可以通过改变老师的虚拟化身来实现这一效果。比如老师今天讲物理学中的重力章节，可以让学生在虚拟现实中往深坑跳下去，真真切切地去体验和感受重力。如果小孩想探秘海底动物之间的关系，可以通过虚拟现实创造出一片海洋，让孩子们在海底畅游，去探索海底动物关系及海流变化等。这种学习体验是非常棒的。

四、无人驾驶

十年间，一项技术从教科书走进现实，这便是无人驾驶。当谷歌发布其无人驾驶汽车计划时，人们还认为这是一项遥不可及的科幻技术，但如今，很多汽车已经配备了自动驾驶技术。当然，这与纯无人驾驶还是略有区别，司机必须坐在驾驶位上。预计在2020年，更多具有先进自主驾驶功能的汽车会出现在市场中，进一步向无人驾驶靠拢。

其实，按照目前的技术来看，无人驾驶除了谷歌的无人驾驶车之外，其他的更适合叫作“汽车自动驾驶”系统，或者是“辅助驾驶”，比如特斯拉，以及即将发布的新一代奔驰E级等，但这里面也应该还会进行初、中和高这三个阶段性的细分。

(1) 自动驾驶(初段)——汽车以单一自动化系统(如ACC自适应巡航)控制实现跟车行驶或可辅助驾驶员进行泊车。

(2) 自动驾驶(中段)——至少有两个自动化系统，来自动控制汽车的安全行驶(如ACC自适应巡航+车道保持系统)。

(3) 自动驾驶(高段)——整合多种自动化系统，在特定道路(高速公路)和模式(主动泊车)的条件下，让驾驶员完全放开控制后，能自动完成全程的行车控制功能，同时在必要时又能给予充足的时间让驾驶员来介入控制(如现款的特斯拉 Model S)。

(4) 无人驾驶——汽车能自动完成整个行程中的所有行车控制功能，包括空车驾驶和泊车时，驾驶员完全不用介入或完全不在车内(如现阶段的谷歌无人车)。

为什么谷歌的无人驾驶技术才是所谓的正版呢？那是因为谷歌无人车使用的是昂贵的雷达传感器、激光测距仪、红外摄像头、立体视觉、GPS惯性导航系统和车轮角度编码器等复杂的技术来实现，并能将我们从驾驶过程完全解放出来。而其他品牌车型只是在现有汽车配置和技术的基础上，通过不断整合而成的一种智能化应用和体现罢了，这两者之间在技术上的原理和应用都有很大的不同。换一句话说，谷歌的自动驾驶技术更为前沿，而大多数车企的只是逐步实现汽车智能化而已。

而谷歌先进的无人驾驶技术目前也还只是处于技术验证的阶段，同时还需要地图、市政和法律等多方面来支持，距离真正走进我们的生活还需要一些时日。同时，这也是特斯拉为什么没有选择直接从这方面介入无人驾驶系统的原因，毕竟传感器套件的价格非常昂贵，同时现阶段的我们也还没有做好接受真正无人驾驶的准备，因此，像高级阶段的自动驾驶系统则更符合现在的时期，并在不影响整车外观的情况下，成为暂时的“代驾”。

就目前的技术来说，实现上述高级阶段的自动驾驶，需要带自动变道辅助功能的自适应巡航控制系统、车道保持辅助、自动刹车系统、泊车辅助系统和驾驶员检测等。其实这些辅助驾驶系统综合在一起就是最基础的 ADAS 系统(高级驾驶辅助系统)，反过来看也可以把 ADAS 理解成自动驾驶的基础，随后再通过识别行人、其他车辆、信号灯和导航地图等技术的引入，能够更全面地介入车辆控制之中之后，最终就可进化到真正无人驾驶的形态了。

同时，我们也可以把无人驾驶称为 ADAS 系统的最终形态，而这个真正的无人驾驶则需要在上述基础上增加 GPS 定位系统、雷达传感器、激光科技、车轮角度编码器、红外摄像头、立体视觉和速度极高的处理系统等车载设备来实现，在未来可能还会推出像磁场道路之类的全新科技等，甚至还有些更高级的科技来辅助无人驾驶技术，只是有些目前还处于保密中。

如今火爆的 ADAS 系统到无人驾驶正在快速演变，这也同样带来传感器和系统构架等方面的变化。这一演变过程可分为四个阶段：其一是多个传感器的使用，覆盖车辆四周 360 度；其二是多个传感器之间相互融合和冗余，增加系统可靠性；其三是除了对障碍物的检测，更重要的是对环境的感知；其四是多层控制的使用，使系统构架从 ADAS 的分布式构架向集中控制式构架转变。与此同时，他还指出高度自动驾驶不是由一辆车可以实现的，需要智能和自动驾驶的生态系统，目前中国在相关基础设施和法律法规等方面还需要不断地完善。

有专家刻画了一个在未来可能会出现的现实，即无人驾驶车将在交通、农业、建筑和公共服务等领域的所有方面占据主导地位。虽然这需要很长的时间才会转变到上述阶段，但一旦步入这种社会，就业岗位就会像多米诺骨牌一样被推倒。

比如，在机场的营业收入中，有很大一部分都来自停车费。在无人驾驶车时代，人们会选择另一种完全不同的出行方式。如果不开车前往机场，绝大多数人都会选择打车，打无人驾驶车。这样一来，机场一下子就会丧失停车费收入。机场摆渡车、机场大巴和出租车服务也会随之关闭，租车市场也会开始消亡。

无人车会削减掉整个汽车行业的就业岗位。所有驾驶员都会丧失工作，包括代驾和施工车辆司机。汽车保险和融资类的岗位也会消亡。此外，维修类工作岗位也不会存在，包括洗车的、加油的、换刹车的。

一旦进入无人驾驶时代，无人驾驶车会成为搅乱劳动力市场的一个因素，更会对人们生活的很多方面产生切实的影响。

思维链接

无人驾驶，也许更安全

“无人汽车自己开动了。”随着工作人员的提醒，汽车缓缓起步，随后上路、变道、加速……一辆普通汽车灵活地穿梭于高速公路上，车顶戴着一个高速旋转的“帽子”，让人感到新奇。从车窗望进去，才发现驾驶人的双手并没有放在方向盘上，这辆车在“自己走”。

这辆百度无人驾驶汽车正在进行的是北京开放高速路的自动驾驶路测。从位于海淀区上地科技园区的百度大厦出发，驶入 G7 京新高速公路，经五环路，抵达奥林匹克森林公园，然后按原路线返回，全程近 30 千米。

近看，车体由普通汽车改造而来，构造基本没变。车内则布满了密密麻麻的线缆和几台电脑。驾驶人坐在主驾驶位置，双手没有触碰方向盘，双脚也不踩刹车和油门，另一人在车后座控制电脑系统。“这台车安装了‘眼睛’和‘大脑’。‘眼睛’位于车顶和车身，‘大脑’就在这里和后备厢。”后座的技术人员介绍说。

无人驾驶是什么？

通俗地说，无人驾驶就是让汽车自己拥有环境感知、路径规划并自主实现车辆控制的技术，也就是用电子技术控制汽车进行的仿人驾驶或是自动驾驶。

专家介绍说，车身安装的传感器，就是它的“眼睛”，能 360 度感知路上物体的远近深浅，常见的传感器有激光雷达、毫米波雷达、摄像头、超声波雷达及组合导航模块等。无人车的“大脑”就是车辆的控制技术，能根据实时感知的环境信息、高精度地图，实现最优路径规划，预测周边车辆和行人的行为和意图。在交规和路况允许下，无人驾驶汽车会按照最高时速行驶，以提高行驶效率。

百度深度学习实验室主任林元庆介绍说，百度无人驾驶汽车是利用人工智能，通过使用摄像机、激光雷达、毫米波雷达和 GPS 等系统来感知周围环境，决定最优行车路线，实现无人工干预的全自动驾驶。

“百度无人驾驶汽车的核心技术是百度汽车大脑，它可为汽车提供自动驾驶整体解决方案。”林元庆说，这些技术包含计算机视觉、高精度地图与定位、多传感器融合、智能决策规划等，运用于汽车启动、行驶和停车的整个过程。比如，当前方有减速车辆时，智能决策系统将依据周边的环境状况，合理地决策减速尾随或变道超车。汽车“大脑”也能够不断学习人类的驾驶经验，不断提升自身的“智商”，以保证安全、舒适、便捷的自动驾驶体验。

专家认为，无人驾驶技术或自动驾驶技术的出现，依靠的是人工智能技术的突破，因此也和人工智能一样，受益于海量数据、超强计算和优秀算法。

无人驾驶好在哪？

“如果人类无法安全地驾驶，那么就不要人类来干这事儿。”这是近年来全世界开始兴起的无人驾驶风潮的逻辑。百度、Alphabet（谷歌母公司）等巨头正在大力投资研发无人驾驶汽车。

无人车最大的价值就在于更加安全。比如，无人驾驶汽车的智能感知车距功能可提高道路使用效率，同时能够降低人为操作失误，增加驾驶安全，有利于道路通畅。

专家介绍说，无人驾驶会让交通出行的安全性大大提高。比如，人驾驶汽车，从看到紧急情况并踩下刹车一般需要 0.6 秒，而油压系统需要 0.6 秒让刹车发挥作用，总共是 1.2 秒的时间。而未来无人车整个反应过程只需要 0.1～0.6 秒，目前已经有无人车技术达到了 0.2 秒。加上未来电动刹车代替液压刹车，无人车有机会在 0.2 秒内紧急制动，这比有人驾驶的平均 1.2 秒快了整整 1 秒，1 秒的时间往往可能是救命的时间。

此外，驾驶员的安全视距一般在 50 米左右，而自动驾驶汽车安装有多种中远距雷达、摄像头等传感器，能实现 200 米以上的超视距扫描观测。更为重要的是，基于人工智能的无人车不会累，不会受情绪干扰，不会出现酒驾醉驾和开车时发短信、打电话等问题。无人车也更遵守交通规则，能够提高交通系统的效率。

专家认为，无人车的应用一开始还是在交通和物流领域，比如成为公共交通系统的重要选择。但随着技术的成熟和商业化的发展，无人驾驶汽车会成为生活的移动终端，融合视、听、说等功能，成为人工智能技术的重要应用。

相关报告指出，无人驾驶汽车可能会先进入特殊群体，随后在普通消费市场热卖。由于安装了摄像头、感应器、激光和人工智能系统，无人驾驶汽车的最初成本会很高，普通消费者难以接受。但是企业和一些特殊行业将是早期消费群体。最有可能采纳无人车的包括园区用车、公交车、出租车、快递车辆、工业应用以及老年人和残障人士出行。对老年人和残障人士这两个消费群体来说，无人驾驶汽车可以让他们自由出行，无须依靠家人、朋友。

无人驾驶还有多远？

尽管无人车的智能水平令人叹服，但此前特斯拉公司由于自动驾驶而发生的事故，让人对无人驾驶仍不放心。实际上，无人驾驶和自动驾驶并不完全相同。

无人驾驶完全不需要人为干预，汽车可以通过环境感知、行为决策、运动控制等技术完成一系列的行车动作。而自动驾驶也可以代替驾驶员控制车辆，但必要时依然需要人对车辆进行操控。目前，部分自动驾驶技术和辅助驾驶技术已经应用到了日常可见的汽车上，比如前后车距测量、自动泊车等功能。

根据美国国家公路交通安全管理局公布的划分标准，智能汽车可以分为四个级别，分别为：驾驶辅助、半自动驾驶、高度自动驾驶、完全自动驾驶。第四级别属于全无人驾驶的最高级别，是汽车驾驶自动化、智能化程度最高的级别，也就是习惯所说的无人驾驶。

无人驾驶与前三个级别不同。前三个级别智能汽车仍是交通工具，第四级别无人驾驶则是“四个轮子的电脑”。这也是两种不同的自动驾驶转型路线。第一种是“渐进演化”的路线，也就是说在传统的汽车上逐渐新增一些自动驾驶的功能。例如，特斯拉汽车的自动驾驶功能就属于这种类型，也包括传统的汽车制造商。另外一种就是“一步到位”的路线，它们从一开始就是彻彻底底地自动驾驶汽车，如 Alphabet、百度。对研发者来说，安全是自动驾驶的根本出发点，两种发展方式并非完全矛盾。

“一步到位”的无人驾驶车，其实就是一个特殊的带着轮子的机器人，它的核心技术在“大脑”。本质上说，无人驾驶是一个软件或算法问题。它首先瞄准自动驾驶的最高级别，也就是 4 级无人驾驶，这个级别的无人驾驶服务对象是乘客。同时，汽车也被看作新一代的移动计算终端，直接用最优的计算能力和最好的传感器以最大化保证安全，直接实现全无人驾驶，再试图在几年之内通过产业化的努力大幅降低传感器价格，从而缩短量产时间。

业界乐观的看法是，在 2025 年前后，真正意义的完全无人驾驶汽车将正式上路。目前无人驾驶技术依然处在研发及实验阶段，在实际投入量产前依然需要大量的工作。由于中国特殊的道路交通环境，想要解决国内自动驾驶技术发展中的问题，必须依赖本土研发。目前，中国的人工智能研究已处于世界前沿，有关方面也在积极起草自动驾驶相关的行业标准及政策法规，这些都将有力推动自动驾驶乃至无人驾驶在中国的发展。

五、大数据与云计算

“数据”(data)这个词在拉丁文里是“已知”的意思，也可以理解为“事实”。2009 年，“大数据”概念才逐渐开始在社会上传播。而“大数据”概念真正变得火爆，却是因为美国奥巴马政府在 2012 年高调宣布了其“大数据研究和开发计划”。这标志着“大数据”时代真正开始进入社会经济生活中来了。

“大数据”(big data)或称巨量资料，是指所涉及的数据量规模大到无法利用现行主流软件工具，在一定的时间内实现收集、分析、处理或转化成为帮助决策者决策的可用信息。

互联网数据中心(IDC)认为“大数据”是为了更经济、更有效地从高频率、大容量、不同结构和类型的数据中获取价值而设计的新一代架构和技术，用它来描述和定义信息爆炸时代产生的海量数据，并命名与之相关的技术发展与创新。

大数据具有四个特点：第一，数据体量巨大（Volume），从 TB 级别跃升到 PB 级别；第二，处理速度快（Velocity），这与传统的数据挖掘技术有着本质的不同；第三，数据种类多（Variety），有图片、地理位置信息、视频、网络日志等多种形式；第四，价值密度低、商业价值高（Value）。存在单一数据的价值并不大，但将相关数据聚集在一起，就会有很高的商业价值。

大数据时代，不仅改变了传统的数据采集、处理和应用技术与方法，还促使人们思维方式的改变。大数据的精髓在于促使人们在采集、处理和使用数据时思维的转变，这些转变将改变人们理解和研究社会经济现象的技术和方法。

第一，在大数据时代，不依赖抽样分析，而可以采集和处理事物整体的全部数据。19 世纪以来，当面临大的样本量时，人们都主要依靠抽样来分析总体。但是，抽样技术是在数据缺乏和取得数据受限制的条件下，不得不采用的一种方法，这其实是一种人为的限制。过去，因为记录、储存和分析数据的工具不够科学，只能收集少量数据进行分析。如今，科学技术条件已经有了很大的提高，虽然人类可以处理的数据依然是有限的，但是可以处理的数据量已经大量增加，而且未来会越来越多。随着大数据分析取代抽样分析，社会科学不再单纯依赖于抽样调查和分析实证数据，现在可以收集过去无法收集到的数据，更重要的是，现在可以不再依赖抽样分析。

第二，在大数据时代，不再热衷于追求数据的精确度，而是追求利用数据的效率。当测量事物的能力受限制时，关注的是获取最精确的结果。但是，在大数据时代，追求精确度已经既无必要又不可行，甚至变得不受欢迎。大数据纷繁多样，优劣掺杂，精准度已不再是分析事物总体的主要手段。拥有了大数据，不再需要对一个事物的现象深究，只要掌握事物的大致发展趋势即可，更重要的是追求数据的及时性和使用效率。与依赖小数据和精确性的时代相比较，大数据更注重数据的完整性和混杂性，帮助人们进一步认识事物的全貌和真相。

第三，在大数据时代，人们难以寻求事物直接的因果关系，而是深入认识和利用事物的相关关系。长期以来，寻找因果关系是人类发展过程中形成的传统习惯。寻求因果关系即使很困难且用途不大，但人们无法摆脱认识的传统思维。在大数据时代，人们不必将主要精力放在事物之间因果关系的分析上，而是将主要精力放在寻找事物之间的相关关系上。事物之间的相关关系可能不会准确地告知事物发生的内在原因，但是它会提醒人们事情之间的相互联系。人们可以通过找到一个事物的良好相关关系，帮助其捕捉到事物的现在和预测未来。

“云计算”概念产生于谷歌和 IBM 等大型互联网公司处理海量数据的实践。2006 年 8 月 9 日，Google 首席执行官埃里克·施密特（Eric Schmidt）在搜索引擎大会首次提出“云计算”的概念。

目前，全世界关于“云计算”的定义有很多。“云计算”是基于互联网的相关服务的增加、使用和交付模式，是通过互联网来提供动态易扩展且经常是虚拟化的资源。美国国家标准技术研究院(NIST)2009年关于云计算的定义是:“云计算是一种按使用量付费的模式，这种模式提供可用的、便捷的、按需的网络访问，进入可配置的计算资源共享池(资源包括网络、服务器、存储、应用软件、服务等)，这些资源能够被快速提供，只需投入很少的管理工作，或与服务供应商进行很少的交互。”

根据这一定义，云计算的特征主要表现为:第一，云计算是一种计算模式，具有时间和网络存储的功能。第二，云计算是一条接入路径，通过广泛接入网络以获取计算能力，通过标准机制进行访问。第三，云计算是一个资源池，云计算服务提供商的计算资源，通过多租户模式为不同用户提供服务，并根据用户的需求动态提供不同的物理的或虚拟的资源。第四，云计算是一系列伸缩技术，在信息化和互联网环境下的计算规模可以快速扩大或缩小，计算能力可以快速、弹性获得。第五，云计算是一项可计量的服务，云计算资源的使用情况可以通过云计算系统检测、控制、计量，以自动控制和优化资源使用。

从整体上看，大数据与云计算是相辅相成的。大数据主要专注实际业务，着眼于“数据”，提供数据采集、挖掘、分析的技术和方法，强调的是数据存储能力。云计算主要关注“计算”，关注IT架构，提供IT解决方案，强调的是计算能力，即数据处理能力。如果没有大数据的数据存储，那么云计算的计算能力再强大，也难以找到用武之地;如果没有云计算的数据处理能力，则大数据的数据存储再丰富，也终究难以用到实践中去。

从技术看，大数据依赖云计算。海量数据存储技术、海量数据管理技术都是云计算的关键技术，也都是大数据的技术基础。而数据之所以会变“大”，最重要的便是云计算提供的技术平台。数据被放到“云”上之后，打破了过去那种各自分割的数据存储，更容易被收集和获得，大数据才能呈现在人们眼前。而巨量的数据也只能依靠云计算强大的数据处理能力，才能够“淘尽黄沙始得金”。

从侧重点看，大数据与云计算的侧重点不同。大数据的侧重点是各种数据，广泛、深入挖掘巨量数据，发现数据中的价值，迫使企业从“业务驱动”转变为“数据驱动”。而云计算主要通过互联网广泛获取、扩展和管理计算及存储资源和能力，其侧重点是IT资源、处理能力和各种应用，以帮助企业节省IT部署成本。云计算使企业的IT部门受益，而大数据使企业的业务管理部门受益。

从结果看，大数据与云计算带来不同的变化。大数据对社会经济带来的变化是巨大的，涉及各个领域。大数据已经与资本、人力一起作为生产的主要因素影响着社会经济的发展。数据创造价值，而挖掘数据价值、利用数据的“推动力”就是云计算。云计算将信息存储、分享和挖掘能力极大提高，更经济、高效地将巨量、高速、多变的终端数据存储下来，并随时进行计算与分析。通过云计算对大数据进行分析、总结与预测，会使得决策更可靠，释放出更多大数据的内在价值。

思维链接

大数据走进生活

世界正变得越来越数字化，大数据正在以这种或那种方式影响着每个人的生活。

我们在日常生活中所做的一切都会留下数字痕迹（或者数据），也就是大数据，我们可以利用和分析这些数据来让我们的生活更加美好。

在医院，儿科会记录早产儿和患病婴儿的每一次心跳，然后将这些数据与历史数据相结合来识别模式。基于这些分析，系统可以在婴儿表现出任何明显的症状之前就检测到感染，这使得医生可以早期干预和治疗。

来自 Nike & Fitbit 的健身腕带，可以收集有关我们走路或者慢跑的数据。例如，我们走了多少步，每天燃烧了多少卡路里，我们的睡眠模式或者其他数据，然后结合这些数据与健康记录来改善我们的健康状况。

在学校和大学，流媒体视频课程和数据分析可以帮助教师跟踪学生的学习情况，根据他们的能力水平定制教学内容，以及预测学生的执行情况。

SmartThings 公司可以帮助你在家里安装动力、湿度和其他传感器，让你了解家里正在发生的事情，同时通过 iPhone 上的应用程序来控制家里的所有设备。

当我们每天在公路上开车时，我们的智能手机会发送我们的位置信息以及速度，然后结合实时交通信息为我们提供最佳路线，从而避免堵车。结合位置应用程序 AroundMe，还可以为你提供附近的餐馆、银行、加油站等信息。

当我们去购物时，我们的数据会结合历史购买记录和社交媒体数据来为我们提供优惠券、折扣和个性化优惠。

EarlySense 等公司正在开发健康和水平监测传感器，位于床垫下面，自动监测和记录心脏速率、呼吸速率、运动和睡眠活动。该传感器收集的数据以无线方式被发送到智能手机和平板电脑，并进一步分析。

WNYC 开发的 Transit Time NYC 让纽约人可以点击纽约市的五个区域来获取地铁或火车的时间。他们从开源行程平台 OpentripPlanner 获取数据，并将这些数据与公开下载的地铁时间表结合来创造 400 万虚拟旅程。

美国公共卫生协会开发的 FluNearYou 调查了用户的症状感觉，并存储和分析庞大的数据量，然后生成报告显示用户所在地区的流感活动。

针对建设、改造和翻新住宅的“一站式商店”Buildzoom 拥有约 250 万承包商、5 万以上客户意见信息，来帮助 50 万用户带来更多客观性和透明度的决策意见。

美国联邦调查局正在结合来自社交媒体、闭路电视摄像机、电话和文本的信息来追踪犯罪和未来恐怖袭击活动。

奥巴马在2012年总统竞选中使用大数据分析来收集选民的数据，再加上一流的分析引擎，让他可以专注于最有可能投他的选民。

谷歌的自动驾驶汽车，分析来自传感器和摄像头的实时数据，以在道路上安全驾驶。

智能电视和机顶盒能够追踪你正在看的内容，看了多长时间，甚至能够识别多少人坐在电视机前，来确定这个频道的流行度。

在希腊，政府正在使用Google Earth来看看谁能够在后院有游泳池，然后核对其纳税记录。

最终，我们都将从大数据分析中获益。如果我们的银行能更好地了解风险，我们的经济将更加强大。如果疾病能够更早治疗，我们将会更加健康。

六、5G移动通信

第5代移动通信系统（5G）是面向2020年之后的新一代移动通信系统，其技术发展尚处于探索阶段。

根据移动通信的发展规律，5G将具有超高的频谱利用率和能效，在传输速率和资源利用率等方面较4G移动通信提高一个量级或更高，其无线覆盖性能、传输时延、系统安全和用户体验也将得到显著的提高。

5G移动通信将与其他无线移动通信技术密切结合，构成新一代无所不在的移动信息网络，满足未来10年移动互联网流量增加1 000倍的发展需求。5G移动通信系统的应用领域也将进一步扩展，对海量传感设备及机器与机器（M2M）通信的支撑能力将成为系统设计的重要指标之一。

根据全国多个研发实力机构的描述，5G技术主要具备几大特征："无与伦比的快""人多也不怕""什么都能通信""最佳体验如影随形"等。其中，"无与伦比的快"是5G技术最凸显的性征。据了解，目前4G网络的最快下载速度约是每秒150 Mb，而5G最快则达到每秒10 Gb。换句话说，利用5G网络，人们仅需4秒即可下载完电影《速度与激情8》，而4G网络状态下载则需6分钟。

5G将满足人们在居住、工作、休闲和交通等各种区域的多样化业务需求，即便在密集住宅区、办公室、地铁等具有超高流量密度、超高连接数密度的场景，也可以为用户提供超高清视频、虚拟现实、在线游戏等极致业务体验。5G将渗透到物联网及各种行业领域，与工业设施、医疗仪器、交通工具等深度融合，有效满足工业、医疗、交通等垂直行业的多样化业务需求，实现真正的"万物互联"。与此同时，5G还将渗透到未来社会的各个领域，构建以用户为中心的全方位信息生态系统，为用户带来身临其境的信息盛宴，便捷地实现人与万物的智能互联，最终实现"信息随心至，万物触手及"的愿景。

未来5G系统还须具备充分的灵活性，具有网络自感知、自调整等智能化能力，以应对未来移动信息社会难以预计的快速变化。5G 已经成为国内外移动通信领域的研究热点。

移动互联网的蓬勃发展是 5G 移动通信的主要驱动力。移动互联网将是未来各种新兴业务的基础性业务平台，现有固定互联网的各种业务，将越来越多地通过无线方式提供给用户，云计算及后台服务的广泛应用，将对 5G 移动通信系统提出更高的传输质量与系统容量要求。5G 移动通信系统的主要发展目标，将是与其他无线移动通信技术密切衔接，为移动互联网的快速发展提供无所不在的基础性业务能力。

在过去的 15 年中，我国相继启动了 3G 和 4G 移动通信 863 重大研究计划，并推动实施了国家中长期发展规划“新一代宽带无线移动通信网”重大专项，极大地促进了我国移动通信技术水平的提高，实现了我国移动通信技术研发与产业化的跨越式发展。在分布式无线组网基础理论等方面，作出了一系列有重要国际影响的研究成果。我国所倡导的 TD 技术入选国际标准，华为、中兴等一批企业的全球移动通信市场份额已位居世界最前列，移动通信产业已经成为国内具有国际竞争力的规模性高技术产业之一。

5G 移动通信发展是全球移动通信领域新一轮技术竞争的开始。及早布局、构造开放式研发环境，力争在未来 5G 技术与商业竞争中的获得领先优势，已成为我国信息技术与产业未来发展最为重要的任务之一。

思维链接

5G 时代来临，WiFi 和互联网即将消失

北京时间 3 月 10 日，彭博社发文称，5G 时代来临，WiFi 或将退出历史舞台，指出当前美国主要移动运营商均提供无限数据流量服务，消费者无须再开启 WiFi 网络来避免昂贵的流量费。这将可能促使 WiFi 退出历史舞台。而这并非 WiFi 的唯一威胁，一些新技术的出现也让 WiFi 的前景变得暗淡无光。

5G 时代，只需一种制式手机可包打天下，显著减少延迟时间、支持超快下载和上传网络速率（一部超高画质电影可在 1 秒之内下载完成）。最大网速峰值可以达到10 G的上网速率，大幅提升频谱效率和网络可靠性、进一步提高可同时联网的终端数量。

5G 将使全世界都有一个共同的频段，可以更好地实现世界各国相互之间的联系。如果我们用上了 5G 手机，那么快的网络，就不会再每到一个地方就去寻找 WiFi 了，用户可以无缝、平滑地在任意空间过渡，省去了切换网络、输入密码等繁琐步骤，WiFi 很可能就此“消亡”。

如果说 3G 和 4G 使人与人相连，那么 5G 将使万物互联。由于数字传输效率的大大提升，这使万物之间的联系紧密增强。5G 不仅仅是下一代移动技术，它将是一种全新网络，将万事万物以最优的方式连接起来，这种统一的连接架构将会把移动技术的优势扩

展到全新行业，并创造全新商业模式。

未来的世界里，每一件物体都有传感器，利用5G实现数据交互，人、花草、机器、手机、交通工具、家居用品等都有独立的IP，一切物体都可控、交流、定位，彼此协同工作。世界上几乎所有东西都会被连接在一起，超越了空间和时间的限制。

我们都知道，这个世界上存在多种生态系统，比如自然是一种生态系统，人类是一种生态系统，工业是一种生态系统，信息产业也是一种生态系统，资本和金融也是一种生态系统，每种生态系统都有自己循环结构，生生不息，并不断地趋向平衡。虽然这些生态系统都在向前推进，但是系统与系统之间比较独立。一旦到5G时代，这些系统将打破原来的界限，走向共融，共同组建一个更包容的"大生态系统"，也就是万物互联。

5G时代万物互联，物联网时代来临，互联网很可能"消失"!

七、区块链

对人类未来十年影响最大的黑科技是什么？"数字经济之父"Don Tapscott认为，不是机器人，不是大数据，甚至不是人工智能，而是区块链(Blockchain)。它可能引发第四次工业革命，也可能重新定义互联网甚至人类社会!

你或许听说过比特币，一种争议不断的数字货币，比特币的最大特点是去中心化。使用比特币人们无须借助银行就能完成支付，最近几个月来金融巨头们突然开始关注比特币背后的技术，并且把这种技术用在了非货币领域，比如股票交易、选举投票等。这种技术就称为区块链，一种实时记录全部交易的去中心化公开数据库。在区块链上进行支付时，全网计算机共同查询区块链数据，共同验证这笔支付交易是否有效，确认支付后将写入区块链并产生一条不可篡改记录。

传统的支付方式必须借助银行等金融中介，也就随之产生了高昂的费用。而区块链由全网参与者共同管理维护成本极低。区块链完整保存所有交易记录的特点让任何人都无法从中作假。因此，还可以用在支付以外的更广阔领域。比如，购买苹果公司的股票，一般需要一段时间来完成托管清算交收等步骤，而区块链所有步骤都可以在几秒内完成。使用区块链交易更安全、更经济，能节省数十亿美元。纳斯达克巴克莱银行等金融机构都在积极研发区块链技术，用于支付交易、清算投票等领域。尽管区块链技术还处于早期，但可以肯定区块链技术的出现，将给现代金融格局带来深刻的变革。

发展到今天，区块链已经融汇吸收了分布式架构、块链式数据验证与存储、点对点网络协议、加密算法、共识算法、身份认证、智能合约、云计算等多类技术，并在某些领域与大数据、物联网、人工智能等形成交集与合力，成为一种整体技术解决方案的总称。

简单来说，区块链就是一台创造信任的机器、一个安全可信的保险箱，可以让互不信任的人，在没有权威中间机构的统筹下，还能愉快地进行信息互换与价值互换。

近来,区块链技术越来越火,英国央行发布了区块链技术白皮书,美联储主席耶伦表示正在研究了解加密货币和区块链技术,瑞典央行正在考虑发行自己的数字货币,中国央行也开启了区块链技术人才的抢人大战。

那么,区块链到底可以做什么?

第一,达成共识、不可篡改且永久追溯。

区块链技术可以让主要参与方都变成区块链网络中的一个节点,这样整个业务过程的每个环节都可以形成一个数据记录,由于该记录不可篡改且完整可追溯,便于监管与审计资金流、信息流等,参与业务的各方就不必担心某一方篡改合约、数据库或者其他的信息不对称问题导致的利益损失。

第二,成本节约与效率提升。

区块链技术可在不损害数据的保密性情况下,通过程序化记录、储存、传递、核实、分析信息数据,从而形成信用。应用在金融业务上不仅带来非常可观的成本节约,更能够将交易流程大大简化和自动化执行合约,从而提升了交易效率,减少资金闲置成本,降低交易与结算风险,优化客户体验。

第三,分布式架构更灵活更安全。

交易记账由分布在不同地方的多个节点共同完成,而且每一个节点都记录的是完整的账目,因此它们都可以参与监督交易合法性,同时也可以共同为其作证。

不同于传统的单中心或单节点记账方案,没有任何一个节点可以单独记录账目,从而避免了单一记账人被控制或者被贿赂而记假账的可能性。

另外,由于记账节点足够多,理论上讲除非所有的节点被破坏,否则账目就不会丢失,从而保证了账目数据的安全性。

第四,自动执行的智能合约。

智能合约是基于这些可信的不可篡改的数据,可以自动化地执行一些预先定义好的规则和条款。

根据以上特性,区块链可以应用的领域有:智能合约、证券交易、电子商务、物联网、社交通讯、文件储存、存在性证明、身份验证以及股权众筹等。

思维链接

区块链将在哪些领域大显神通

区块链作为比特币的技术支持而受到了广泛关注。区块链在众多领域中受到了欢迎,它的效应在以下 12 个领域中尤为明显。

1. 区块链对银行业:颠覆性影响

从本质上讲,银行是一个安全的价值储存仓库和转移枢纽,而区块链作为一个不受干扰的安全数字账本，可以发挥和银行相同的作用。因此，在未来几年内，区块链的颠覆性冲击会影响到整个银行业。目前，瑞士银行和英国巴克莱银行已经展开了区块链实验，以提升后勤部门的职能和提高结算效率。还有些银行预估，使用区块链技术可以节省 200 亿美元的中间人成本。

如今，越来越多的金融服务业巨头都加入了对区块链初创公司的投资。这其中既包括了银行，也涵盖了像 Capital One Financial，花旗创投以及 Fiserv 等机构。

2. 区块链是对支付、转账业务的巨大福利

世界经济论坛曾在一份文件中表示，当前汇款业务的体系结构已经有一百多年没变过了，而比特币等去中心化支付技术则可以变革这一局面。区块链技术能绕开目前陈旧而老旧的系统，通过一种更直接的支付流程将付款与收款人相连接。这种新系统可以跨越国界区域的限制，不需要中间机构，并且成本极低，几乎可以瞬间完成交易。目前，初创公司 Abra 已经使用区块链技术实现了比特币（以及基于比特币的货币）的全球转账交易。

3. 想增强网络安全，区块链能做到

区块链的公共账本使用一种先进的加密技术进行信息验证和传送，实现信息的交流。这样既保证了信息源的正确性，也能确保整个传送过程不会被干扰。因此，区块链比传统的系统更为强大可靠，如果这项技术被更广泛地使用，就可以减少黑客事件的发生。高盛认为：“区块链技术抹去了对中间人的需求，因而能降低对于黑客入侵的安全顾虑。”

4. 区块链对学术界有贡献

加州的 Holbertson 学院在一项软件技术方案中，使用了区块链技术对学术证书进行鉴定，以此来确保学生没有伪造结课证书。这种方式中，区块链技术避免了繁琐的人工检查，也不需要纸质的文件，在节省大量时间和成本的同时，可以有效地打击了学术作假。

5. 有了区块链，选举更安全

在美国的西弗吉尼亚大学，学生会的选举是通过区块链平台进行的。学生们在移动设备上投票，由于整个选举位于区块链的公共账本上，所有的投票都是安全的。一个倡导这种新方式的学生说：“不论是系统的编码人、学校的管理者还是学生，谁都无法更改或是删除投票票数。”

无独有偶，西班牙的投票软件 Agora Voting 也使用加密技术，以增强线上选举的安全性。目前，他们的部分系统已经在西班牙国内进行了测试。项目的领导人说，虽然还没有到测试的最好时机，但是，区块链技术和比特币可以适应选举系统的使用要求。

6. 区块链，让汽车租赁与销售体验前所未有的简单

Visa 和 DocuSign 的合作后，双方使用区块链技术，构建了对一种简化的汽车租赁模式的概念验证。究竟有多简单呢？——客户只要“点击选择、签署协议、开车”就完成整

个租赁过程了。首先,租车人选中自己想租的车型,交易接入一个区块链分布式账本;随后,客户在驾驶座中签署一份租赁协议和保险单,区块链上的交易信息就会随之更新。不难想象,这种租车模式经过发展,也可以应用在汽车销售以及车辆登记的过程中。

7. 区块链与物联网

IMB和三星都在打造的ADEPT概念,是一种利用区块链为物联网设备构建去中心化网络框架的系统。ADEPT是自治去中心化点对点遥测系统的简称,它利用区块链作为大量设备使用的一个公共账本,抹去了设备交流对于中心站的需求。由于没有了中央系统的识别功能,各个设备通过相互交流,以自治的形式来解决软件更新和漏洞问题,并进行能量消耗监控。

8. 区块链,让预测市场走得更远

区块链具有撼动整个调研、分析、咨询以及预测行业的潜力。线上众筹平台Augur看到了去中心化市场预测的先机,称会提供一种类似于普通博彩的服务。这项服务的宗旨是,超越体育博彩,开创"预测的市场"。通过完全去中心化的服务,用户可以在不同的地点对体育赛事和股票下注,还可以对选举结果、自然灾害等其他的事件下注。

9. 区块链进军音乐产业

区块链技术可以帮助音乐人更好地分享自己的在线作品。公司使用区块链技术,可以为消费者创建更直接的付款方式,智能合约则能够自动地解决版权许可问题。初创公司PeerTracks打造了一个音乐平台。这里,用户使用区块链可以在听歌时直接对歌曲创作人付款,而免去了中间机构;平台还希望可以为艺术家与消费者创建更直接的接触机会。

10. 区块链,激发拼车服务的新构想

Uber是去中心化的一个反面教材——公司扮演着调度枢纽的角色,通过数字算法来管理司机群体以及业务接单。在反Uber大军中,以色列初创公司La'Zooz使用区块链技术创建了一种类似比特币的数字货币。La'Zooz的用户叫车时使用的不是中心网络,而是通过发现走相似路线的其他用户,并与他们交换数字货币来进行。用户通过软件追踪自己的行为可以赚取(也就是比特币所谓"挖矿")货币,以供以后叫车时使用。

思维训练营

1. 回想下你的日常生活中,涉及哪些新科技?它们是如何影响你的生活的?
2. 试着研究下自己所学的专业,将来会如何与这些新科技相结合。

附录Ⅰ 创新思维能力测试

测试1 创新思维能力

下面10个题目,如果符合你的情况,则回答"是",不符合则回答"否",拿不准则回答"不确定"。

1. 你认为那些使用古怪和生僻词语的作家,纯粹是为了炫耀。
2. 无论什么问题,要让你产生兴趣,总比让别人产生兴趣要困难得多。
3. 对那些经常做没把握事情的人,你不看好他们。
4. 你常常凭直觉来判断问题的正确与错误。
5. 你善于分析问题,但不擅长对分析结果进行综合、提炼。
6. 你审美能力较强。
7. 你的兴趣在于不断提出新的建议,而不在于说服别人去接受这些建议。
8. 你喜欢那些一门心思埋头苦干的人。
9. 你不喜欢提那些显得无知的问题。
10. 你做事总是有的放矢,不盲目行事。

测试2 创造力测试

下面20个问题,如符合你的情况,请在( )里打上"√",不符合的则打"×"。

1. 别人说话时,你总能专心倾听。 ( )
2. 完成了上级布置的某项工作,你总有一种兴奋感。 ( )
3. 观察事物向来很仔细。 ( )
4. 你在说话以及写文章时经常采用类比的方法。 ( )
5. 你总能全神贯注地读书、书写或者绘画。 ( )
6. 你从来不迷信权威。 ( )
7. 你对事物的各种原因喜欢寻根问底。 ( )
8. 你平时喜欢学习或琢磨问题。 ( )
9. 你经常思考事物的新答案和新结果。 ( )
10. 你能够经常从别人的谈话中发现问题。 ( )
11. 从事带有创造性的工作时,你经常忘记时间的推移。 ( )
12. 你能够主动发现问题,以及和问题有关的各种联系。 ( )

13. 你总是对周围的事物保持好奇心。（　）
14. 你能够经常预测事情的结果，并正确地验证这一结果。（　）
15. 你总是有些新设想在脑子里涌现。（　）
16. 你有很敏感的观察力和提出问题的能力。（　）
17. 你遇到困难和挫折时，从不气馁。（　）
18. 在工作遇上困难时，你常能采用自己独特的方法去解决。（　）
19. 在问题解决过程中找到新发现时，你总会感到十分兴奋。（　）
20. 遇到问题时，你能从多方面、多途径探索解决它的可能性。（　）

测试3　工作创意测试

下面10个题目，如果符合你的情况，则回答“是”，不符合则回答“否”，拿不准则回答“不确定”。

1. 接到任务时，是否会问一大堆关于如何完成任务的问题？

2. 你在完成任务过程中，是否不善于思考，而习惯于找他人帮忙，或者不断来问别人有关完成任务的问题？

3. 在任务完成得不好时，你是否会找出一大堆理由来证明任务太难？

4. 对待多数人认为很难的任务，你是否有勇气和信心主动承担？

5. 当别人说不可能时，你是否就放弃？

6. 你完成任务的方法是否与他人不一样？

7. 在你完成任务时，上司针对任务问一些相关的信息，你是否总能回答上来？

8. 你是否能够立即行动，并且工作质量总能让上司满意？

9. 工作完成得好与不好，你是否很在意？

10 对于做好了的工作，你能否很有条理地分析成功的原因和不足？

测试1　评分标准：

表格中分别为1～10题“是”“不确定”与“否”的评分。

得分	1	2	3	4	5	6	7	8	9	10
是	−1	0	0	4	−1	3	2	0	0	0
不确定	0	1	1	0	0	0	1	1	1	1
否	2	4	2	−2	2	−1	0	2	3	2
总计										

得22分以上，则说明被测试者有较高的创造思维能力，适合从事环境较为自由，没有太多约束，对创新性有较高要求的职位，如美编、装潢设计、工程设计、软件编程人员等。

得21～11分，则说明被测试者善于在创造性与习惯做法之间找出均衡，具有一定的创新意识，适合从事管理工作，也适合从事其他许多与人打交道的工作，如市场营销。

得10分以下，则说明被测试者缺乏创新思维能力，属于循规蹈矩的人，做人总是有板有眼，一丝不苟，适合从事对纪律性要求较高的职位，如会计、质量监督员等职位。

测试2　评分标准：

如果20道题以上答案都是打"√"的，则证明创造力很强。

如果13～20道题答案是打"√"的，则证明创造力良好。

如果有10～13题答案是打"√"的，则证明创造力一般。

如果低于10道题答案是打"√"的，则证明创造力有待提高。

测试题3　评分标准：

表格中分别为1～10题"是""不确定"与"否"的评分。

得分	1	2	3	4	5	6	7	8	9	10
是	−1	0	0	4	−1	3	2	0	0	0
不确定	0	1	1	0	0	0	1	1	1	1
否	2	4	2	−2	2	−1	0	2	3	2
总计										

如果受测试者能够得10分以上，就很棒了；

能够得7～10分也很不错。

能得5～7分，创意水平有待提高。

得分低于5分，则亟待提高。

附录Ⅱ 灵感便签

灵 感 便 签

时间		地点	
主题			
当时正在做什么？			
当时正在想什么？			
灵感内容			
备注			

附录Ⅲ 抱怨清单

抱 怨 清 单

<table>
<tr><td>抱怨者</td><td></td><td>时间</td><td></td></tr>
<tr><td>事件背景</td><td colspan="3">（描述抱怨事件发生的背景。）</td></tr>
<tr><td>抱怨内容</td><td colspan="3">（具体描述下抱怨的主要内容，可列点描述。若抱怨者非本人，可在列出抱怨内容后向其本人求证，看所列内容是否正确，尽量防止出现理解偏差。）</td></tr>
<tr><td>问题调研</td><td colspan="3">（就所抱怨问题进行初步调研，并明确是否有现成的解决方案。）</td></tr>
<tr><td>解决方案</td><td colspan="3">（试着就抱怨的问题，给出相应的解决方案。）</td></tr>
<tr><td>下步行动计划</td><td colspan="3">（给出解决方案后，下步该如何行动，如何将想法变成现实？）</td></tr>
<tr><td>备注</td><td colspan="3"></td></tr>
</table>

附录Ⅳ 街头侦察信息卡

街头侦察信息卡

________年________月________日 上午/下午（______：______）

☆ 目标

☆ 主题

☆ 信息

☆ 目标

☆ 主题

☆ 信息

参考文献

[1] 孙敬全,孙柳燕.创新意识[M].上海:上海科学技术出版社,2010.

[2] 袁劲松.全脑思维训练场[M].2版.北京:中央编译出版社,2006.

[3] 赵新军,孙晓枫.40条发明创造原理及其应用[M].北京:中国科学技术出版社,2014.

[4] 芭芭拉·奥克利.学习之道[M].北京:机械工业出版社,2016.

[5] 王振宇.发明创造学[M].北京:中国工人出版社,2014.

[6] 约翰·波拉克.创新的本能[M].北京:中信出版社,2016.

[7] 詹姆斯·韦伯·扬.创意的生成[M].北京:中国人民大学出版社,2014.

[8] 马安宁.简明创造学教程[M].北京:中国书籍出版社,2013.

[9] 查尔斯·都希格.习惯的力量[M].北京:中信出版社,2013.

[10] 詹姆斯·巴纳曼.天才工作法[M].北京:人民邮电出版社,2014.

[11] 东尼·博赞.思维导图大脑使用说明书[M].北京:外语教学与研究出版社,2005.

[12] 胡雅茹.心智图阅读术[M].台中:晨星出版有限公司,2014.

[13] 周家璞.创造与发明[M].北京:科学普及出版社,2009.

[14] 王跃新.创造性思维训练与培养[M].长春:吉林人民出版社,2000

[15] 王海.创新教育理论与实践[M].上海:华东师范大学出版社,2013.

[16] 颜惠庚.技术创新方法与提高[M].北京:化学工业出版社,2012.

[17] 于惠玲.简明创新方法[M].北京:中央广播电视大学出版社,2014.

[18] 儿玉光雄.激活右脑:全面提升脑力的6种思维训练[M].海口:南海出版公司,2006.

[19] 苑成存.转换或扩展思维视角:思维创新的重要途径[J].湖南科技学院学报,2009(2).